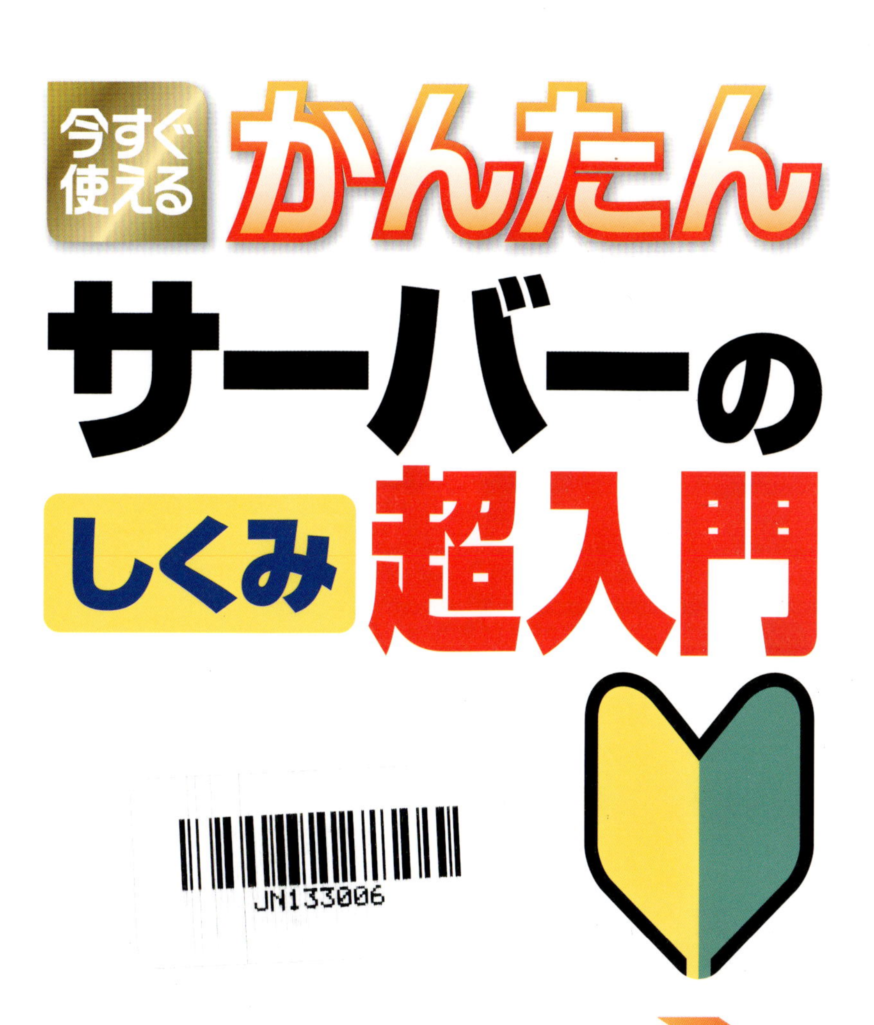
今すぐ使える
かんたん
サーバーの
しくみ
超入門
JN133006

技術評論社

本書の使い方

- 画面の手順解説だけを読めば、操作できるようになる！
- ページごとに解説図を使っているので、内容をイメージしやすい！
- さらに詳しい情報は、側注で補足説明！

特長 1
テーマごとにまとまっているので、「知りたいこと」がすぐに見つかる！

●カラー図解
サーバーの基礎知識をカラーの図解でわかりやすく説明！

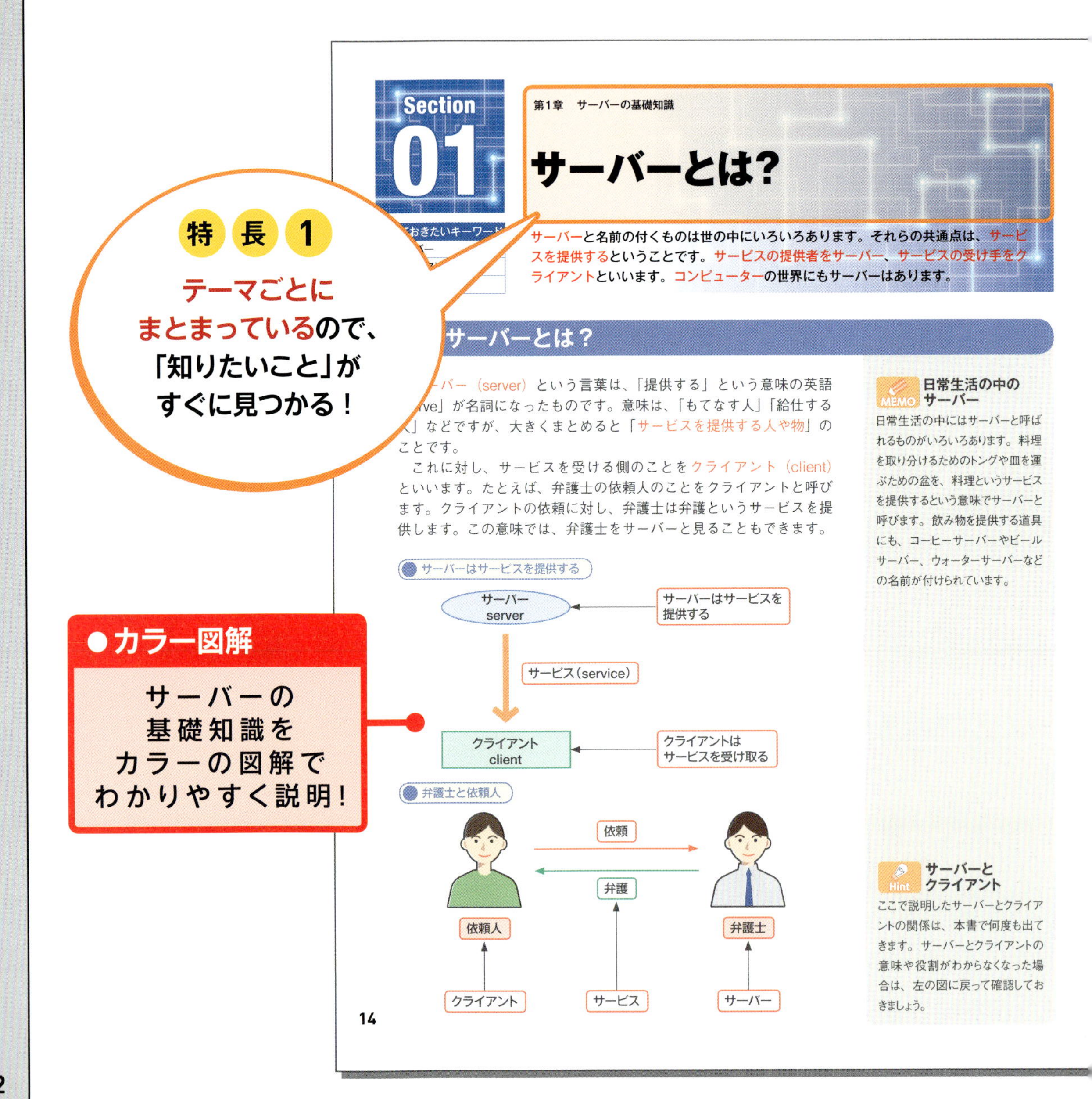

特長 2

やわらかい上質な紙を使っているので、開いたら閉じにくい！

補足説明

詳しい情報を「側注」に掲載しているので、理解がさらに深まる！

補足説明

応用的な補足説明

用語の解説

Section 01 サーバーとは？

第1章 サーバーの基礎知識

② コンピューターの世界におけるサーバーとは？

現代で単に「サーバー」といった場合、それはコンピューターの世界のサーバーを指すことが多いようです。このサーバーをひとことで説明すると、クライアントに「リソース」を提供するコンピューターといえます。ここでいうクライアントとは、私たちがふだん使用しているパソコンやスマートフォンのことです。

では、サーバーが提供するリソースとは何でしょうか。コンピューターにおけるリソースとは、データの処理能力や記憶領域などといったコンピューターの基本性能を表します。また、その記憶領域に格納されているデータそのものやプログラムもリソースに含まれます。サーバーはそれらをサービスとしてクライアントに提供します。

サーバーもパソコンもコンピューターなので、機械としてはほぼ同じものです。しかし、一方はリソースを提供し、一方はリソースを利用するというように、それぞれの果たす役割が違います。そのため、サーバーとクライアントという異なる呼ばれ方をするのです。

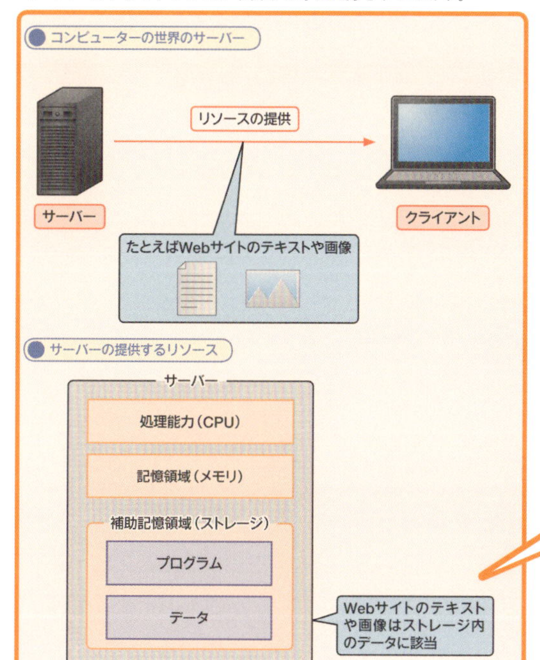

Keyword データ

データとは、コンピューターが処理したり記憶したりする情報のことです。テキストや画像、音楽などをデータとして扱うことができます。

Keyword プログラム

プログラムとは、何らかの作業をコンピューターで実現しようとするときにコンピューターが行うべき処理を順番に記述したもののことです。プログラムを実行することで、ユーザーは意図した処理をコンピューターに行わせることができます。

15

特長 3

大きな解説図で説明しているので、よくわかる！

CONTENTS

第1章 サーバーの基礎知識

第2章 サーバーの構成

第8章 サーバーとセキュリティ

第9章 サーバーと仮想化

ご注意：ご購入・ご利用の前に必ずお読みください

- 本書に記載された内容は、情報提供のみを目的としています。したがって、本書を用いた運用は、必ずお客様自身の責任と判断によって行ってください。これらの情報の運用の結果について、技術評論社および著者はいかなる責任も負いません。

- 本書の記述は、特に断りのないかぎり、2019年3月現在での情報をもとにしています。これらの情報は更新される場合があり、本書の説明とは機能内容や画面図などが異なってしまうことがあり得ます。あらかじめご了承ください。

- インターネットの情報については、URLや画面などが変更されている可能性があります。ご注意ください。

以上の注意事項をご承諾いただいた上で、本書をご利用願います。これらの注意事項をお読みいただかずに、お問い合わせいただいても、技術評論社および著者は対処しかねます。あらかじめご承知おきください。

第1章 サーバーの基礎知識

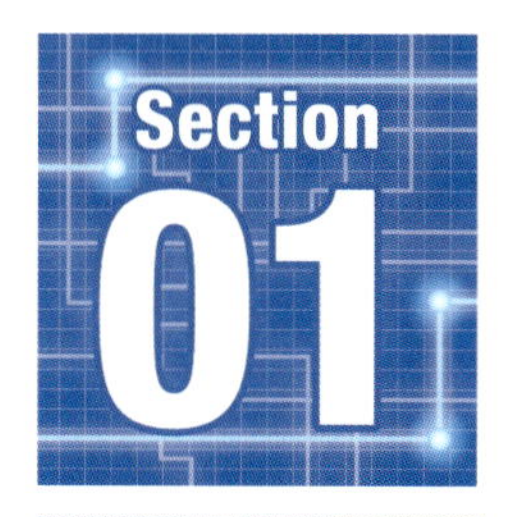

サーバーとは?

覚えておきたいキーワード
- サーバー
- クライアント
- リソース

サーバーと名前の付くものは世の中にいろいろあります。それらの共通点は、サービスを提供するということです。サービスの提供者をサーバー、サービスの受け手をクライアントといいます。コンピューターの世界にもサーバーはあります。

1 サーバーとは？

サーバー（server）という言葉は、「提供する」という意味の英語「serve」が名詞になったものです。意味は、「もてなす人」「給仕する人」などですが、大きくまとめると「サービスを提供する人や物」のことです。

これに対し、サービスを受ける側のことをクライアント（client）といいます。たとえば、弁護士の依頼人のことをクライアントと呼びます。クライアントの依頼に対し、弁護士は弁護というサービスを提供します。この意味では、弁護士をサーバーと見ることもできます。

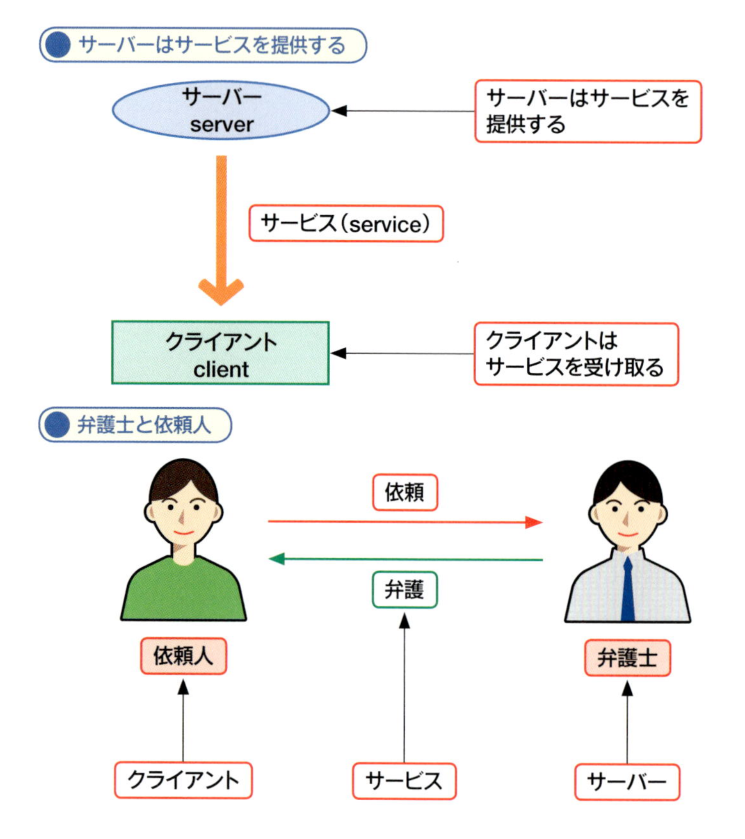

MEMO 日常生活の中のサーバー

日常生活の中にはサーバーと呼ばれるものがいろいろあります。料理を取り分けるためのトングや皿を運ぶための盆を、料理というサービスを提供するという意味でサーバーと呼びます。飲み物を提供する道具にも、コーヒーサーバーやビールサーバー、ウォーターサーバーなどの名前が付けられています。

Hint サーバーとクライアント

ここで説明したサーバーとクライアントの関係は、本書で何度も出てきます。サーバーとクライアントの意味や役割がわからなくなった場合は、左の図に戻って確認しておきましょう。

② コンピューターの世界におけるサーバーとは？

現代で単に「サーバー」といった場合、それはコンピューターの世界のサーバーを指すことが多いようです。このサーバーをひとことで説明すると、クライアントに「リソース」を提供するコンピューターといえます。ここでいうクライアントとは、私たちがふだん使用しているパソコンやスマートフォンのことです。

では、サーバーが提供するリソースとは何でしょうか。コンピューターにおけるリソースとは、データの処理能力や記憶領域などといったコンピューターの基本性能を表します。また、その記憶領域に格納されているデータそのものやプログラムもリソースに含まれます。サーバーはそれらをサービスとしてクライアントに提供します。

サーバーもパソコンもコンピューターなので、機械としてはほぼ同じものです。しかし、一方はリソースを提供し、一方はリソースを利用するというように、それぞれの果たす役割が違います。そのため、サーバーとクライアントという異なる呼ばれ方をするのです。

コンピューターの世界のサーバー

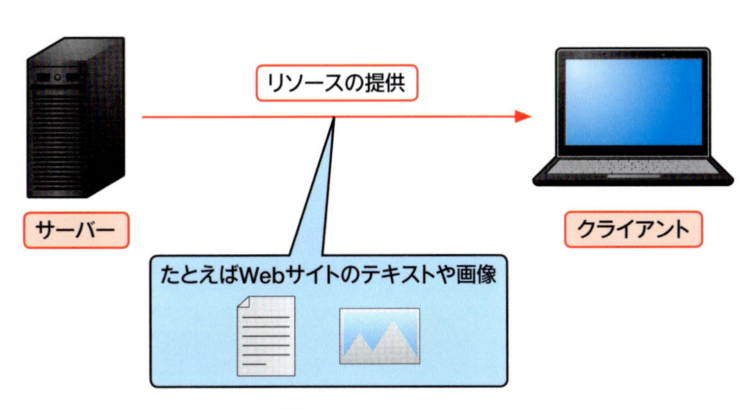

サーバーの提供するリソース

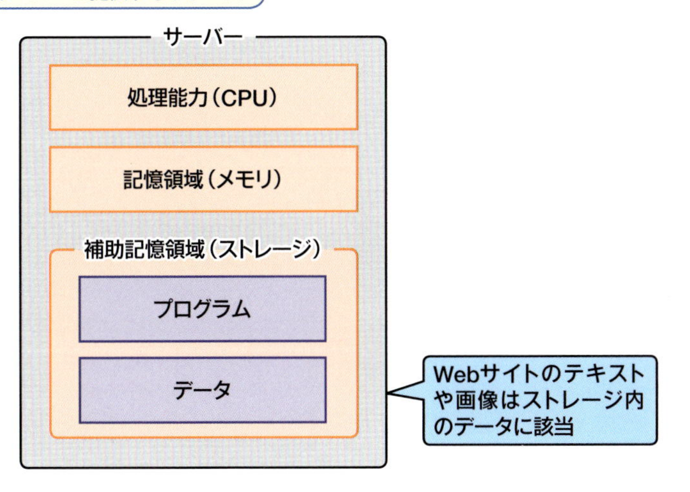

Keyword データ

データとは、コンピューターが処理したり記憶したりする情報のことです。テキストや画像、音楽などをデータとして扱うことができます。

Keyword プログラム

プログラムとは、何らかの作業をコンピューターで実現しようとするときにコンピューターが行うべき処理を順番に記述したもののことです。プログラムを実行することで、ユーザーは意図した処理をコンピューターに行わせることができます。

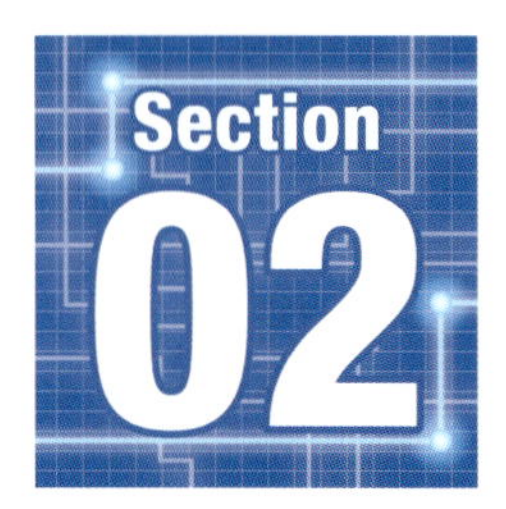

サーバーはどこにある?

覚えておきたいキーワード
- ネットワーク
- スタンドアローン
- インターネット

コンピューターの世界のサーバーは、クライアントのパソコンとネットワークを使って接続します。クライアントから見るとサーバーはネットワークの向こう側にあるため目には見えませんが、実体のあるコンピューターとして必ずどこかに存在しています。

1 サーバーはネットワークの向こう側にある

パソコンがほかのパソコンやサーバーとつながっていない状態のことをスタンドアローンといいます。この状態のパソコンは、自分の持つリソースしか使えません。サーバーからリソースを提供してもらうには、サーバーとつながる必要があります。

利用したいリソースを持つサーバーが存在するネットワークにパソコンを接続することで、そのサーバーのリソースを利用できるようになります。社内にあるサーバーのリソースを使いたい場合は社内ネットワークに接続し、インターネット上のサーバーのリソースを利用したい場合はインターネットに接続します。いずれにせよ、サーバーを利用する際には常に何らかのネットワークを経由する必要があります。

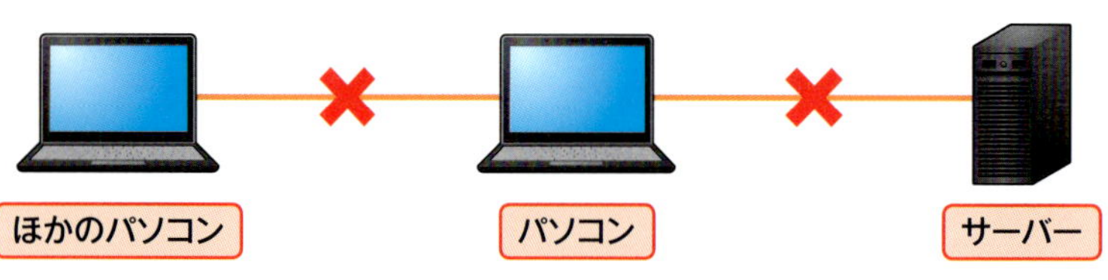

サーバーはネットワークを介してつながる

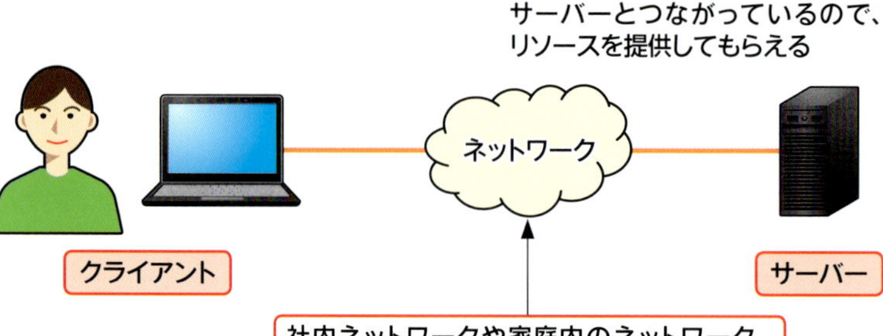

Keyword ネットワーク

ネットワークとは、コンピューター同士を接続してできるつながりのことで、データなどをやりとりできます。詳しくは、第4章Section 01で解説しています。

MEMO インターネットもネットワークの一部

ネットワークと言うと会社のLANのようなものを想像するかもしれませんが、インターネットも世界中のコンピューター同士を接続してできています。その意味では、インターネットもネットワークの一部ということができます。

② ネットワークの向こう側には必ず実体がある

クライアント側から見ると、サーバーはネットワークの向こう側にあるので、なかなか実物を見ることができません。そのため、「サーバーというものがある」といわれても、実感が湧きにくいのではないでしょうか。

自分が利用しているサービスを提供するサーバーは、いったいどこにあるのでしょうか。実体のない架空のコンピューターがクライアントの要請を自動的に処理してくれるはずはありません。場所はわからなくとも、私たちがサーバーのサービスを利用するときには必ず、地球上のどこかにあるサーバーが要請を受け付けて実際の処理にあたっています。

サーバーは、サービスの提供者がそれぞれに用意しています。社内システムなら、社内のサーバー管理者がサーバーをサーバールームなどに設置しています。もしくは、会社から委託を受けた事業者が社内システム用のサーバーをデータセンターで管理している場合もあります。いずれにせよ、ネットワークを経由して機能を提供してくれるサーバーは、決して実体のない魔法のような存在ではなく、物体として存在し、誰かが管理しているということです。

サーバーの本体は必ずどこかにある

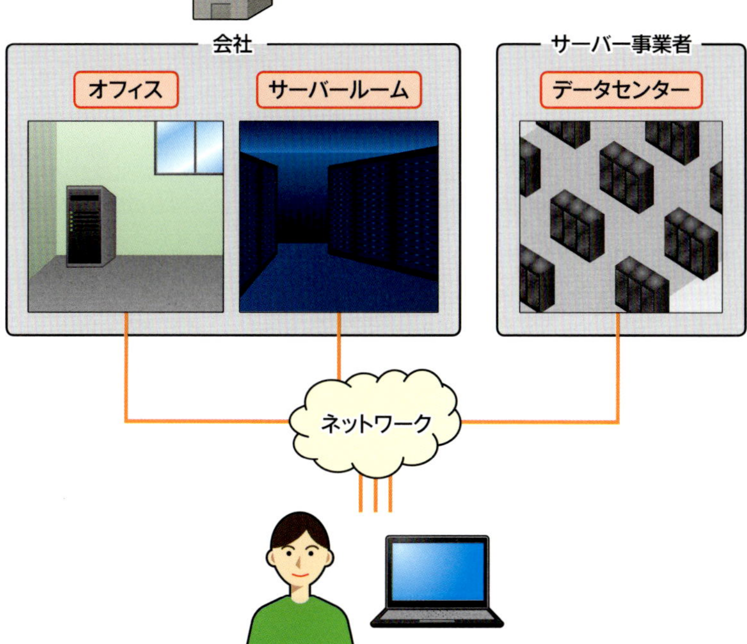

日常の中で利用しているサーバーは誰かが必ずどこかに本体を所有し、管理している

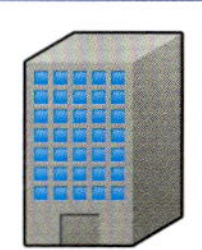

Keyword サーバールーム

サーバールームとは、会社内でサーバーを設置・運用する部屋のことです。詳しくは、第1章Section 07で解説しています。

Keyword データセンター

データセンターとは、サーバーなどのネットワーク機器を設置・運用するための建物です。詳しくは、第1章Section 07で解説しています。

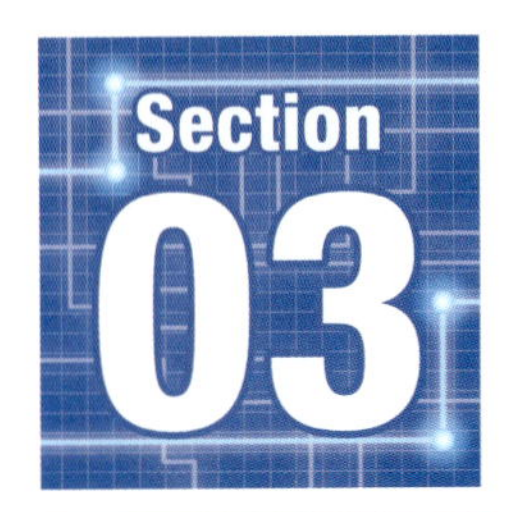

サーバーは何に使う?

覚えておきたいキーワード
- インターネットサービス
- メール
- Webページ

メールやWebページの閲覧やファイルの共有など、パソコンで利用することの多いこれらのサービスは、サーバーによって提供されています。インターネットサービスの多くは、サーバーの働きによるものです。

1 サーバーが提供するサービスとは？

サーバーがリソースを提供するといっても、それが何に活用されているのかいまひとつピンと来ないかもしれません。具体例を挙げてみましょう。

たとえば、メールの送受信の際に使用されるのがメールサーバーです。メールサーバーは、メールが宛先にきちんと届くようにメールの送受信を管理しています。

また、Webページを見るときには、Webサーバーが使用されます。Webサーバーは、Webページの情報を保存し、そのWebページを閲覧したいというリクエストに対してWebページの情報を返す役目を持っています。

メールサーバーやWebサーバーがなければ、メールやWebページを利用することはできません。パソコンで利用しているサービスの多くで、サーバーは欠かせないものとなっています。

サーバーが提供するサービス

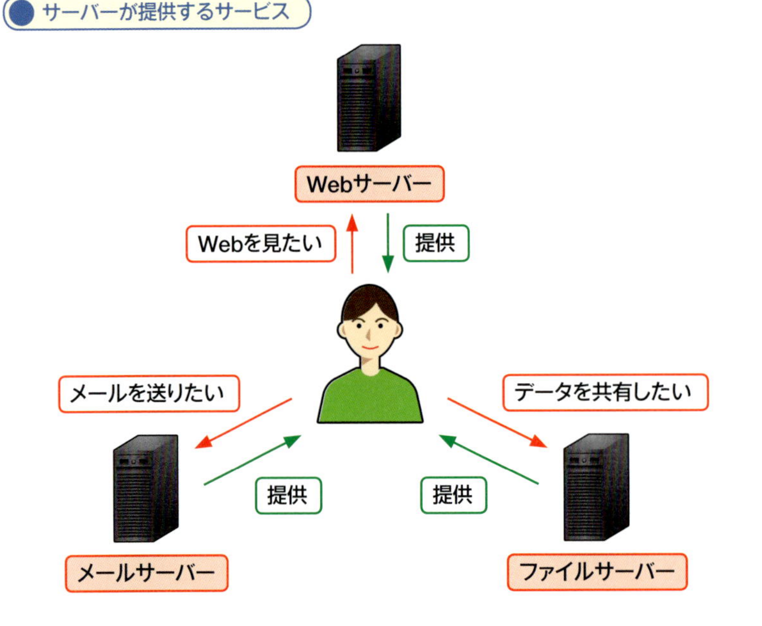

ファイルサーバー

ファイルサーバーとは、テキストや画像などのファイルを保存してやりとりが行えるサーバーのことです。詳しくは、第3章Section 01で解説しています。

そのほかのサーバーの種類

メールサーバー、Webサーバー、ファイルサーバー以外にもさまざまなサーバーがあります。詳しくは、第3章で解説しています。

② インターネットにサーバーは不可欠

メールやWebページなど、インターネットを利用したサービスをインターネットサービスと呼びます。インターネット上にデータを保存したり、インターネットを通じて買い物をしたり、インターネットサービスを利用してさまざまなことができます。

インターネットサービスのほとんどは、サービスの提供者がインターネット上に用意したサーバーによって提供されています。インターネットサービスの利用者は、自分のパソコンからインターネットに接続し、インターネットの先にあるサーバーにアクセスすることで、これらのサービスを利用しています。

インターネットにパソコンをつなげるだけで利用できるサービス一つ一つの裏側に、サービスを提供するためのサーバーが用意されています。インターネットの便利さは、インターネット上で機能している無数のサーバーによって支えられているのです。

● インターネットサービスとサーバー

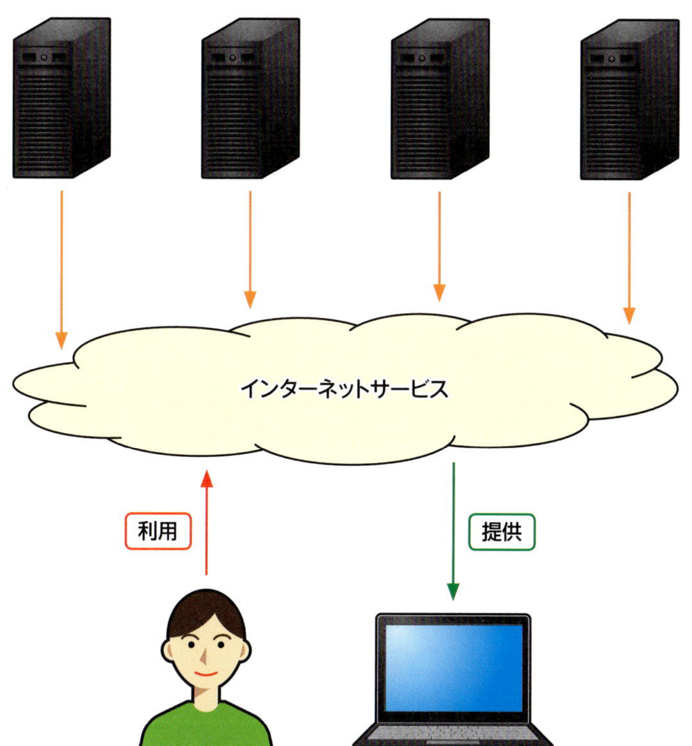

インターネットに接続して利用するインターネットサービスは、
インターネット上に存在するサーバーによって支えられている

Webサービス

インターネットサービスの中でも、Webブラウザを利用して提供してもらうサービスのことをWebサービスといいます。

Webの3層構造

ショッピングサイトのようなインターネットサービスでは、Webサーバー、アプリケーションサーバー、データベースサーバーといった複数のサーバーが動作しています。このような構成をWebの3層構造といいます。詳しくは、第3章Section 05で解説しています。

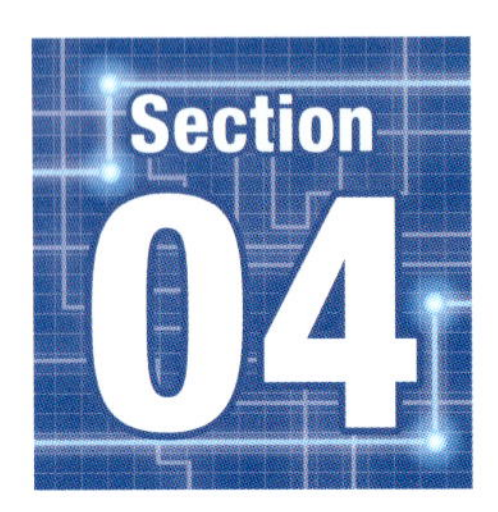

サーバーは何でできている?

覚えておきたいキーワード
- CPU
- メモリ
- ストレージ

情報社会を陰から支えているサーバーですが、その構造やしくみはパソコンと同じです。ストレージにデータを保存し、作業に必要なデータをメモリに読み込んで、CPUがデータをもとに演算を行うというのが基本の流れです。

1 サーバーの中身はどうなっている？

サーバーがいかに重要なものかがわかってきたところで、今度はサーバーの物理的な構造に注目してみましょう。多くのクライアントにさまざまなサービスを提供するという役割から、高度な機能を持つ特別な機械を想像してしまうかもしれませんが、構造自体はパソコンとほぼ同じです。

筐体と呼ばれる外側のケースの中には、マザーボードという1枚の基板が収められています。マザーという名の通り、すべての部品はマザーボードに接続され、マザーボード上で電気信号をやりとりするようにできています。データの処理において中心的な役割を果たすCPU、メモリ、ストレージ（HDDやSSD）なども、マザーボードに装着もしくはケーブルによってつなげられています。

Keyword HDD（ハードディスクドライブ）

ストレージの1種で、磁気によってディスクにデータを記録します。データの読み書きをする部分をヘッドといい、ヘッドはディスクの回転などによってデータの読み書き位置まで移動します。読み書きが遅いですが、大容量を安価に購入できます。

Keyword SSD

ストレージの1種で、半導体素子を利用した記憶媒体のフラッシュメモリに電気的にデータを書き込みます。可動部分がなく、データの読み書きが電気信号によって行われるため高速ですが、価格は高めです。

● サーバーの中身

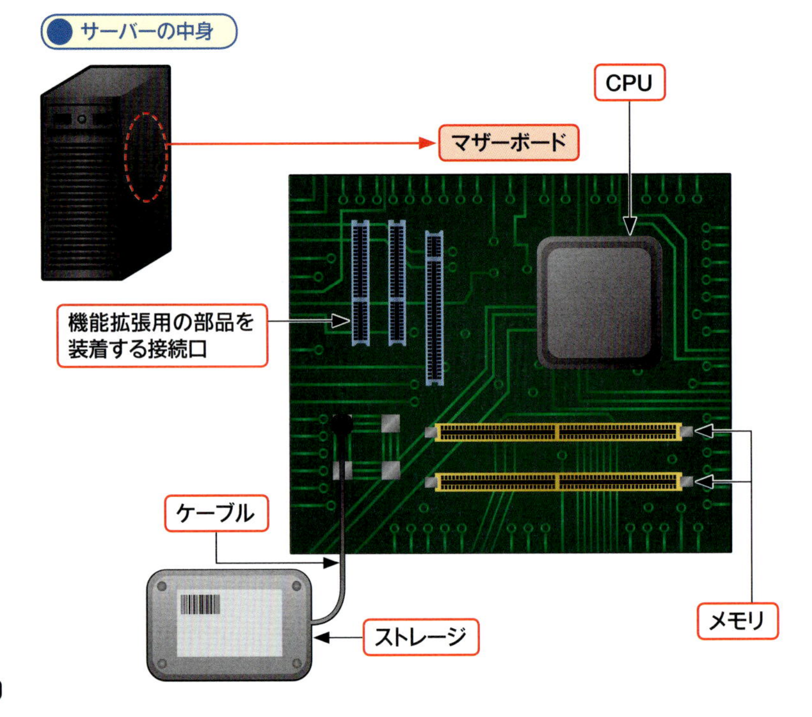

② 各部品の役割とは？

サーバーがデータを処理するとき、それぞれの部品はどのような役割を果たしているのでしょうか。

CPUは、処理に必要な演算を行い、データを加工します。これによって、クライアントに提供するためのデータが作成されます。

CPUはデータを保持できないため、CPUが作業中のデータはメモリが保持します。CPUは、メモリが保持しているデータから処理に必要なものを読み出し、演算によって加工し、再びメモリに書き込むことをくり返します。メモリは作業中のデータを一時的に置いておく小さな記憶領域なので、サーバーが保持するすべてのデータをメモリに置いておくことはできません。また、サーバーの電源が切れるとメモリ上のデータはすべて消えます。

作業を終えたあとのデータを長期的に保存しておくのはストレージです。ストレージは、作業を終えたデータをメモリから受け取って保存します。そして次の作業に必要なデータを取り出してメモリに渡します。ストレージは大容量かつ電源が切れてもデータを消失しないため、サーバーの持つすべてのデータを保存できます。

これら一連のデータの流れを制御するのもCPUの仕事です。

● サーバーの各部の役割

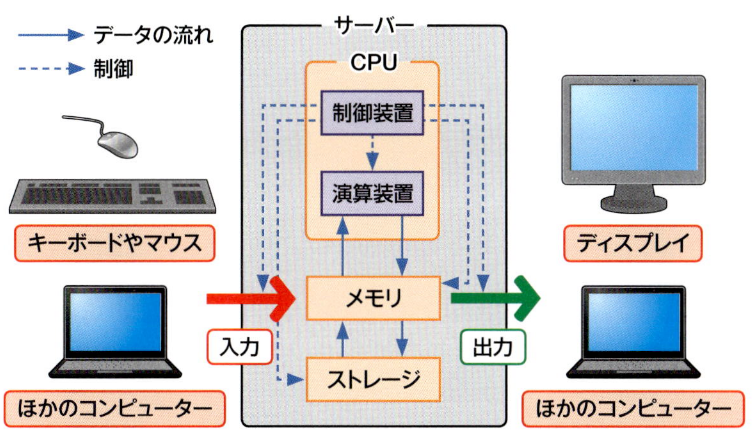

名称		役割
CPU	制御装置	各部におけるデータの流れや入出力などを制御する
	演算装置	プログラムで指示されている順序で四則演算と論理演算を行い、データを加工する
メモリ		CPUが直接アクセスでき、作業中のデータを一時的に保持する。高速で読み書きができるが、容量が小さい。電源が切れるとデータが消える（揮発性）
ストレージ		作業後のデータをメモリから受け取って保存する。CPUは直接アクセスできないため、作業に使うデータはメモリに読み出す必要がある。メモリと比較して読み書きが遅いが大容量で、電源が落ちてもデータは消えない（不揮発性、永続性）

MEMO CPUキャッシュメモリ

実はCPU自身も小容量ではありますが、データを保持できるキャッシュメモリを備えています。これによって、より速い処理を実現できます。

Hint 内部記憶装置と外部記憶装置

メモリなどCPUが直接アクセスできる記憶装置のことを内部記憶装置と呼ぶこともあります。これに対し、HDDなどのストレージを外部記憶装置と呼びます。

Hint CPUとメモリとストレージの関係

CPUとメモリとストレージの働きは、脳と机と引き出しの関係にたとえられます。人が作業をするときには、道具をすべて机に出します。脳は、それらを使って考え、新しいものを作ります。作業が終わったら、机の上のものはすべて引き出しに戻します。道具の使い方や引き出しの開け閉めを制御しているのもやはり脳です。

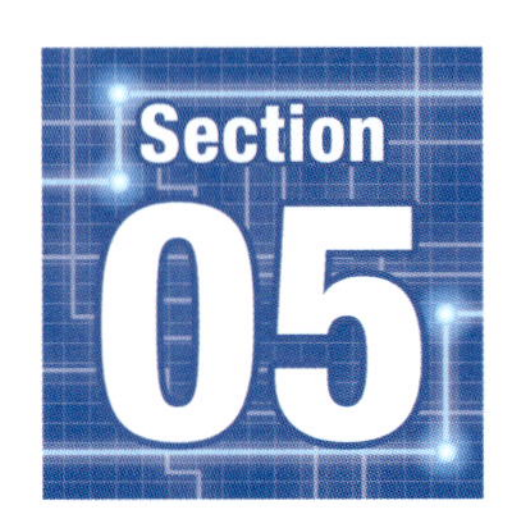

サーバーを使うには何が必要？

覚えておきたいキーワード
- OS
- 入出力装置
- オーバーヒート

サーバーを使用するには、サーバー本体以外にも用意すべきものがあります。重要なのは、OSやネットワーク接続環境や電源です。また入出力装置も欠かせません。加えて、サーバーを守る設備もあると安心でしょう。

1 サーバーに必要なものとは？

本体だけでサーバーは使えません。ほかに必要なものとして、ネットワークの接続環境や電源があります。クライアントと接続しなければサーバーはサービスを提供できないため、ネットワークとの接続は重要です。電源が必要なのは電気で動いているから当然です。この2つは、一時的な断絶でもサーバーが使用できなくなるため、容易に切断されないようにする必要があります。

また、常に使うものではありませんが、管理用の入出力装置（ディスプレイやキーボード）も初期設定などで必要となります。

加えて重要なのが、OS（オペレーティングシステム）です。OSは、人がコンピューターを扱うためのインターフェイスを提供するソフトウェアです。OSがあって初めてコンピューターは使用できます。ふだん使用するパソコンにも必ずOSがインストールされています。また、サーバーそれぞれの機能に応じたアプリケーションも必要です。

サーバーに必要なもの

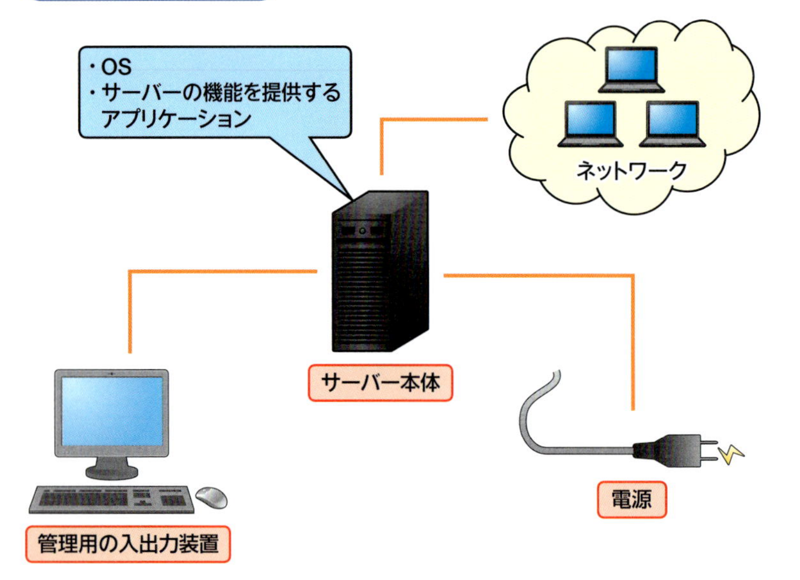

OS

OSには、Windows ServerやLinuxなどいくつかの種類があります。詳しくは、第2章Section 08〜10で解説しています。

アプリケーション

WebサーバーならWebサーバーのアプリケーション、メールサーバーならメールサーバーのアプリケーションのように、使用する機能に応じたアプリケーションが必要となります。

② あるとよい設備とは？

サーバーを利用するうえで絶対に必要というわけではありませんが、あったほうがよい設備があります。それはサーバーを守る設備です。サーバーは、個人用のパソコンに比べて、保存しているデータや運用しているシステムの重要度が高く、故障や災害で損失した場合の損害は大きなものになります。そのため、パソコンでは通常用いられない設備によって保護されることが多いです。

サーバーを損傷しうるリスクはさまざまです。たとえば、停電が突然起こると、サーバーは何の準備もなくシャットダウンさせられるため、作業中のデータが破損する場合があります。また、サーバー本体が熱を持ちすぎるとオーバーヒートになり、ソフトウェアの異常終了や機器内部の電子部品の故障が起きることがあります。ほかにも、サーバーを設置している建物が火災や地震に見舞われた場合、サーバー本体も無事では済まないでしょう。さらに、サーバーは第三者の悪意の標的になりやすいため、それらの攻撃にさらされることもあります。

こういったリスクからサーバーを守る設備には、小さな投資で導入できるものから大規模で安全性の高いものまでいろいろなものがあります。サーバーの重要度や予算に合わせて導入するとよいでしょう。

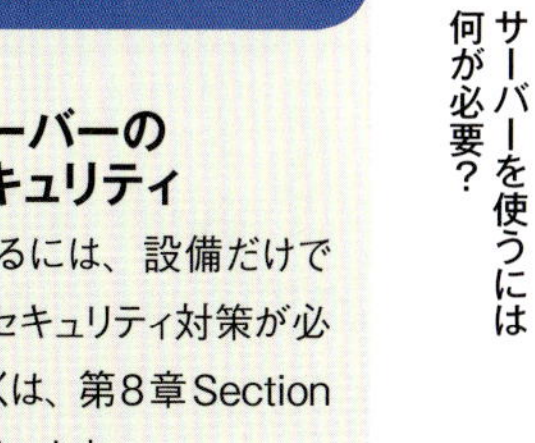

サーバーのセキュリティ

サーバーを守るには、設備だけでなくさまざまなセキュリティ対策が必要です。詳しくは、第8章Section 01で解説しています。

● サーバーを守る設備

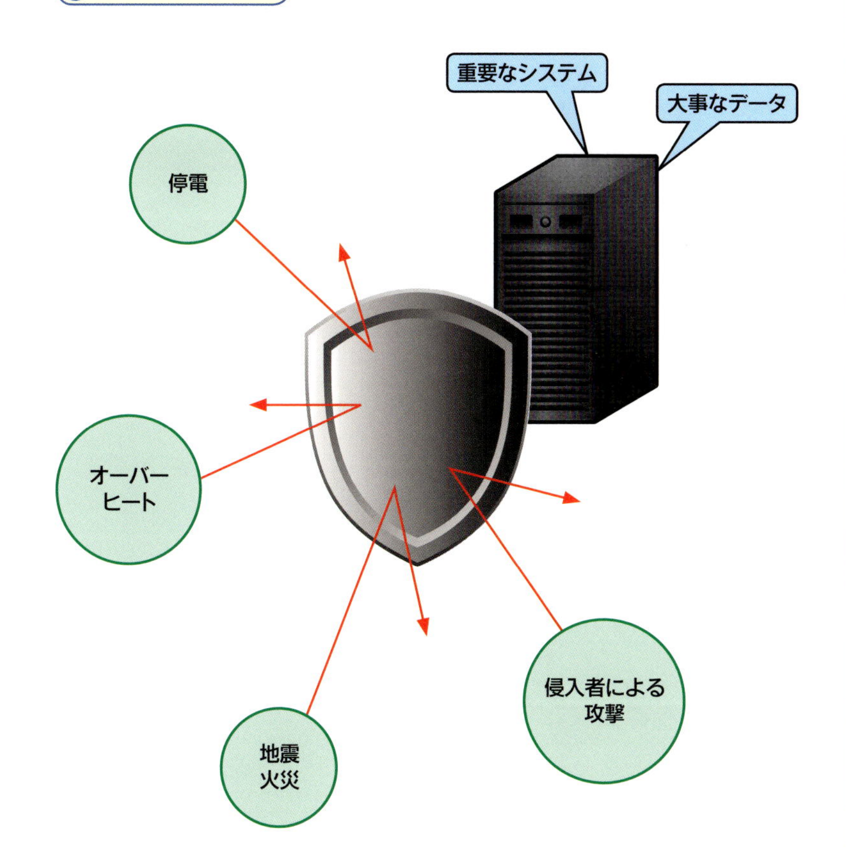

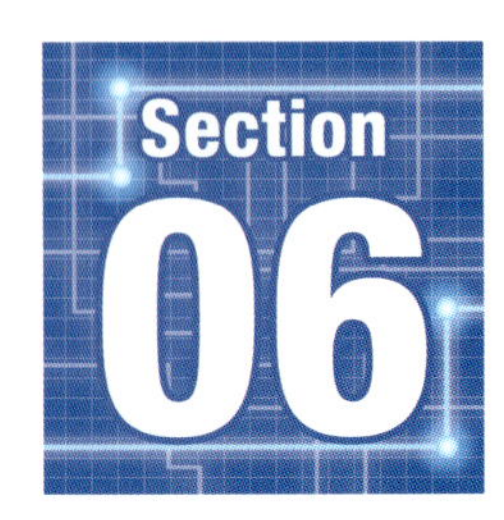

サーバーはどのように動いている?

覚えておきたいキーワード
- リクエスト
- レスポンス
- メインフレーム

クライアントからの要請を受けてサーバーが機能を提供するシステムのことをクライアントサーバーシステムといいます。このシステムにおけるクライアントからの要請をリクエスト、サーバーからの応答をレスポンスといいます。

1 クライアントサーバーシステムとは?

サーバーとクライアントはともにコンピューターですが、クライアントはサーバーにサービスを要請し、サーバーはその要請に応えるという役割の違いがあります。このような役割分担によって形成されたシステムをクライアントサーバーシステムといいます。また、クライアントがサーバーに出す要請をリクエストといい、サーバーがクライアントに返す処理結果をレスポンスといいます。

クライアントサーバーシステムの特徴は、クライアントがサーバーを利用するという一方的な役割分担がなされつつも、処理のすべてをサーバーが負うわけではないという点です。サーバーが処理するのは、サーバーが持つリソースを必要とする作業のみで、クライアント単体でもできる処理はクライアント側が行っています。このようにすることで、サーバーに負荷が集中することを防いでいるのです。

● クライアントサーバーシステム

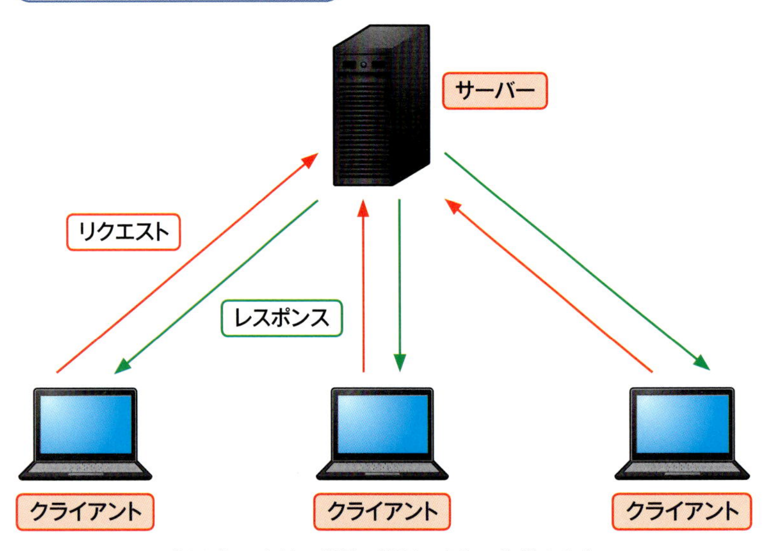

クライアントは、単体で処理できない作業のみをサーバーに要請している

Hint サーバーの負荷

サーバーの処理する量が増えることを、サーバーに負荷が集中するといいます。負荷が集中すると処理が遅れるため、Webページの表示に時間がかかったり、メールの送受信が遅くなったりすることがあります。

② クライアントサーバーシステム以外のシステムとは？

クライアントパソコンの性能が現在ほどよくなかった時代は、メインフレームと呼ばれる大型コンピューターが処理の大部分を一手に引き受けていました。メインフレームのクライアントにあたる機器は、端末もしくはコンソールと呼ばれます。コンソールが担当するのはデータの入力と表示だけです。それ以外の処理はすべてメインフレームで行われるため、メインフレームに集中する負荷はたいへんなものでした。クライアントサーバーシステムが浸透した現在では、メインフレームを使ったシステムはかなり減少しています。

メインフレームとは逆に、負荷を完全に分散させることでクライアントやサーバーという異なる役割分担を取り払ったシステムも存在します。これをP2P（ピアツーピア）といいます。P2Pシステムでは、ネットワークで接続されたすべてのコンピューターが対等な関係で通信し、分散処理をすることで負荷が1点に集中することを防ぎます。サーバーのように、ダウンするとすべての処理が滞るような要となるコンピューターが存在しないため、障害に強いなどの特徴があります。

Keyword 分散処理

何らかの処理を複数のコンピューターで分担して行うことを分散処理といいます。第9章Section 07で説明するクラウドでも分散処理が利用されています。

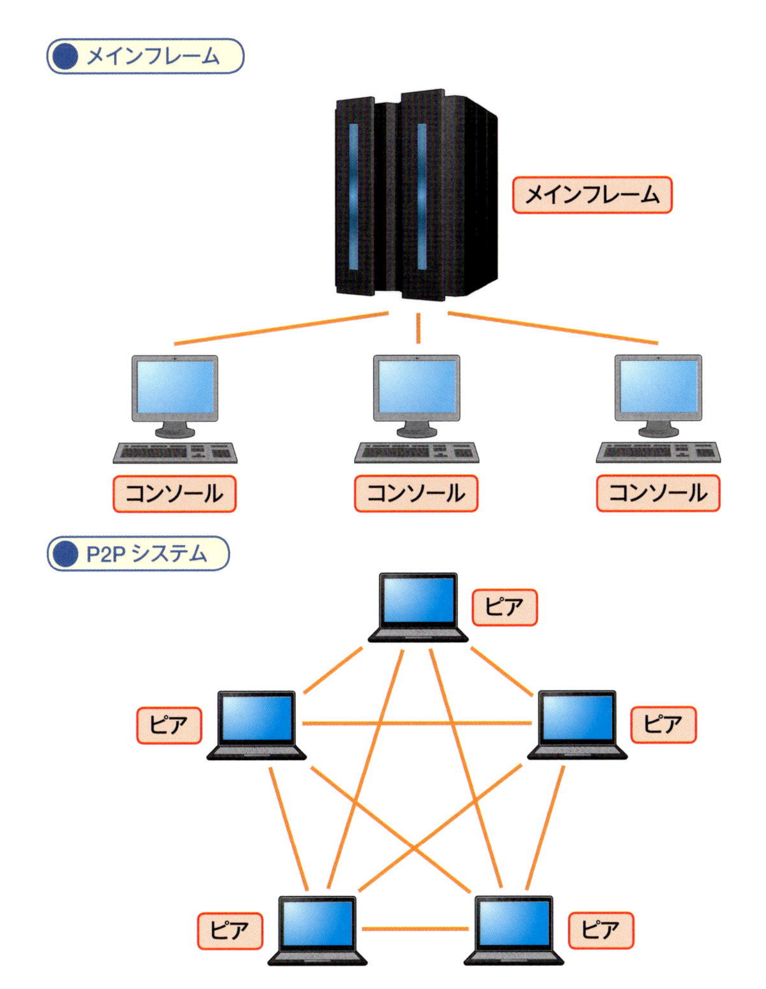

Hint P2Pシステムの使用例

P2Pシステムの使用例としては、仮想通貨に使われる「ブロックチェーン」と呼ばれる技術があります。

サーバーを用意するには?

覚えておきたいキーワード
- レンタルサーバー
- データセンター
- サーバールーム

サーバーを用意する方法としては、購入のほかにレンタルサーバーなどがあります。用意したサーバーをどこに置くのかについても、オフィスやサーバールームもしくはデータセンターなど、状況に応じてさまざまな選択肢を選ぶことができます。

1 サーバーを入手するには？

サーバーの入手には、どのような選択肢があるでしょうか。

まずはストレートにサーバー本体を購入してしまう方法があります。初期投資は高く付きますが、スペックを自由に選択できるなど自由度が高いのが特徴です。スペックによっては、トータルコストをかなり抑えられる可能性もあります。一方、購入後のスペック変更ができないため、導入前のスペックの検討は慎重に行う必要があります。

購入以外の方法には、レンタルサーバーがあります。レンタルサーバーでは、事業者がすでに所有しているサーバーを借りる形になるため、スペックの融通があまり利きません。一方で、費用が月額料金となるため、初期投資は抑えられます。

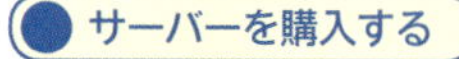

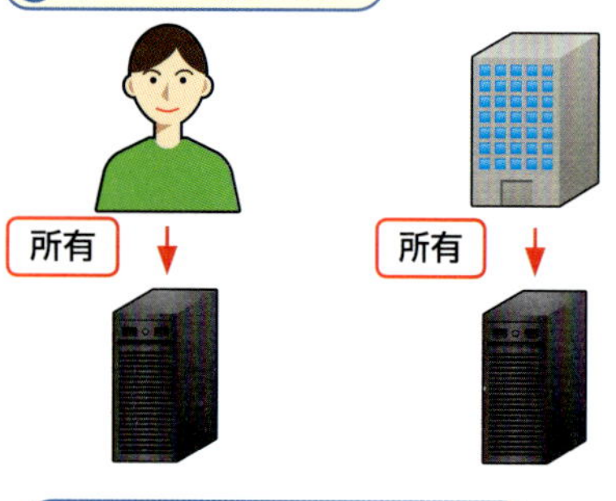

○ スペックを自由に選べる
○ トータルコストを抑えられる
× 初期投資が大きい

レンタルサーバーを利用する

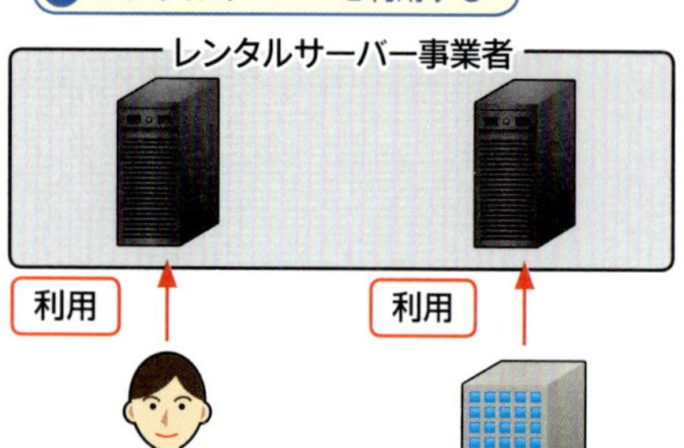

○ 初期投資を抑えられる
× 自由度が低い

Hint クラウドサービス

購入やレンタルサーバーのほかにも、クラウドサービスを利用してサーバーを用意する方法があります。クラウドサービスのサーバーについては、第9章Section 08で解説しています。

Keyword ホスティングサービス

レンタルサーバーを提供しているサービスのことを、ホスティングサービスともいいます。

② サーバーの設置場所とは？

自身でサーバーを所有する場合、サーバーをどこに設置してどう管理するかも重要です。

手軽なところでは、社内の空いているスペースに設置する方法があります。設備が最小限で済むため、予算をかけられない場合に考えられます。ただし温度管理がしにくい、オフィス内にいる人が誰でも操作できてしまうのでセキュリティの面で危険である、などの短所があります。

社内に専用のサーバールームを作る方法もあります。コストはかかりますが、オフィスと別にサーバーを設置できるため温度管理などが容易です。また、入退室管理を厳重にできるため、セキュリティ対策にも効果的です。サーバーの台数が増えてもある程度は収容できるため、大きいシステムを構築するなら投資のメリットはあるでしょう。

ほかに、データセンターを利用する方法があります。データセンターとは、サーバーを収容するための専用施設です。地震対策・停電対策・セキュリティなどの面で高水準の安全性が保たれています。データセンターにあるサーバーをレンタルしたり、所有しているサーバーを預けて管理を委託したりするなど、ニーズに応じたさまざまな利用形態が用意されています。

オフィスにサーバーを設置する

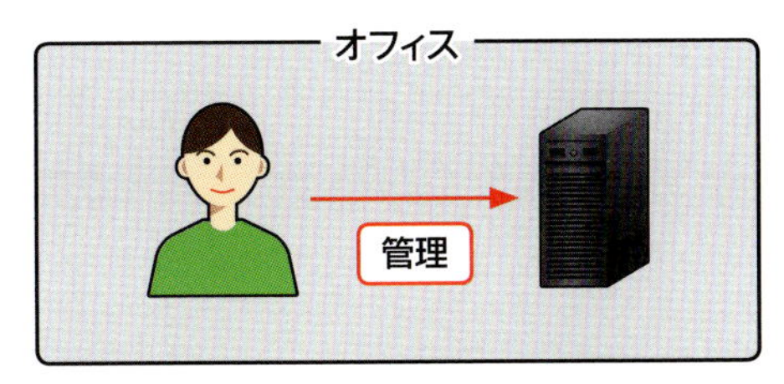

- ○ 手軽
- × 温度管理などがしにくい
- × オフィスにいる人が誰でも操作できてしまう
- × 少ない台数しか置けない

サーバールームにサーバーを設置する

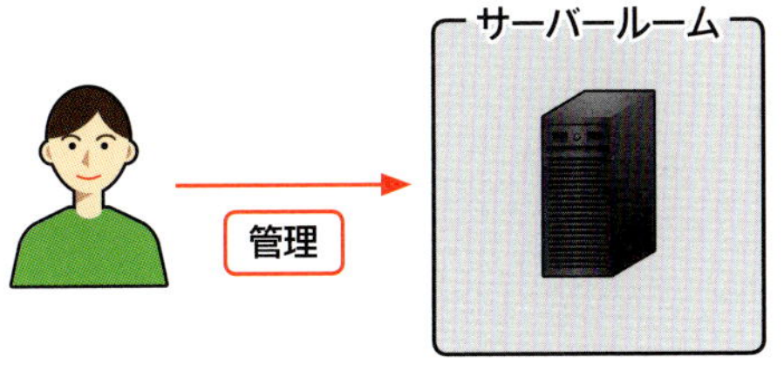

- ○ 温度管理がしやすい
- ○ 入退室管理などでセキュリティ対策ができる
- ○ 多くの台数を設置できる
- × コストがかかる

データセンターを利用する

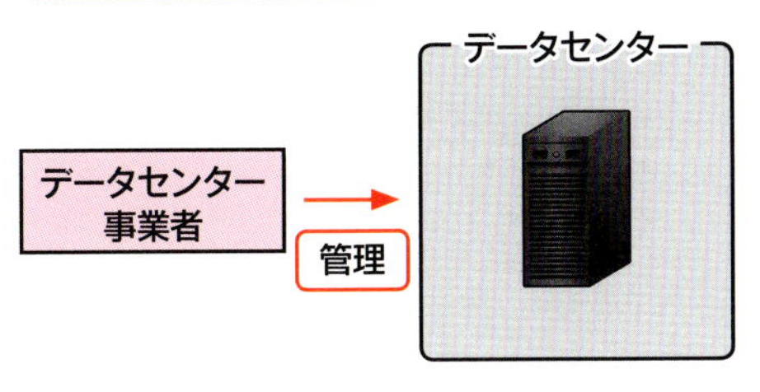

- ○ 事業者による行き届いた管理
- ○ 災害対策が徹底されている
- × コストがかかる

Hint サーバーの温度管理

サーバーは24時間動作しているため、温度管理が必要となりますが、サーバー自体が排熱しているため周りの温度が上がります。オフィスにサーバーを設置する場合はとくに気を付けてください。

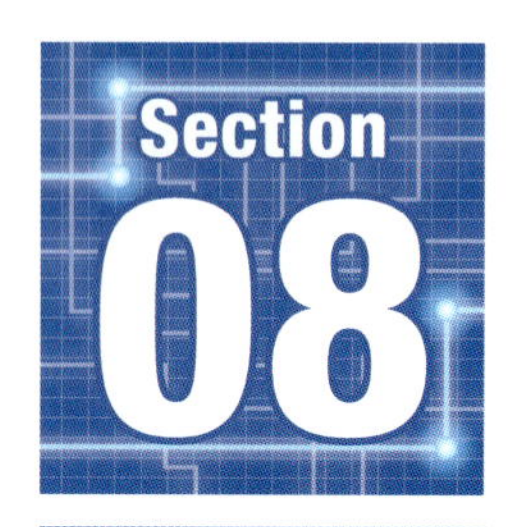

レンタルサーバーとは?

覚えておきたいキーワード
- 共用サーバー
- 専用サーバー
- VPS

レンタルサーバーにはいくつかの形態があります。共用サーバーでは、ほかのユーザーと1台のサーバーを共有します。専用サーバーでは1台のサーバーを専有できます。両者の中間的な性質を持つVPSもあります。

1 共用サーバーとは？

レンタルサーバーの中でもっとも安価な形態は、共用サーバーです。この形態では、1台のサーバーをほかの複数のユーザーと共有することになります。Webサーバーでよく見られる形態です。

共用サーバーでは、レンタルサーバー事業者がシステムを管理するため、ユーザーに管理者権限は与えられません。ユーザーが使用できるソフトウェアは、レンタルサーバー事業者が指定したものに限られるため、自由度はかなり低いといえます。また、共有しているユーザーの中にサーバーのリソースを大量に消費する人がいると、ほかのユーザーにもその影響が及びます。

こういった不便さはありますがその分利用料金は低めに設定されているため、提供されているサービスが自分の要望とマッチする場合にはよい選択肢となるでしょう。

共用サーバー

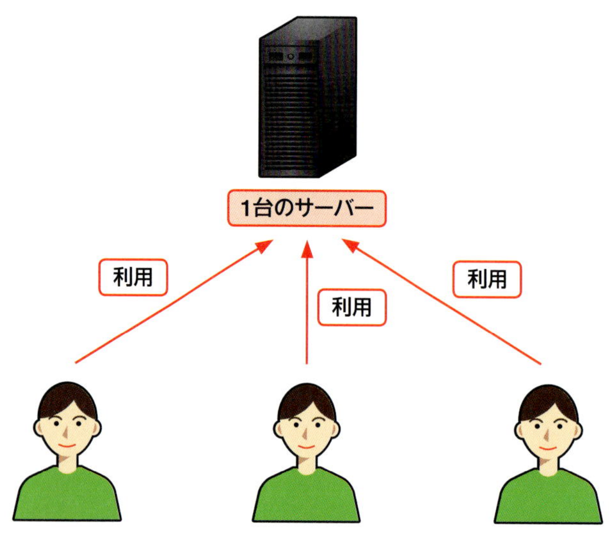

共用サーバーは1台のサーバーを複数人で共有する。サーバーに負荷をかける使い方をする人がいると、ほかの人にも影響する

Keyword 管理者権限

Unix系OSではroot権限とも呼ばれます。コンピューターでは通常、動作に大きな影響を及ぼすような変更が容易に行われないよう、操作が制限されています。管理者権限とは、そういった重要な操作を行える特別な権限のことです。

② 専用サーバーとVPSとは？

1台のサーバーを専有するタイプのレンタルサーバーを専用サーバーといいます。この形態では、ユーザーが管理者権限を持ち、自由にソフトウェアを導入してシステムを構築できます。また、1台のサーバーのリソースを…えるため、ほかのユーザーの影響を受けません。ただし…い分、利用料金も高くなります。また、
サ…、相応の知識を要求されます…ザーが持たず、サーバー管理…提供されているようです。
…利用料金を抑えたレンタルサ…イベートサーバー）がありま…バーを複数のユーザーで共有…によってサーバーのリソー…ーザーは割り当てられたリ…いるかのような自由度を得…れますが、事業者に委託し…きる点は、専用サーバーと

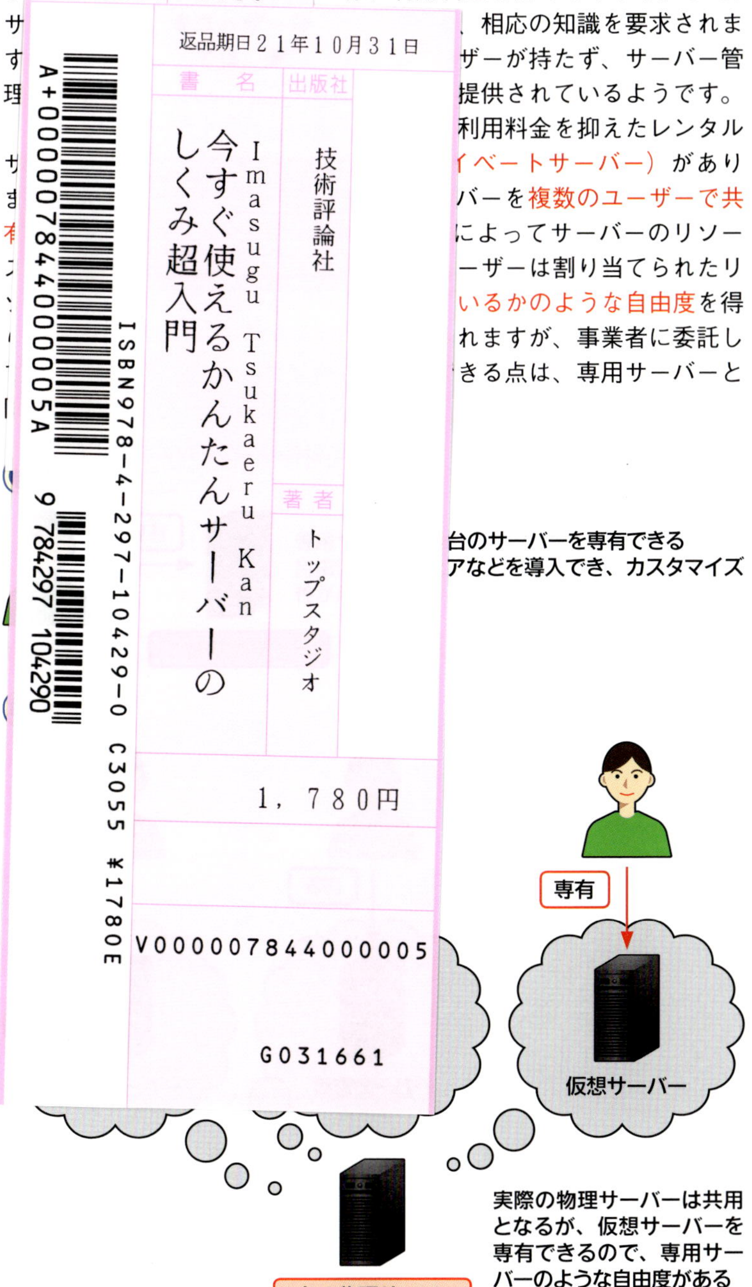
専有
仮想サーバー
1台の物理サーバー
実際の物理サーバーは共用となるが、仮想サーバーを専有できるので、専用サーバーのような自由度がある

…台のサーバーを専有できる…アなどを導入でき、カスタマイズ

Keyword 仮想化技術

仮想化技術とは、実際のハードウェアとは異なる構成のハードウェアがあたかも存在するかのようにコンピューター上で扱えるようにする技術です。詳しくは、第9章Section 01で解説しています。

Keyword 仮想サーバーと物理サーバー

実際にハードウェアとして存在するサーバーを物理サーバーといいます。これに対して、仮想化技術によってコンピューター上に仮想的に作られるサーバーを仮想サーバーといいます。

サーバーの操作は遠隔で行うことも多い

第1章Section 05では、サーバーに必要なものとして管理用の入出力装置を挙げました。入出力装置とはすなわち、キーボードやマウス、ディスプレイなどです。パソコンと同様にサーバーも、これらを接続して操作することができます。

しかし実際の運用では、直接接続したキーボードやディスプレイを使用して操作する場合よりも、別のパソコンなどからネットワークを通してサーバーにアクセスし、操作する場合のほうが多いでしょう。本格的な業務システムではサーバーが複数台あったり、データセンターなどの遠隔地に置かれていたりするので、いちいちサーバーのところまで行ってディスプレイやキーボードを接続して操作するというのは面倒です。よって、初期設定の段階（ここではディスプレイやキーボードを使用）でネットワークを通して操作できるようにしておき、あとの管理は遠隔操作で行うというのが一般的です。

サーバーの遠隔操作は、専用のソフトウェアをインストールしてもよいですし、OSに最初から備わっている機能でも十分に行えます。Windowsならリモートデスクトップ、Unix系OSならSSHやtelnetなどのコマンドがよく知られた方法です。どちらを利用するにしても、まずはサーバー側で遠隔操作を許可する設定が必要なことを忘れないようにしましょう。また、ネットワーク越しの操作を許可するということは、悪意のある第三者に利用されるリスクも高まるということですから、接続可能なパソコンを限定するなど、セキュリティ対策もきちんとしておきましょう。

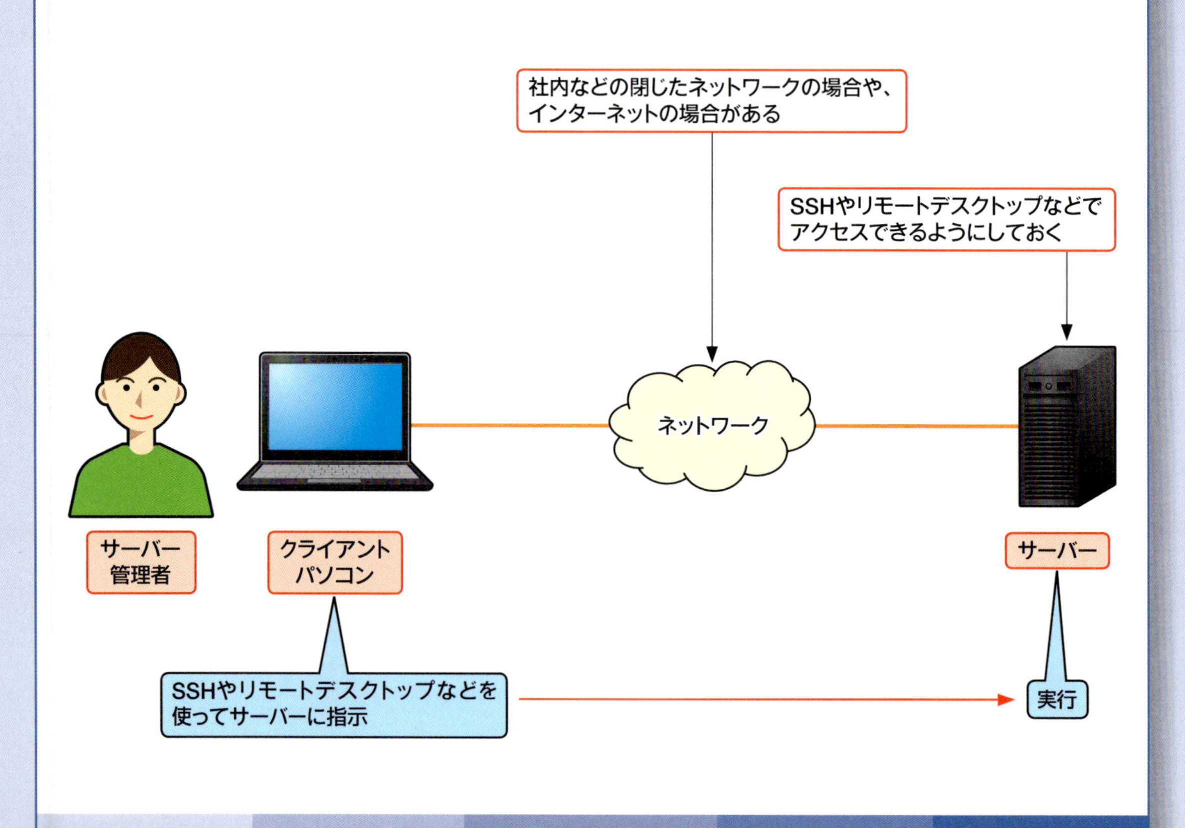

サーバーの構成

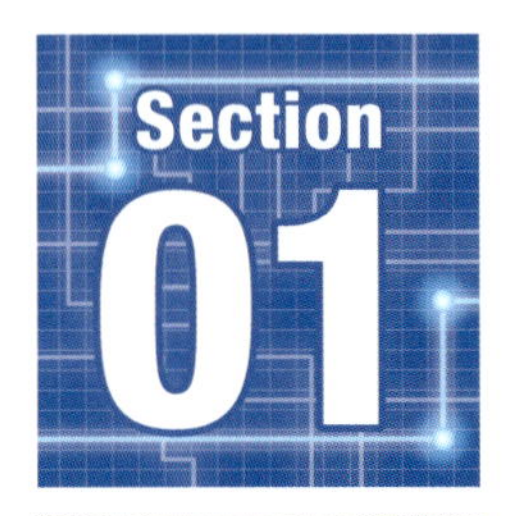

サーバーの信頼性とは?

覚えておきたいキーワード
- MTBF
- MTTR
- 稼働率

サーバーはパソコンに比べて高い信頼性を求められます。システムの信頼性を評価する項目には、(狭義の) 信頼性・可用性・保守性があり、それらはMTBFやMTTRや稼働率によって計ることができます。

1 サーバーは信頼性が重要

第1章でも述べたように、サーバーには重要なデータやシステムが保存され、24時間いつでもクライアントの要請にいつでも応じられるようになっています。もしサーバーが故障してシステムが止まったら、多くのユーザーの作業がストップします。また、サーバー上のデータが消えたら、そのデータを必要とするさまざまな作業に不都合が出ます。このため、サーバーの構成にはパソコンに比べて高い信頼性が求められます。

システムの信頼性は、おもに（狭義の）信頼性と保守性と可用性の3つで表されます。（狭義の）信頼性は、障害が発生しにくいシステムであることを意味します。保守性は、システムに障害が発生した場合に障害からすぐに回復できることを意味します。そして可用性は、システムが常に利用できることを意味します。これらが高い状態で保たれているとき、システムの（広義の）信頼性が高いといえます。

サーバーには信頼性が求められる

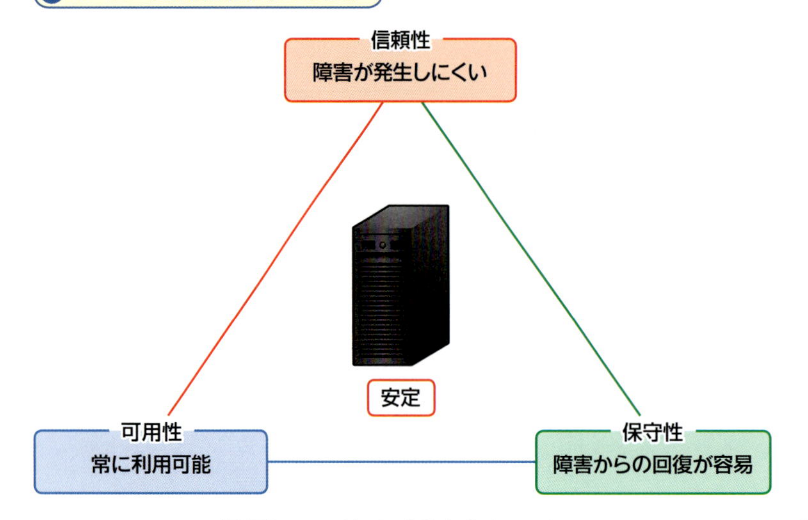

信頼性・可用性・保守性を高めることで
安定したシステムを構築できる

Hint　狭義の信頼性と広義の信頼性

狭義の信頼性は障害が発生しにくいことだけを指すのに対し、広義の信頼性はシステムが安定して機能を提供できることを指し、狭義の信頼性に加えて保守性と可用性も含めた総合的な意味合いを持ちます。

RASIS

狭義の信頼性、保守性、可用性に完全性と機密性を加えた5つの要素を、その頭文字をとってRASISと呼ぶことがあります。これらは、システムを総合的に評価する際の重要な指標です。完全性と機密性については、第8章Section 01で解説しています。

② 信頼性の指標とは？

信頼性・保守性・可用性は、数値によって計測することができます。

信頼性を計る指標の1つとして、MTBF（平均故障間隔）が挙げられます。MTBFは、修理をくり返して運用するシステムにおいて、故障から次の故障までの平均的な時間間隔を表す数値です。稼働時間を故障回数で割ることで求められます。MTBFが大きいほどシステムの信頼性が高いことになります。

保守性を計る指標としては、MTTR（平均修理時間）があります。この数値は、修理に要した時間の合計を故障した回数で割ることによって求められ、1回の故障でシステムが停止している時間の平均値を表します。MTTRが小さいほどシステムの保守性が高いといえます。

また、可用性を計る指標には、稼働率があります。これは、稼働時間の合計を運転時間の合計で割ることによって求められます。MTBFとMTTRの和でMTBFを割ることでも計算できます。稼働率が高いほどシステムの可用性が高いといえます。

MTBF、MTTR、稼働率の計算

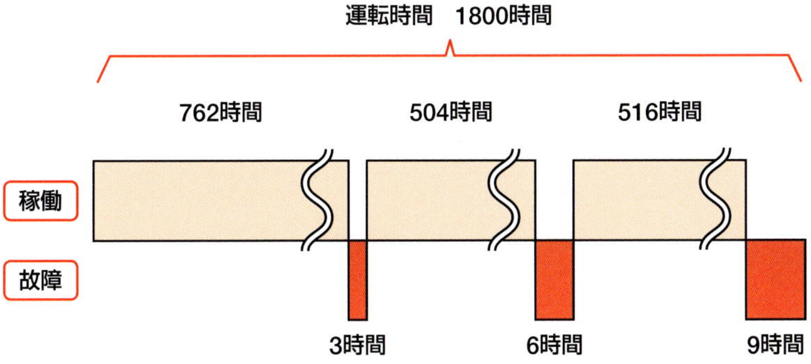

運転時間　1800時間

762時間　504時間　516時間

稼働

故障

3時間　6時間　9時間

$$信頼性：MTBF = \frac{稼働時間}{故障回数} = \frac{762 + 504 + 516}{3} = 594時間$$

$$保守性：MTTR = \frac{修理時間}{故障回数} = \frac{3 + 6 + 9}{3} = 6時間$$

可用性：稼働率

$$① = \frac{稼働時間}{運転時間} = \frac{762 + 504 + 516}{1800} = 0.99$$

$$② = \frac{MTBF}{MTBF + MTTR} = \frac{594}{594 + 6} = 0.99$$

MEMO　MTBFとMTTR

MTBFはMean Time Between Failures、MTTRはMean Time To Repairの頭文字から来ています。

Hint　MTBFとMTTRの数値

MTBFやMTTRはサーバーに限らず、HDDや電源装置などでも使われます。また、製品のカタログにMTBFなどの数値が記載されている場合もあります。

Section 02

サーバーは どのような形をしている?

覚えておきたいキーワード
- タワー型
- ラックマウント型
- ブレードサーバー

サーバーの形にはいくつかの種類があります。パソコンと同じような形をしているサーバーもあれば、平たい箱型のサーバーや、細長い形のサーバーもあります。サーバーの形状は、サーバーを使用する環境や条件によって使い分けるのが一般的です。

1 サーバーの形状とは?

サーバーには3つの形状があります。タワー型は、通常のデスクトップパソコンと同じ形状です。1つあたりの容積が大きく、拡張性に優れます。これに対し、多数のサーバーを利用するために省スペース性を高めたものがラックマウント型です。平たい箱型で、サーバーラックという幅19インチの棚に平積みに設置します。これよりもさらに集約性を高めたものがブレードサーバーです。サーバーを収める筐体側に電源や冷却装置を備え、サーバー間で共有することで、狭いスペースにより多くのサーバーを設置できるようにしています。

タワー型

通常のデスクトップパソコンと同じ形
床などの平たい場所にそのまま設置する

ラックマウント型

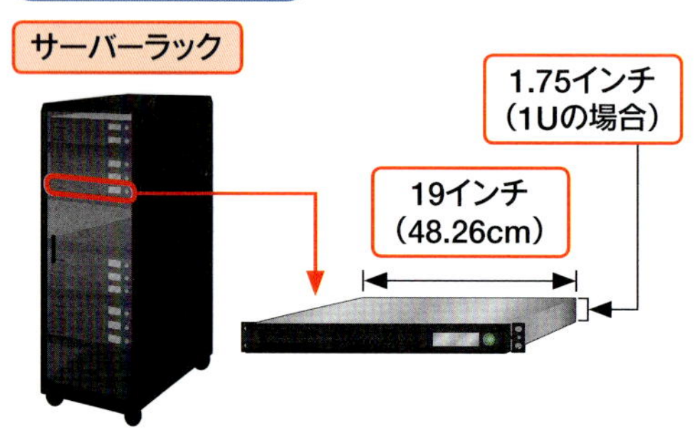

平たい箱型
幅19インチのラックに設置する
1つ1つに電源や冷却装置が必要

ブレードサーバー

筐体(シャーシ、エンクロージャーとも)

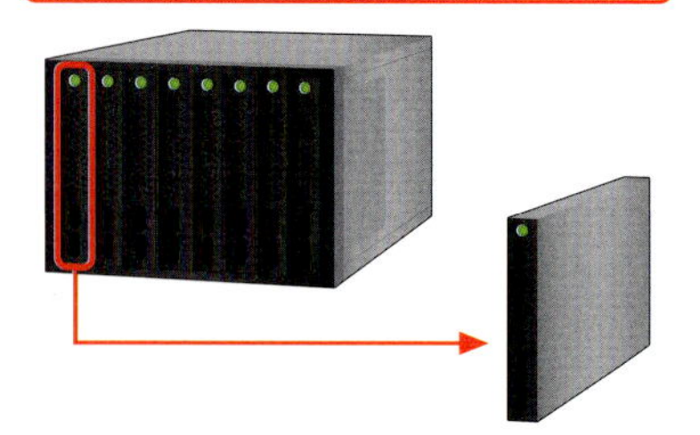

細長い刃(ブレード)のような形
電源や冷却装置などを備えた筐体に挿し込んで使う
筐体のサイズはラックマウント型の規格に準拠しており、サーバーラックに設置する

> **Hint　1U**
>
> サーバーラックの1段分(1ユニット)の高さは1.75インチ(4.45cm)です。これを1Uといいます。ラックサーバーのサイズには、1U、2U、3Uなどの種類があり、それぞれサーバーラックの1段分、2段分、3段分のスペースに収まるサイズとなっています。

② サーバーの形状はどのように選ぶ?

サーバーを購入する場合にどの形状を選ぶかは、構築するシステムの大きさやサーバーを設置する場所の条件でおおよそ決まります。

タワー型サーバーは、少ない台数で運用する小さなシステムに向いています。設置する際に特別な設備が不要なため、サーバールームがないオフィスなどにもそのまま据え置くことができます。ただし単体で設置するのが前提の設計のため、台数が増えるとかさばります。サーバーの機能を拡張したい場合は、サーバーの台数を増やすよりも、サーバーの部品を追加したり、上位のものに交換したりする方法が適しています。

ラックマウント型サーバーは、複数のサーバーを組み合わせて構築する大きなシステムに向いています。サーバーラックなどの設備を要しますが、多数のサーバーを効率よく収納できるため、全体の体積を小さくできます。サーバー単体の拡張性はあまり高くなく、機能を拡張する場合にはサーバーの台数を増やすのが適しています。

ブレードサーバーは、限られた空間により多くのサーバーを設置し、システムを集約したいときに有効です。タワー型やラックマウント型に比べて高額なため、予算に余裕がないと導入は難しいかもしれません。電源や冷却装置をサーバー間で共有するので部品の点数が少なく保守しやすい利点があります。一方、筐体に挿し込むサーバー本体にはサイズなどに業界標準の規格がなく、一度導入するとメーカーを乗り換えにくい面もあります。

サーバーの形状と長所・短所

形状	長所	短所
タワー型	・1台もしくは少数での運用に向いている ・設置に特別な設備が不要 ・拡張性が高い	・台数が増えるとかさばる
ラックマウント型	・多数の運用に向いている ・省スペース ・サーバーの台数を増やしやすい ・規格サイズが統一されている	・設置にサーバーラックが必要 ・タワー型に比べて拡張性が低い ・熱がこもりやすい ・台数によっては重量や消費電力が大きくなり、床の補強や電気工事が必要となる
ブレードサーバー	・多数の運用に向いている ・ラックマウント型よりも集約性が高い ・部品点数が少なく保守が容易	・設置にサーバーラックが必要 ・導入コストが高い ・筐体に挿し込むサーバー本体には業界標準規格がなくメーカーに依存 ・熱がこもりやすい ・台数によっては重量や消費電力が大きくなり、床の補強や電気工事が必要となる

Hint ブレードサーバーの筐体

ブレードサーバーの筐体は「シャーシ」または「エンクロージャー」とも呼ばれ、メーカーによって名称が異なります。

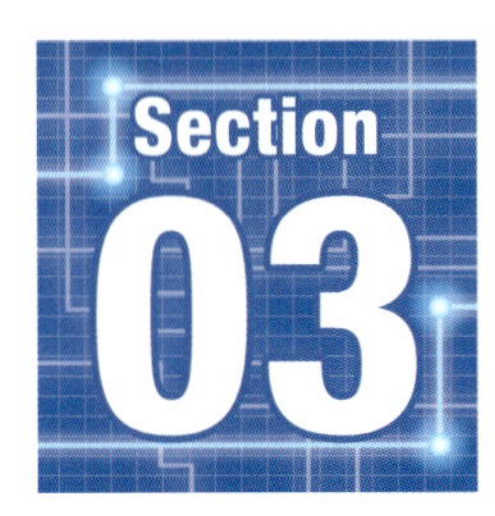

サーバーのCPUはパソコンと違う?

覚えておきたいキーワード
- CPUのコア
- CPUソケット
- チップセット

サーバーとパソコンでは、使用されるCPUのブランドが異なります。このためシステムを構成する部品の信頼性にも差が生まれます。また、CPUで中心的な役割を果たす部分をコアといいますが、CPUの数やコアの数にも違いが見られます。

1 CPUの種類

サーバーとパソコンでは物理的な構造にほとんど違いがありませんが、1つ1つの部品をよく見ると少しずつ違いがあります。まずはコンピューターの中心部であるCPUを見てみましょう。

CPUは、性能や用途や機能によってブランドが分かれています。サーバーに用いるCPUとパソコンに用いるCPUでは、ブランドが違います。インテルの生産しているCPUを例に挙げると、サーバー用のブランドにはXeon（ジーオン）、パソコン用のブランドにはCore i7やCore i5などを含むCoreがあります。

また、サーバー用のCPUとパソコン用のCPUではソケットの規格も異なることが多く、これによってCPUに組み合わせられるマザーボードやチップセットの種類も違ってきます。一般的に、サーバー用のCPUに対応したマザーボードやチップセットのほうが信頼性の高い製品となっています。

CPUのスペック

項目	意味
動作周波数（GHz）	クロック数ともいう。1秒間にどれだけの命令を処理できるかを示す。数値が大きいほど処理が速い
コア数	CPUで実際の処理を行う部分であるコアがいくつあるかを示す。Xeonなら2～28コア、Coreなら2～18コア程度
スレッド数	スレッドはCPUで処理されるひとつづきの命令のこと。スレッド数はそのCPUでスレッドをいくつまで並列処理できるかを示す。Xeonなら4～56スレッド、Coreなら4～36スレッド程度
キャッシュメモリ（MB）	より高速な処理を実現するために、メインメモリとは別にCPUの内部に備えられているメモリ。数値はそのデータ容量を示す
最大TDP（W）	CPUの最大放熱量。この値が大きいCPUを選ぶ際には、CPUクーラーを付けるなど冷却性能に配慮する必要がある

CPUソケット

CPUソケットとは、マザーボード上のCPUを装着する部分のことです。さまざまな種類があり、ここの規格がマザーボードとCPUとで一致していないと装着できません。次ページで触れるマルチCPUでサーバーを構成したい場合には、CPUソケットを複数持つマザーボードを選択する必要があります。

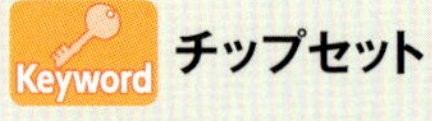

チップセット

チップセットとは、CPUやメモリなど、マザーボードに接続されているさまざまな部品の間でデータをやりとりする際に、その仲介をする集積回路です。マザーボード上に組み込まれています。

② CPUの数とコアの数

制御装置や演算装置を含むCPUの中心部をコアといいます。サーバー用のCPUとパソコン用のCPUの大きな違いは、コアの数にあります。

パソコン用のCPUは2～4コアのものが多いですが、近年はコアの数が増加する傾向にあり、ハイエンドの高価なものでは20コア近くのものも登場しています。しかしパソコンはユーザーが1人なので処理を並列させる必要性があまりなく、とくに負荷の高い用途に使用するのでなければコアが多いものを選んでも能力を余らせることになります。

サーバー用のCPUは、パソコン用と同程度のコア数から多いものは20コア以上までと幅広く、パソコン用に比べると10コア以上のモデルが豊富です。サーバーは、複数のクライアントからリクエストを同時に受けて並列処理することもあり、コアが多いとそれだけ速く処理できます。

コア数だけでなくCPU自体の数にも差があります。パソコンのCPUは基本的に1つですが、サーバーの中には複数のCPUを持つものがあります。複数のコアをもつCPUをマルチコアCPUと呼び、CPUを複数持つことをマルチCPUと呼ぶこともあります。

MEMO コア数とスレッド数

通常、並列処理できるスレッドの数はコアの数に一致しますが、1つのコアで同時に2スレッドの処理を可能にする技術により、スレッド数がコア数の2倍の値となるCPUが増えてきました。

パソコンのCPU

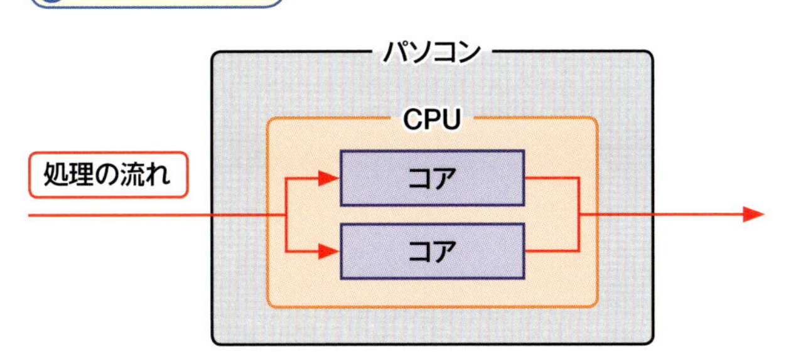

サーバーのCPU

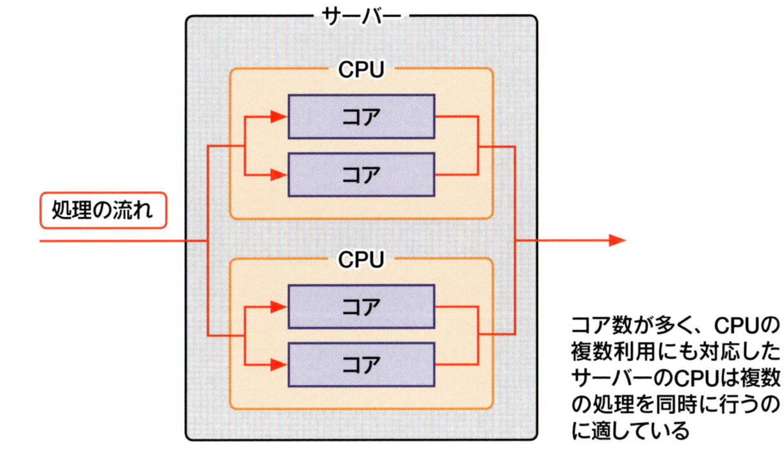

コア数が多く、CPUの複数利用にも対応したサーバーのCPUは複数の処理を同時に行うのに適している

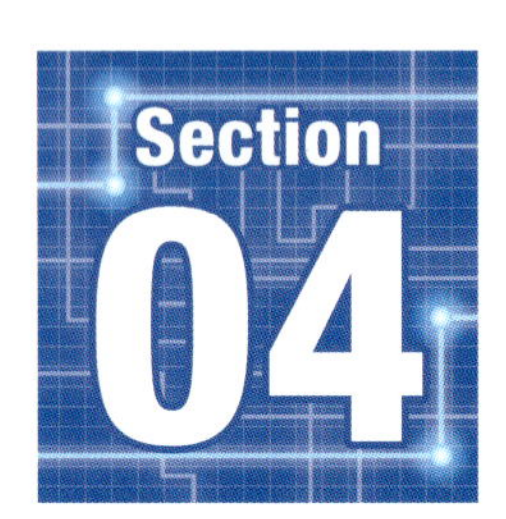

サーバーのメモリはパソコンと違う?

覚えておきたいキーワード
- レジスタードバッファ
- ECC
- ビット

サーバーのメモリには、レジスタードバッファやECC機能を備えているものがあります。これらを使用することで、誤ったデータを伝達してしまうリスクが減り、システムの安定性を高めることができます。

1 レジスタードバッファとは？

次に、メモリにおけるサーバーとパソコンの違いを見てみましょう。サーバーのメモリには、パソコンのメモリにはないしくみが2つあります。1つはレジスタードバッファです。

CPUが処理したデータは、メモリコントローラーを通ってメモリに伝達され、書き込まれます。しかし、伝達するデータが増加すると、回路に負荷がかかり、電気信号が乱れます。その結果、信号が弱まったり、タイミングがずれたりします。これらが多発するとコンピューターの動作は不安定になります。これを防ぐために、メモリコントローラーとメモリの間で電気信号を整えるのがレジスタードバッファです。レジスタードバッファは、メモリコントローラーから受け取った信号を強化したりタイミングを合わせたりしてからメモリに伝達します。このおかげでサーバーは高い安定性をもって動作できるのです。

信号のタイミング

MEMO

1と0で表現されるデジタルデータを電気信号でやりとりするには、タイミングを合わせるためのクロック信号が用いられます。メトロノームのように一定間隔で電圧の高低が切り替わるクロック信号に合わせ、送信するデータが1なら高電圧、0なら低電圧と切り替えることにより、電気信号でデータを表現できるようになります。クロック信号の速さはCPUの動作周波数に対応しています。

● レジスタードバッファ

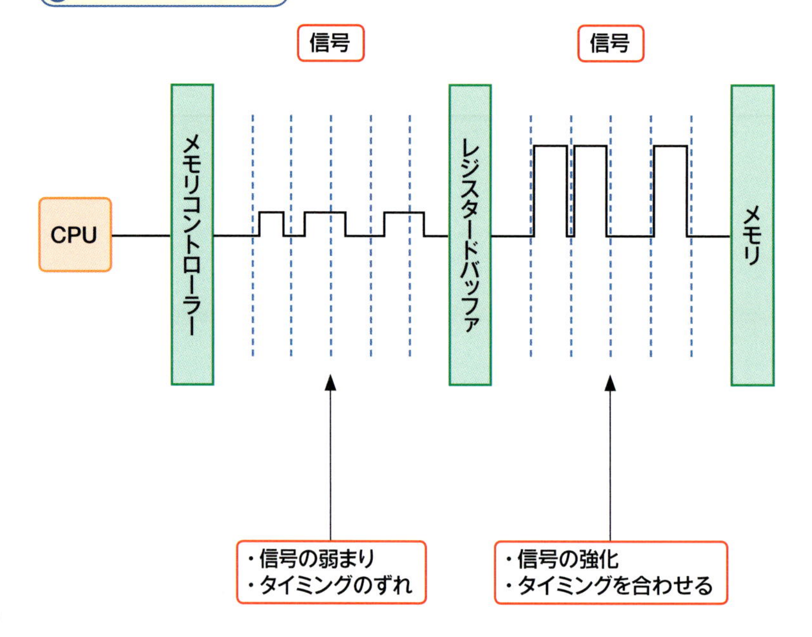

② ECC機能とは？

サーバーのメモリにあるしくみの２つめは、ECC（エラーチェックアンドコレクト）機能です。これは、メモリから読み出したデータに誤りがないかをチェック・修正する機能です。

コンピューターで扱うデータは、０と１で表される２進数ですべて表現されます。２進数の１桁分のデータを１ビットといいます。メモリに保存されるデータも０と１で表現されます。データをやりとりする過程ではときどき、ある１ビットのデータだけ０と１が反転するエラーが起きます。ECCメモリは、このエラーを検出して修正します。

ECCメモリは、データを保存する際に、もとのデータからエラーチェック用のデータ（誤り訂正符号）を生成し、もとのデータとは別に保存します。そしてデータを読み出したときに、読み出したデータから誤り訂正符号を再度生成します。ここで生成された誤り訂正符号と最初に生成された誤り訂正符号が一致すれば、読み出したデータは正しいと見なせます。一致しなかった場合、読み出したデータには誤りがあると判断され、エラーの修正もしくはデータの再読み込みが行われます。これによってサーバーは正確な処理を実行できます。

ECC機能

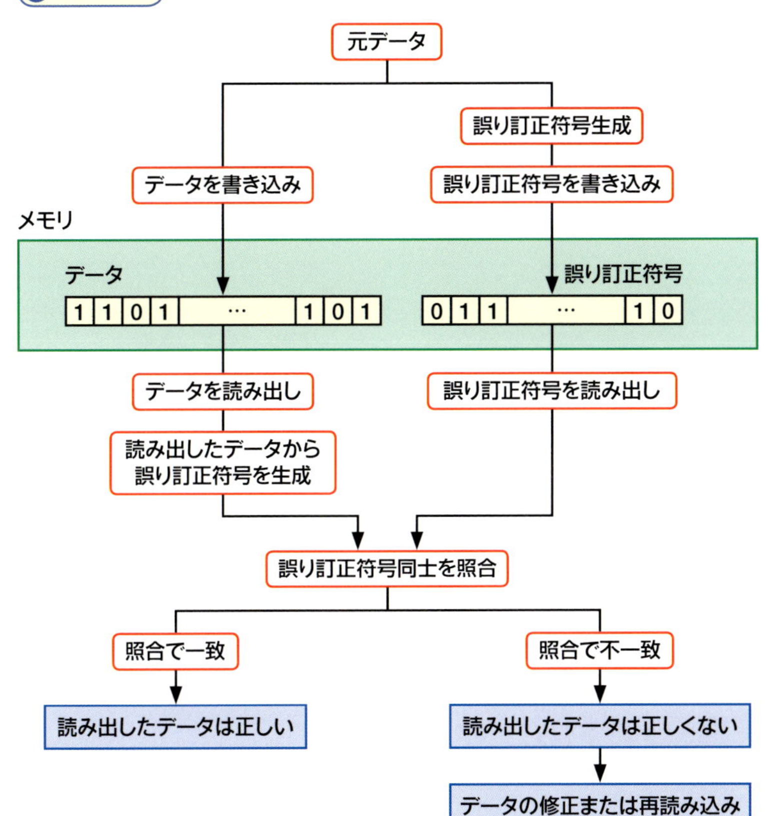

Hint ビットとバイト

ビットとバイトは、ともにデータ量の単位です。2進数の1桁分が1ビット。2進数8桁分のデータ量すなわち8ビットが1バイトに対応します。

パリティ

パリティとは、あるデータについて、各桁を足し合わせたものが偶数(0)か奇数(1)かを示すものです。たとえばデータが1101なら、1＋1+0+1＝3で奇数なのでパリティは1です。1ビットだけ1と0が反転するエラーが起きた場合、誤ったデータから計算したパリティはもとのデータから計算したパリティとは一致しないので、誤りを検出できます。

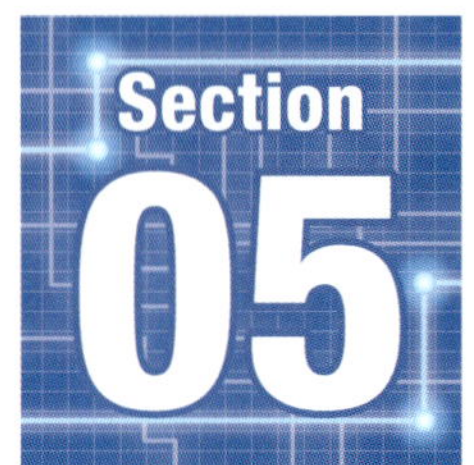

サーバーのストレージはパソコンと違う?

覚えておきたいキーワード
- SAS
- SATA
- RAID

サーバーとパソコンのストレージでは、コンピューターと接続するときに使用される規格に違いが見られます。また、サーバーのストレージは、障害対策のためにRAIDという技術を使って構成されることが多いです。

1 SASとSATAとは?

サーバーとパソコンではストレージの接続の規格が違います。パソコンではSATA、サーバーではSASが用いられることが多いです。

これらの規格はデータ転送の方式が異なります。SATAは、半二重通信という方式で送信と受信を同時に行えないため、送信と受信をすばやく切り替えながら通信します。一方、SASは全二重通信という方式で、送信と受信を同時に行えるため、複数のクライアントからのリクエストを並列して処理する必要のあるサーバーに向いています。また、SASはデータ転送のしかたなども信頼性を重視した設計になっています。

しかし、SATAやSASのデータ転送速度では、読み書きの高速なSSDの性能を十分に生かしきれないという状況があったため、近年はより速いデータ転送を実現するNVMeという規格が登場しています。NVMe規格のSSDはM.2という規格の接続口に接続し、内部的にはPCI Expressという規格（次のSectionで説明）で通信します。

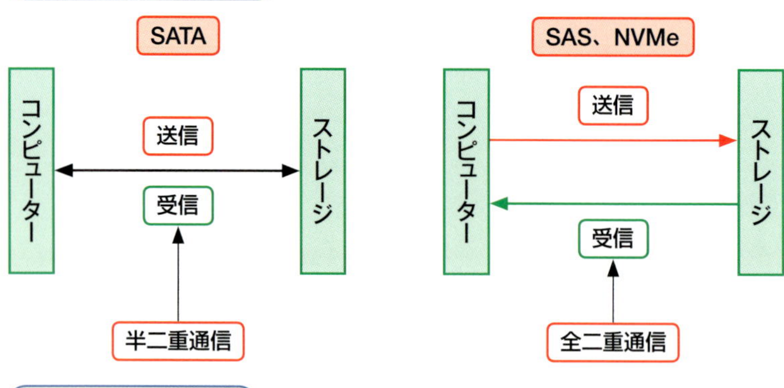

最大データ転送速度

SATA……………………… 6Gbps
SAS ……………………… 12Gbps
PCI express×4 ……126Gbps

これを上回る読み書き速度のSSDを用いる場合、データ処理のボトルネックとなる

Hint データ転送速度

データ転送速度はビット毎秒（bps）という単位を使って表し、1bpsは1秒間に1ビットのデータを転送できることを示します。1Gbps＝1×10^9bpsとなります。

Keyword ボトルネック

ビンから流れ出る液体のスピードは、ビンの口のサイズでほぼ決まり、ほかの部分の大きさはあまり影響しません。このことにたとえ、物事の進行において一部の要因が全体の進行速度を決定づけるような場合、その要因をボトルネックと呼びます。SSDでは、SATAやSASのデータ転送速度がボトルネックになっているといえます。

MEMO ストレージの形状

ストレージの形状には3.5インチ、2.5インチ、M.2などがあります。インチの数値はHDDの内部にあるディスクの直径からきています。M.2は、コンパクトなカード型の形状で、M.2端子に接続するタイプです。

② RAIDとは？

複数のストレージを組み合わせ、コンピューター上でまとめて1つとして扱えるようにする技術がRAIDです。もとになる複数のストレージを物理ストレージ、コンピューター上に見える1つのストレージを論理ストレージと呼びます。RAIDを使ってストレージを構成することにより、冗長性を持たせて物理ストレージの一部が故障してもデータを損失しないようにしたり、データの読み書きを速くしたりできます。また、複数の物理ストレージをユーザー側が区別して使用する必要もなくなるので利便性も向上します。

RAIDにはいくつかの種類があります。実際に使用されることが多いのは、RAID 0、RAID 1、RAID 5、RAID 6です。RAID 0はストライピング、RAID 1はミラーリングとも呼ばれます。RAIDの種類を組み合わせてストレージを構成することで、耐障害性の高いシステムを構築できます。

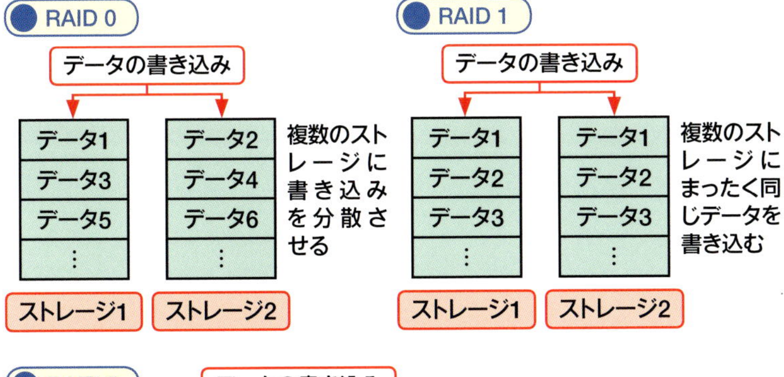

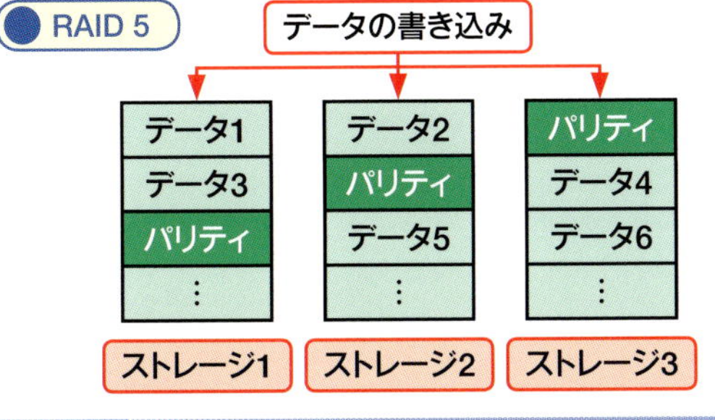

データとパリティを複数のストレージに分散して書き込む

RAID 0	複数のストレージに書き込みを分散させる。読み書きが速い。冗長性はなく、構成するストレージが1つでも故障すればすべてのデータが失われる。利用効率はよい。ストライピングとも呼ばれる
RAID 1	複数のストレージにまったく同じデータを書き込む。書き込みが遅い。もっとも単純な冗長構成。利用効率は悪い。ミラーリングとも呼ばれる
RAID 5	データとデータから作成したパリティを複数のストレージに分散して書き込む。読み込みは速いが書き込みが遅い。RAID 1より利用効率はよい。ストレージ1台までの障害に耐える
RAID 6	データとデータから作成した2つのパリティを複数のストレージに分散して書き込む。読み込みは速いが書き込みが遅い。RAID 1より利用効率はよいがRAID 5より悪い。ストレージ2台までの障害に耐える

Keyword 冗長性

冗長性とは、機器などを余分に、もしくは重複して準備している状態のことです。システムに冗長性を持たせることを冗長化といいます。障害が発生したときにも機能の提供を継続し、システムが停止したときにもすぐに復旧させるためには、事前の冗長化が重要です。

MEMO ストレージの書き込みの負荷

複数のストレージに書き込みを分散させるRAID 0は、その分、1つのストレージに一度に書き込むデータ量が少なくて済むため、書き込みに要する時間が短くなります。これに対し、RAID 1はすべてのデータを1つのストレージに書き込むため、書き込みに時間がかかります。このように、RAIDを構成する際には、データの重要性や利用効率のほか、書き込みスピードなども考慮する必要があります。

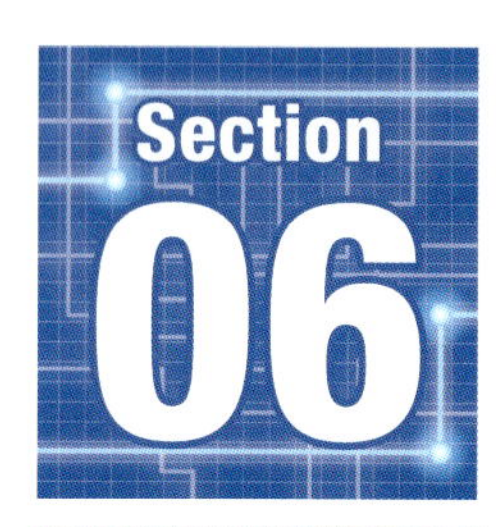

サーバーのインターフェイスとは?

覚えておきたいキーワード
- 拡張スロット
- 拡張カード
- PCI Express

サーバーのマザーボードには拡張スロットというものがあり、そこにいろいろな拡張カードを挿し込むことでサーバーの機能を拡張できます。拡張スロットで現在多く用いられている規格はPCI Expressです。

1 拡張カードで機能を拡張

コンピューターとさまざまな機器を接続する際に使用されるアダプターなどの接続口をインターフェイスといいます。マザーボードには拡張スロットという汎用的な挿し込み口があり、そこに拡張カードという部品を挿し込むことで、サーバーの機能やインターフェイスを拡張できます。

拡張カードには、ビデオカード、サウンドカード、NIC（ネットワークインターフェイスカード）、SASカード、RAIDカードなどがあり、目的に合わせて種類を選択します。ビデオカードはディスプレイとの接続、サウンドカードはオーディオ機器との接続に用います。これらはサーバーよりもパソコンで利用することが多いでしょう。サーバーでおもに使用されるのは、NICやRAIDカードなどです。NICはネットワークとの接続に使われます。RAIDカードは、複数のストレージに接続し、RAID技術を利用した構成を実現します。ほかにもさまざまな拡張カードがあります。

インターフェイス

インターフェイスとは、何かと何かを接続するための機能を持った境界面や接点を意味する言葉です。コンピューターのハードウェアにおいては周辺機器などとの接続口を指します。また、ソフトウェアがほかのソフトウェアと連携できるようにするためのしくみもインターフェイスと呼んだりします。

UI

ユーザーがコンピューターなどを操作・利用するための接点をとくにユーザーインターフェイス（UI）と呼びます。例としてはディスプレイの表示、キーボードやタッチパネルによる入力などがあります。ユーザーの使用感に関わる部分です。

拡張カードで機能を拡張

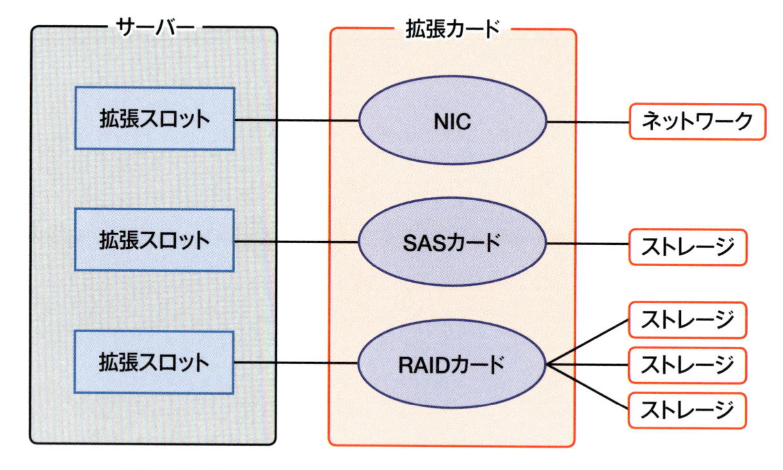

目的に応じた種類の拡張カードを拡張スロットに挿し込むことで、
コンピューターのインターフェイスを拡張できる

② 拡張スロットの規格とは？

拡張スロットにも規格があります。しばらく前まではPCIやPCI-Xという規格が用いられていましたが、転送速度などに課題があったため、現在はPCI Expressという規格が主流になっています。PCI Expressのバージョンは、現在4.0が最新で5.0が策定中です。PCI Expressの特徴は、全二重通信であることや、従来の規格に比較して転送速度が大きいことなどが挙げられます。

この規格の拡張スロットには、PCI Express x1、PCI Express x4、PCI Express x8、PCI Express x16などのバリエーションがあります。xの隣の数字は、PCI Express x1に比較して何倍の転送速度があるかを示しており、数字が大きいほど拡張スロットは長くなります。拡張スロットのサイズには下位互換性があるため、たとえばPCI Express x8の拡張スロットには、PCI Express x1やPCI Express x4用の拡張カードを挿し込むことができます。

PCIe

PCI ExpressはPCIeと書かれることもあります。

拡張スロット

マザーボード

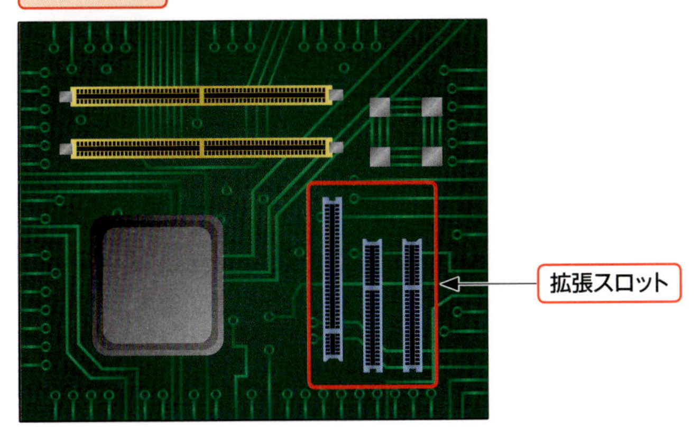

PCI Express のサイズ

PCI Express x16

・PCI Express x1の16倍の転送速度
・x16以下の拡張カードを挿せる

PCI Express x8

・PCI Express x1の8倍の転送速度
・x8以下の拡張カードを挿せる

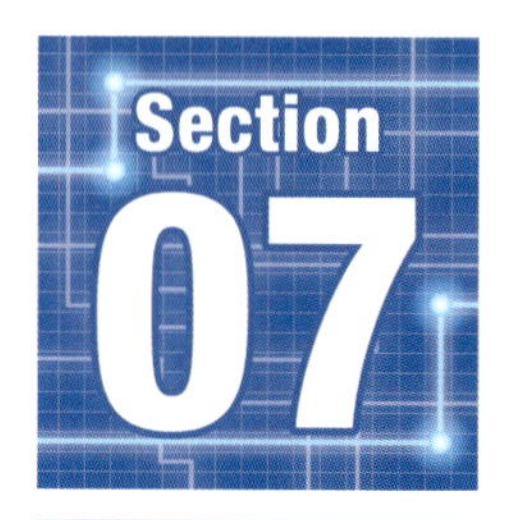

サーバーのOSとは?

覚えておきたいキーワード
- OSの役割
- アプリケーション
- ハードウェア

OSの役割は、ユーザー・アプリケーション・ハードウェアの間をとりもち、コンピューターの持つリソースを効率よく運用することにあります。サーバーでは、あらゆる負荷や脅威に対処する機能がOSに求められます。

1 OSの役割とは？

OSはコンピューターを扱うときに必要なインターフェイスを提供すると第1章で説明しました。この内容をもう少し掘り下げてみます。

コンピューターが動くしくみを分解すると、ユーザー・アプリケーション・OS・ハードウェアが相互にやりとりすることで作業を進めているとみなせます。ユーザーは作業の指示を出し、アプリケーションはユーザーに機能を提供します。ハードウェアはCPUやメモリなどといった作業に必要なリソースを提供します。OSは、ユーザーやアプリケーションとハードウェアの仲立ちをしています。ユーザーやアプリケーションから受け取った指示のとおりに、ハードウェアのリソースをうまく使えるように制御しているのです。

OSがなくては、ハードウェアのリソースを思うとおりに使いこなすことができません。OSのないコンピューターはただの箱というわけです。

OSの役割

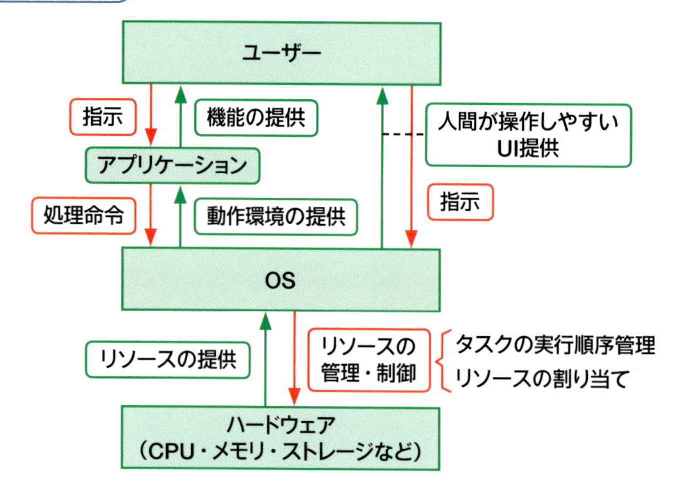

ユーザー、アプリケーション、OS、ハードウェアが相互にやりとりして、
コンピューターは機能している
OSはこれらの間で仲介・調整の役割を果たす

Keyword アプリケーション

OSはコンピューターを利用する際のベースとなる機能を提供します。これに対し、OSを土台としながら特定の目的に応じた機能を提供するソフトウェアをアプリケーションと呼びます。Webブラウザやテキストエディタなどが代表的です。

MEMO ハードウェアとソフトウェア

ストレージやCPU、ディスプレイやキーボードなどコンピューターを物質的に構成する部品や周辺機器をハードウェアと呼びます。これと対照的に、OSやアプリケーション、データなど物質的な実体を持たないものをソフトウェアと呼びます。狭義の意味では、データを含まず、OSやアプリケーションなどのプログラムのみを指すこともあります。

❷ サーバーのOSに求められる機能とは？

サーバーとパソコンのOSには何か違いがあるのでしょうか。サーバーでもパソコンでもOSの基本的な役割は同じなので、大きな違いはありません。しかし、サーバーとパソコンでは利用環境が大きく異なるため、それに合わせて追加されたり強化されたりする機能があります。サーバーが利用される環境から、サーバーのOSに求められる機能を見てみましょう。

サーバーの利用環境は、次に示すような要素によって特徴づけられます。まずは、24時間ノンストップで稼働していること。次に、大規模なリソースを持つこと。加えて、多数のクライアントから同時にアクセスを受けること。そして、悪意ある第三者による攻撃の標的にされやすいことです。

サーバーの利用環境を総合してみると、きわめて負荷がかかりやすく、また脅威にさらされやすいということがわかります。このような環境に対応するためにサーバーのOSには、より安定したシステムや効率のよいリソース管理・タスク管理、強固なセキュリティ管理などの機能が求められることになります。

サーバーのOSに求められる機能

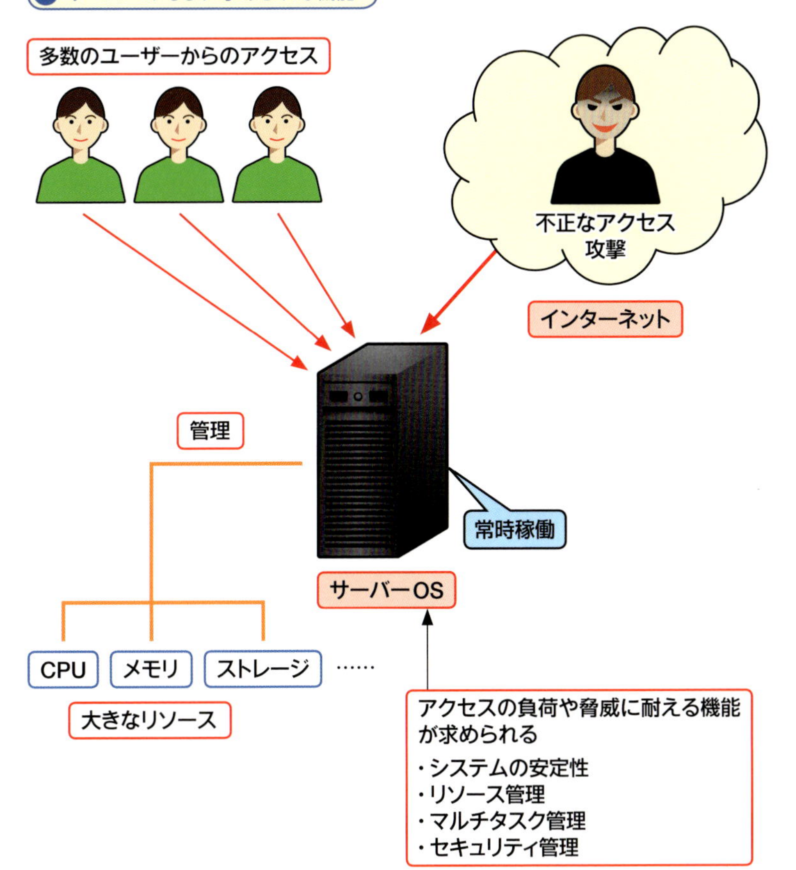

MEMO 不正なアクセスや攻撃

サーバーは、ネットワークを通して不正なアクセスや攻撃を受けることがあります。セキュリティ対策が十分でないと、大切なデータを盗まれたり、改ざんされたりするかもしれません。不正なアクセスや攻撃にはどのようなものがあるのか、対策はどういった手段があるのかについては、第8章Section 05で解説しています。

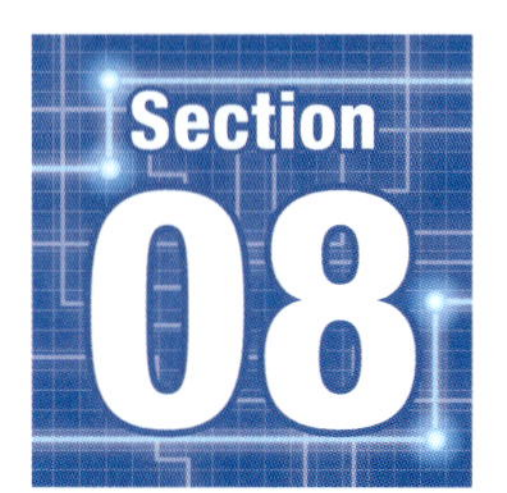

Windows Serverとは?

覚えておきたいキーワード
- CUI
- GUI
- ライセンス

Windows Serverは、WindowsのサーバーーOSです。使用感は、クライアントパソコン向けのWindowsとそれほど変わりません。操作しやすいGUIやユーザーサポート、Microsoftの豊富なプロダクトを利用できることなどが利点として挙げられます。

1 Windows Serverとは?

Microsoft の Windows は、パソコンの OS としてもっとも普及しています。Microsoft はサーバー用にも Windows Server という OS を提供しています。サーバー用とはいえ、同じ Windows なので、操作方法はクライアント向けの Windows と同じと思ってかまいません。パソコンで Windows を使用している人にはとっつきやすい OS です。

Windows や Windows Server の最大の特徴は、感覚的に操作できる GUI（グラフィカルユーザーインターフェイス）です。GUI とは、コンピューターの操作方式の 1 つで、ディスプレイの表示に画像を多く使用し、マウスの動きなどによって指示を与えるものです。GUI と対照的な操作方式として、CUI（キャラクターユーザーインターフェイス）があります。CUI では、ディスプレイの表示が基本的に文字のみになり、キーボードだけで操作が行われます。CUI の操作には知識を要するため、コンピューターに詳しくない人には扱いにくいものです。その点、使いやすい GUI が整備された Windows Server は初めての人でも使いやすい OS といえます。

クライアント向け OS とサーバー向け OS

クライアント向けOS（Windows 10）

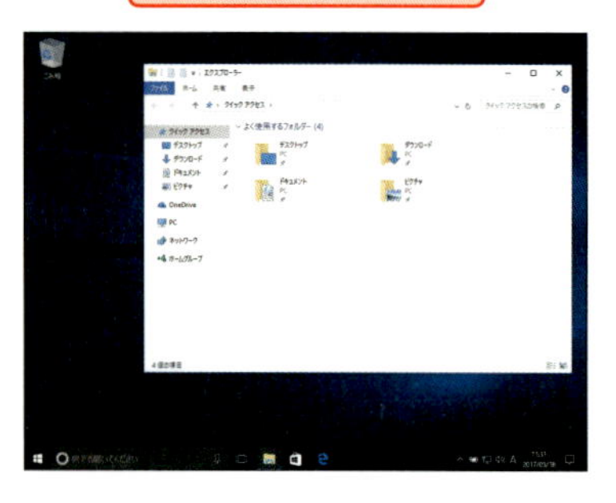

サーバー向けOS（Windows Server 2016）

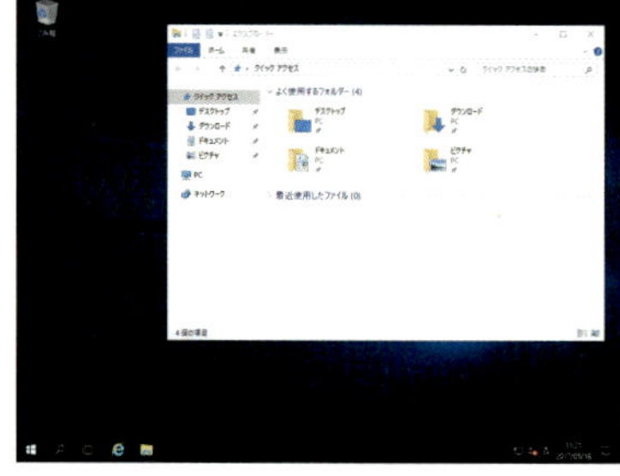

Windows Serverの操作感はクライアント向けのWindowsとほぼ同じでとっつきやすい

MEMO サーバーOSの選定

ここではWindows Serverの大きな特徴としてわかりやすいGUIを挙げましたが、実際にサーバーのOSを選定する際には、サーバーで「なにをしたいのか」を考え、それに最適なものを選ぶのがよいでしょう。

Keyword CUI

CUIは、文字だけで操作するユーザーインターフェイスのことです。詳しくは、第2章Section 09で解説しています。

② Windows Serverの特徴

Windows Server にはいくつかの利点と注意点があります。

まず利点について見てみましょう。Windows Server は、Microsoftが有料で提供しているOSなので、公式のユーザーサポートを受けられるという点が第一に挙げられます。サーバーに用いるOSには無償で使用できる代わりにサポートもないというものもあります。それらを使う場合にはトラブルがあっても自力で対応しなければなりません。それに対して Windows Server には、トラブルが起きたときに公式の相談窓口があります。また Microsoft は、OS だけでなく、OS上で使用できるソフトウェアも多く開発しているため、そういった豊富なプロダクトを利用できるというのも魅力の１つです。

一方、Windows Server に特有の注意点もあります。それはライセンス体系です。Windows Server には、コアライセンスとクライアントアクセスライセンスというものがあり、システムの大きさに応じてそれぞれのライセンスを購入する必要があります。Windows Server を利用するシステムでは、ライセンス料が大きなコストとなるため、導入の際には注意が必要です。

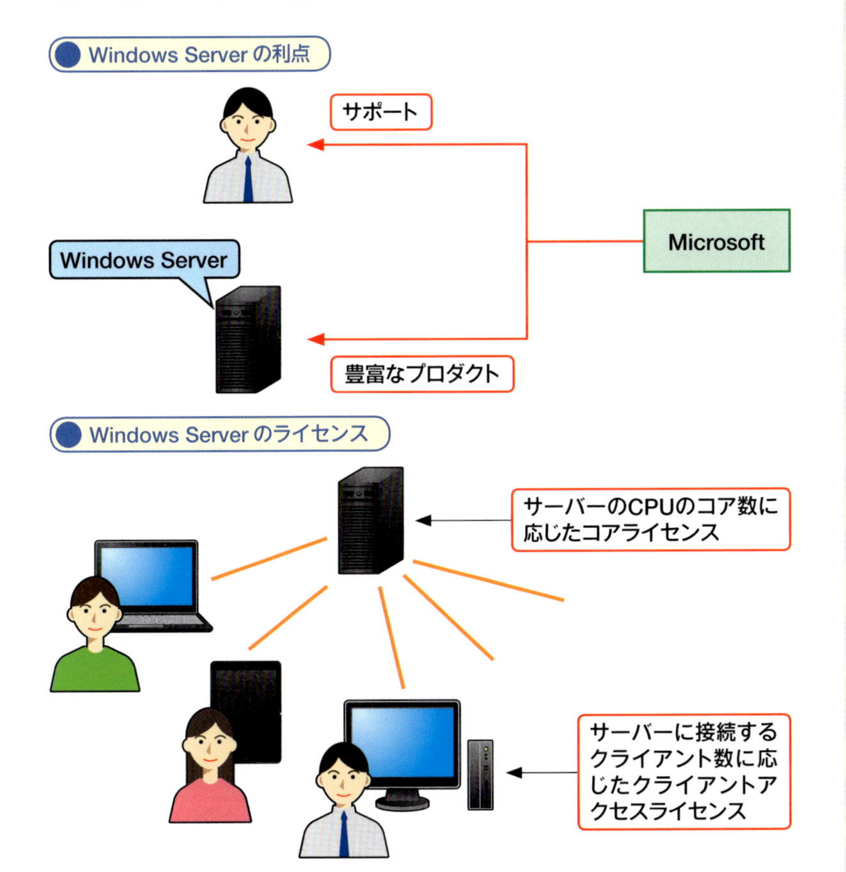

コアライセンスとクライアントアクセスライセンスは両方とも必要な数だけ購入しなければならない

Keyword ライセンス

購入したソフトウェアを正規に利用するための権利をライセンスといいます。購入したソフトウェアは、インストールメディアさえあれば、複数のコンピューターにインストールしたり、複数のユーザーが使用したりできる場合もあります。そういった利用を制限するために、メーカーは、１つのソフトウェアの購入で利用できるのは何台、何人までといった内容をライセンスとして定めていることがあります。

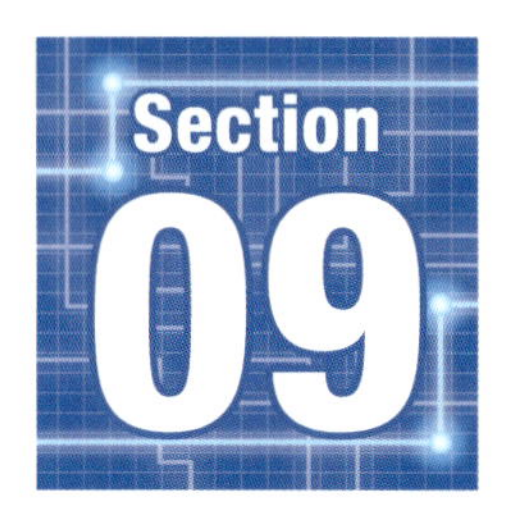

Linuxとは?

覚えておきたいキーワード
- Linux
- カーネル
- ディストリビューション

リーナス・トーバルズ氏の開発したカーネルをもとにつくられたOS群を総称してLinuxと呼びます。CUIによる操作を基本としており、軽快な動作と安定性の高さに特徴があります。

1 Linuxとは?

OSの中でタスクの実行管理やハードウェアの制御などの中心的な機能を担うのがカーネルです。Linuxはリーナス氏の開発したLinuxカーネルをもとにつくられたOSを指します。Linuxカーネルはオープンソースソフトウェアとしてソースコードが公開されており、誰でも無償で自由にソフトウェアを利用・改変・再配布できます。よって、世界のさまざまな企業や団体がLinuxカーネルにシェルやライブラリなどを加えたOSを開発して提供しています。Linuxはそれらの総称であり、パッケージとしてまとめられたそれぞれのOSはディストリビューションと呼ばれます。

ディストリビューションには、OSに不可欠な機能を提供するLinuxカーネルやシェルなどに加え、特定の用途（サーバー構築、プログラム開発など）に適したソフトウェアが含まれます。目的に応じたものをインストールすれば、手軽に環境が整います。

Linuxのディストリビューション

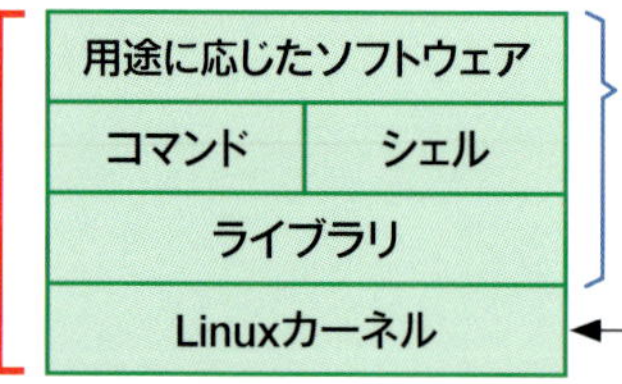

ディストリビューション	特徴
Red Hat Enterprise Linux	RHEL（レル）ともいう。Red Hatが開発している有償ディストリビューション。セキュリティアップデートなどの公式サポートを受けられる
CentOS	RHELから商用部分を取り除いた無償ディストリビューション。公式のサポートは受けられない
Debian GNU/Linux	Debian Projectというコミュニティが作成している無償ディストリビューション。ここから派生したディストリビューションが多数ある
Ubuntu	Debian GNU/Linuxから派生したディストリビューション。パソコンで使用されることも多い

Hint 有償のディストリビューション

開発団体によっては、ディストリビューションを有償で提供する代わりにサポートサービスを付帯していることもあります。そういった特徴も考慮して適切なディストリビューションを検討するのがよいでしょう。

Keyword シェル、ライブラリ、コマンド

シェルは、ユーザーやアプリケーションから指示を受け、結果を返すインターフェイスです。シェルが受け取る指示はコマンドという形で入力され、各コマンドで実行される処理の内容はプログラムファイルで定義されています。プログラムファイルの中でくり返し使われる基本的な操作をまとめたものがライブラリです。シェルが受け取った指示はカーネルに伝えられ、カーネルがハードウェアに命令を出して処理を実行します。

② CUIとLinuxの特徴

Linuxには**CUI**という特徴があります。CUIでは、文字中心のディスプレイとキーボードのみでコンピューターを操作します。さまざまな処理をキーボードから入力するコマンドによって実行します。

たとえばGUIでは、ファイルの移動をマウスのドラッグという動きで感覚的に行えます。一方、CUIで同じ操作を行うには、テキストだけが表示された画面に「mv」というコマンドとファイル名と移動先を入力する必要があります。コマンドやその使い方の知識が必要なため、初めてCUIに触れる人には敷居が高く感じられるでしょう。しかし、**画面の表示などがシンプルなため動作が非常に軽快**なことは、ネットワーク越しの操作がメインとなるサーバーでは大きな利点となります。

このほか、Linuxでは**オープンソースソフトウェアの種類が充実**しており、**サーバーに必要なソフトウェアの導入コストを抑えられる**メリットがあります。一方で、ユーザー数がWindowsやmacOSよりも少なく、操作感も異なるため、**知識を持つ管理担当者の確保**が課題となります。また、周辺機器のドライバが提供されない場合や、機能を十分に発揮できない場合など、ハードウェア側の対応が不十分なことがあります。

CUIの画面と操作のイメージ

1 ユーザーからの入力待ちの状態

```
user@PC:~$
```

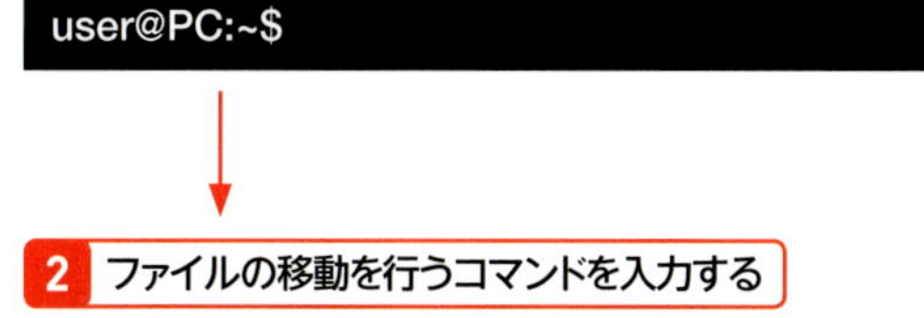

2 ファイルの移動を行うコマンドを入力する

```
user@PC:~$ mv file1 /home/user/temp
```

コマンド

3 Enterキーを押す

4 ファイルの移動が実行される

5 再度入力待ちの状態に戻る

```
user@PC:~$ mv file1 /home/user/temp
user@PC:~$
```

Unix

UnixというOSもLinuxと似たような特徴を持ち、最初のOSをもとにして多くのOSがつくられています。Unixから派生したOSのほか、UnixのようなOS操作感を持つOS（Linuxも含む）はUnix系OSと総称されることもあります。

LinuxのGUI

LinuxにもGUIが備わっているので、すべての操作をCUIで行うわけではありません。GUIに対応しているアプリケーションでは、GUIによる操作が行えます。

ドライバ

コンピューターに接続したハードウェアをOSなどが制御できるようにするためのソフトウェアをドライバといいます。ハードウェアとOSの間をとりもつインターフェイスの役割を果たすため、ハードウェアやOSの種類に適したものをインストールする必要があります。ハードウェアのメーカーが提供していますが、古いOSやユーザーの少ないOSには対応していない場合もあります。

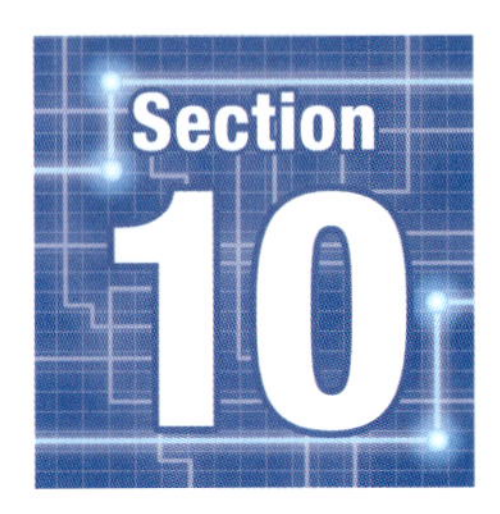

macOSとは?

覚えておきたいキーワード
- macOS
- Apple
- macOS Server

macOSは、Appleが開発するOSで、Unixをベースとした機能と操作しやすいGUIを備えています。クライアント向けのOSにアプリケーションを追加するだけでサーバー向けの機能を実装できるという手軽さが特徴として挙げられます。

1 macOSとは？

macOSといえば、パソコンではWindowsの次によく使用されているOSです。Appleが開発しており、Windowsと同様、操作しやすいGUIを備えています。Windowsと異なるのは、システムのベースにUnixが用いられており、macOS自体がUNIXの認証を受けているという点です。そのおかげで、Unix系OSと高い互換性があるほか、システムの安定性も高いレベルを維持しています。

macOSでは、近年までサーバー向けとパソコン向けが別製品として提供されていました。しかし現在は、パソコン向けのOSにサーバー機能を追加するアプリケーションをインストールすることでサーバー用のOSとする形がとられています。アプリケーションの価格も2,400円（2019年現在）という安さで、Macのパソコンを使用していれば気軽にサーバーを始められるという点が、ほかのOSにはない利点となっています。

アプリの追加でサーバーを始める

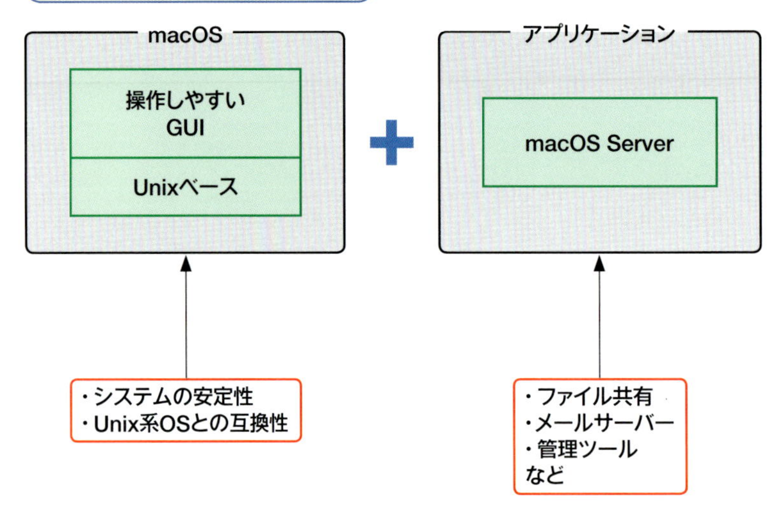

パソコン向けOSのmacOSにアプリケーションを
追加するだけでサーバーを始められる

UNIX認証

OSのインターフェイスの標準規格に、The Open Groupによって策定されたSingle UNIX Specificationというものがあります。この標準規格はUnixを基本としており、これに準拠すると認められたOSには、UNIX（すべて大文字）と正式に名乗ってもよいとする認証が与えられます。これをUNIX認証と呼びます。この認証を受けるためにはコストがかかるため、たびたび新バージョンをリリースするLinuxなどのOSでは、Single UNIX Specificationに準拠していても認証を受けないこともあります。

macOSのベース

macOSは、1984年に登場したClassic Mac OSの後継にあたるOSです。技術的には、Unix系OSであるDarwinをベースに新たに開発されて2001年に発売されたMac OS Xの直系といえます。Unix系OSをベースにしたことにより、動作の安定性を大きく向上させることに成功しました。

② macOSでサーバーを構築するメリットと注意点

Appleは、macOSだけでなく、macOSで使用できるツールについても多数開発し、導入しやすい環境を整えているため、公式に開発された豊富なツールを利用できるという魅力があります。またmacOSは、Unixがベースとなったシステムのため、Unix系OSで開発されたアプリケーションやツールを移植することもできます。

一方で、macOSにはハードウェアに大きな制限があります。iPhoneなどでもそうですが、Apple製品の販売は基本的にソフトウェアとハードウェアのセットとなります。Windowsでは、OSだけを購入し、自分で用意した任意のコンピューターに購入したOSをインストールするということができますが、Apple製品ではできません。原則として、macOSはApple製のハードウェアで使用する必要があります。この点の自由度の低さについては事前にきちんと理解しておく必要があります。

加えて、Appleはサーバー用途の製品開発にあまり力を入れていないため、本格的な業務システムを構築する場合、macOSはサーバーのOSの選択肢にはなりにくいというのが実情です。

MEMO バージョン5.7.1

サーバー向けのOSだったmacOS Serverが、アプリケーションへと形を変えたのはバージョン5.7.1でのことです。これに合わせて、サーバー用に提供されていた多くの機能が削除されました。

● 豊富なツール

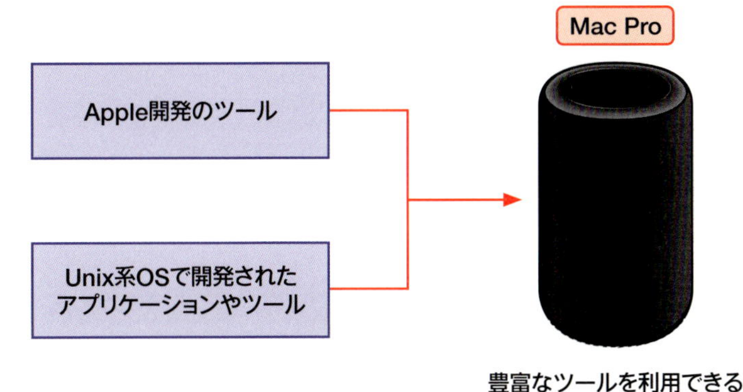

● macOS Serverのハードウェア

macOS Server
Apple製のみ
Mac ProやMac mini

コンピューターが扱うデータは２進数

コンピューターの内部では、すべてのデータが２進数で表現されています。２進数とは、それぞれの位の数字が２になると次の位をプラス１とするような数の表し方です。日常的に使用されている10進数では1、2、3、4……と数字が増えていきますが、２進数では1、10、11、100、101、110、111、1000……となります。０と１だけで数字を表せるため、電気回路の電圧が高いか低いかだけでデータを伝達でき、ノイズの影響を受けにくいという利点があります。

コンピューターでは、数字以外にも文字や画像、音楽などさまざまなデータを扱うことができます。これらのデータもコンピューターの内部では、それぞれに決められたルールに従って２進数で表現された状態でやりとりされています。たとえば文字は、文字コードと呼ばれるルールによって２進数で表現されます。世の中には多くの種類の文字コードが存在し、日本語でもUTF-8やShift_JISなど複数の種類が利用されています。しかし、このことは文字化けを引き起こす要因となっています。

文字以外のデータもファイルフォーマットに規定されている方法により２進数で表現されます。ファイルフォーマットとは、画像ファイルにおけるJPEGや音楽ファイルにおけるMP3などのことを指します。ファイルフォーマットにもさまざまな種類があるため、２進数で表現されたデータを適切に扱うには、そのファイルに適用されているファイルフォーマットをソフトウェアが正しく認識できなければなりません。そのため、ファイル名の末尾にファイルフォーマットの種類を示す拡張子を付けるなどの方法がとられています。

文字を２進数で表現する

文字	2進数（Shift_JIS）
あ	1000001010100000
い	1000001010100010
う	1000001010100100
⋮	⋮

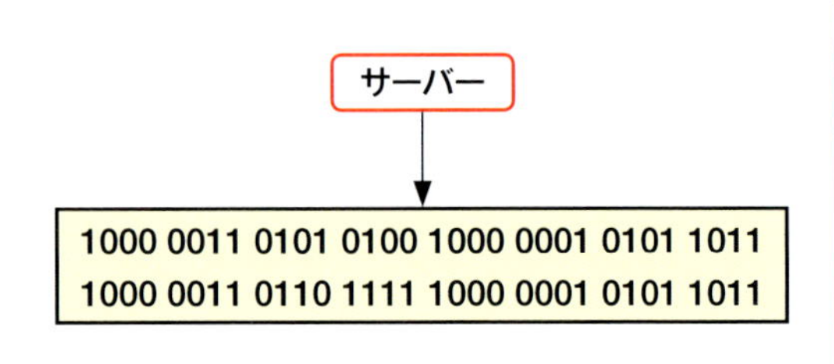

あらゆるデータを２進数で表現する

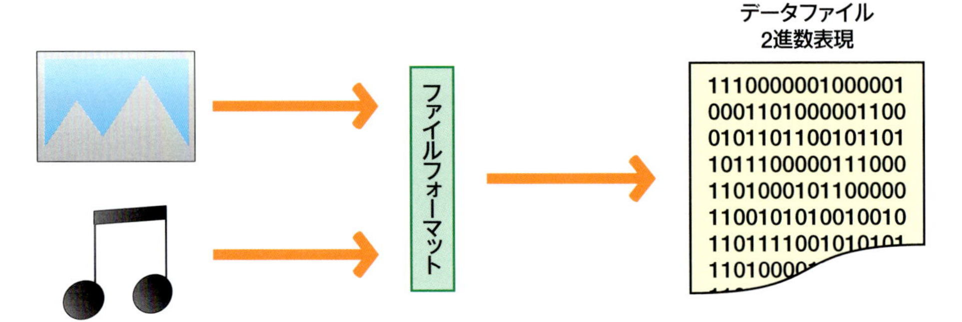

サーバーの種類

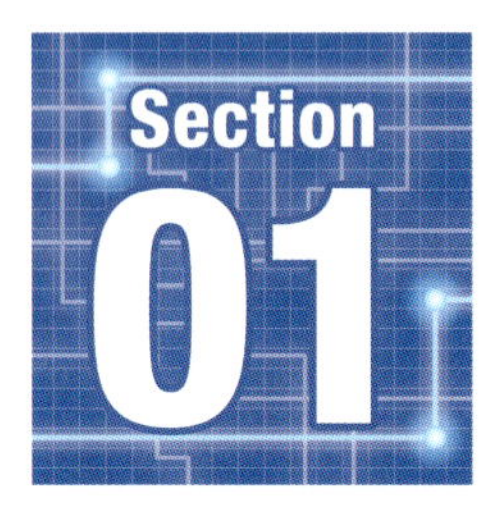

ファイルサーバーとは？

覚えておきたいキーワード
- ファイルサーバー
- ファイルの共有
- NAS

この章では、世の中で実際に利用されているサーバーの機能やしくみを紹介していきます。最初に説明するファイルサーバーは、コンピューター間でファイルを共有するための機能を提供するサーバーです。

1 ファイルサーバーのしくみ

それぞれのユーザーが別々のパソコンを使用しながら複数人で1つのファイルを閲覧したり編集したりするとき、コンピューター間でファイルをやりとりするしくみが必要となります。ファイルを別のコンピューターに送るにはメール添付などの方法がありますが、ファイルを更新するたびにメールで送っていたのでは手間がかかります。そういったときに用いられるのがファイルサーバーです。

ファイルサーバーは、クライアントが共有で使用できるファイルの保存領域を提供します。ファイルサーバーを社内などのネットワークに接続すると、そのネットワークに接続されているほかのコンピューターは、ファイルサーバーのストレージ上に用意された保存領域にファイルを保存したり、保存されているファイルを閲覧したりできるようになります。これによりコンピューター間でスムーズにファイルをやりとりできます。

ファイルサーバーのしくみ

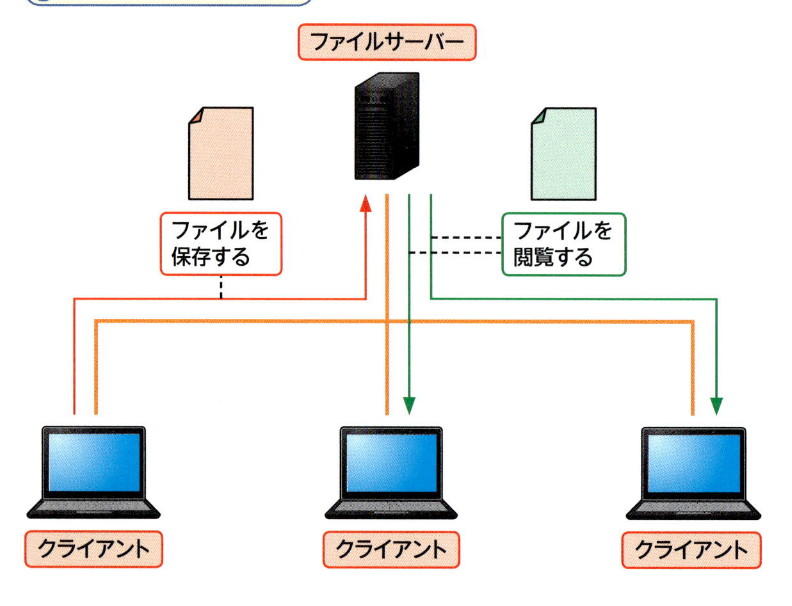

Hint アクセスの権限

ファイルサーバーに保存されたファイルは、ネットワークで接続されていれば誰でもアクセスできるというわけではありません。アクセス権の設定により、ファイルにアクセスできるユーザーを制限できます。アクセス権については、第5章Section 05で解説しています。

MEMO ファイルの書き換えとロック

ファイルサーバーのストレージ上に保存されたファイルは、書き換えたり変更を加えたりすることもできます。しかし、同じファイルを複数のユーザーが同時に編集しようとすると、ファイルの内容に食い違いが発生してしまう恐れがあります。これを防ぐには、誰かがファイルを編集しているとき、そのファイルへのほかのユーザーからのアクセスを制限するロック機能を利用する必要があります。

2 NASとは?

多くのサーバーは、汎用的なコンピューターにサーバーの機能を提供するソフトウェアをインストールして利用されています。ファイルサーバーもそういった形で運用されるのが一般的ですが、ファイルサーバーの機能のみに特化した専用機も存在します。それらはNAS（Network Attached Storage）と呼ばれ、ファイルサーバーに必要な最低限の機能だけを備えています。汎用機ではないため拡張性は低いですが、価格が安く、サイズが比較的コンパクトで導入も容易なことから、企業だけでなく家庭でも利用されています。企業向けと家庭向けの製品では、用途に応じてパフォーマンスや機能に違いがあるため、業務で利用する際には企業向けを選択するのがよいでしょう。

NASはファイルサーバー専用機ではありますが、構成は通常のコンピューターと同様なので、CPUなどのハードウェアやOSを持っています。

● ファイルサーバーとNASの違い

ファイルサーバー

△ ○

見かけ
大きさに多少の違いがあるが、NASもサーバーもコンピューターなので見かけは似ている

導入
ファイルサーバーの機能に特化したNASのほうが容易

拡張性
ファイルサーバー以外の用途や細かいカスタマイズにNASは不向き

○ △

NAS

Hint NASと外付けハードディスクの違い

外付けハードディスクはコンピューターにつなげて使用するもので、CPUやメモリを持たない単なるストレージです。一方、NASはCPUやメモリを持つコンピューターであり、ネットワークに接続して使用します。

家庭向けNAS

家庭向けのNASは「ネットワークHDD」という名称でも発売されています。パソコンでの使用だけでなく、テレビの録画やオーディオ再生に特化した製品もあります。

アプライアンスサーバー

NASのように、ある機能を提供するための専用のサーバーをアプライアンスサーバーと呼びます。ファイルサーバーであるNASのほかにも、さまざまなサーバー機能についてアプライアンスサーバーが提供されています。

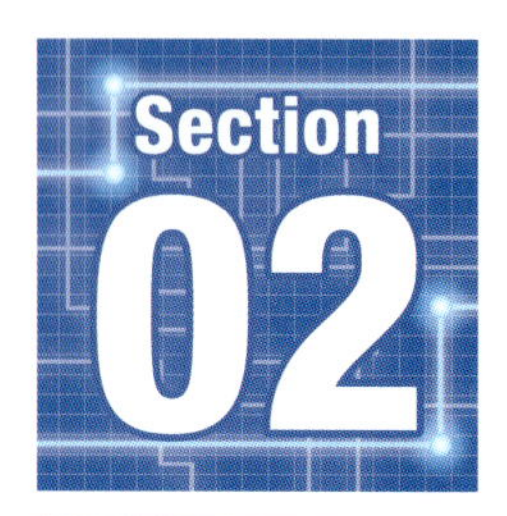

WebサーバーとDNSサーバーとは?

覚えておきたいキーワード
- Webサーバー
- DNSサーバー
- Webブラウザ

普段なにげなく閲覧しているWebサイトの裏側でも、サーバーが活躍しています。URLからWebサーバーのIPアドレスを知るための機能はDNSサーバー、WebのコンテンツはWebサーバーによって提供されています。

1 WebサーバーとWebブラウザ

普段パソコンやスマートフォンでWebサイトを閲覧するときには、「Google Chrome」など閲覧用のソフトウェアを使用しているのではないでしょうか。このソフトウェアをWebブラウザと呼びます。閲覧したいWebページのURLをWebブラウザに入力すれば、目的のWebページが表示されます。このときWebブラウザは一体どういう働きをしているのでしょうか。

Webページを画面に表示するには、そこに掲載されているテキストや画像などのデータが必要です。それらのデータは、Webサイトごとに用意されているWebサーバーに保存されています。Webブラウザは、必要なデータが保存されているWebサーバーをURLから特定してデータを要求します。するとWebサーバーからデータが返されるので、Webブラウザはこれを閲覧できる体裁に整えて画面に表示しています。

● Webサーバーのしくみ

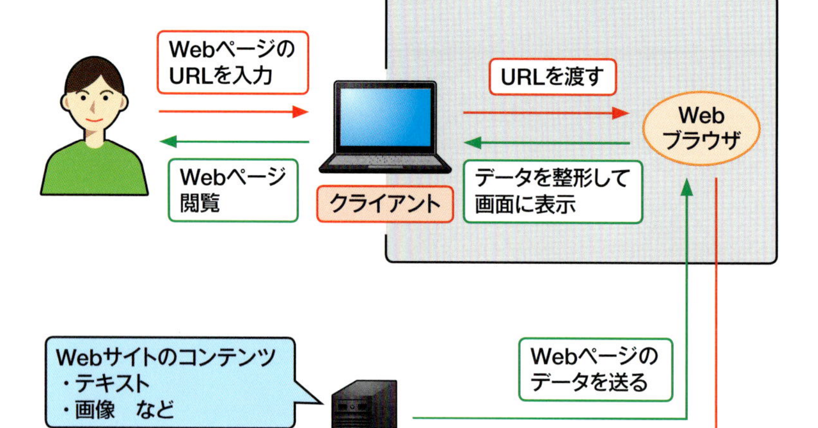

MEMO Webページのコンテンツ

Webページのコンテンツは、HTMLという特別な書式で作成されたテキストファイルがベースになっています。その中に、Webページに掲載されるテキストはもちろん、テキストのレイアウトや画像の配置、参照するファイル名などWebページを形作るための情報が記載されています。詳しくは、第6章Section 04で解説しています。

Hint URL

URLとは、Webページの場所を示すものとしてしばしば目にする「http://」や「https://」から始まる文字列のことです。詳しくは、第4章Section 03で解説しています。

② URLからWebサーバーにたどり着くしくみ

Web ブラウザは、URL から直接目的の Web サーバーにアクセスできるわけではありません。「gihyo（技術評論社）」や「jp（日本）」など、人間にとって意味のある文字列で構成されている URL には、Web サーバーがコンピューターネットワーク上のどこにあるのかという情報は含まれていません。よって Web ブラウザはまず URL から Web サーバーの住所を調べます。

ここでいう住所とは、コンピューターネットワーク上の番地を示すIP アドレスです。URL（正確にはそこに含まれるドメイン名）と IP アドレスを対応させるしくみを DNS といい、そのためのサーバーを DNS サーバーといいます。Web ブラウザは Web サーバーの IP アドレスを知るために最寄りの DNS サーバーに問い合わせます。

DNS サーバーは 1 台で全世界分のドメイン名と IP アドレスの対応表を網羅しているわけではありません。複数台で階層構造を作って分担しており、それぞれの担当領域についてのみ対応表を保持しています。保持していない領域に関しては、階層構造の頂点の DNS サーバーから IP アドレスをたどり、目的の IP アドレスを保持している DNS サーバーを見つけ、問い合わせることになります。

● Web サーバーの IP アドレスを調べる

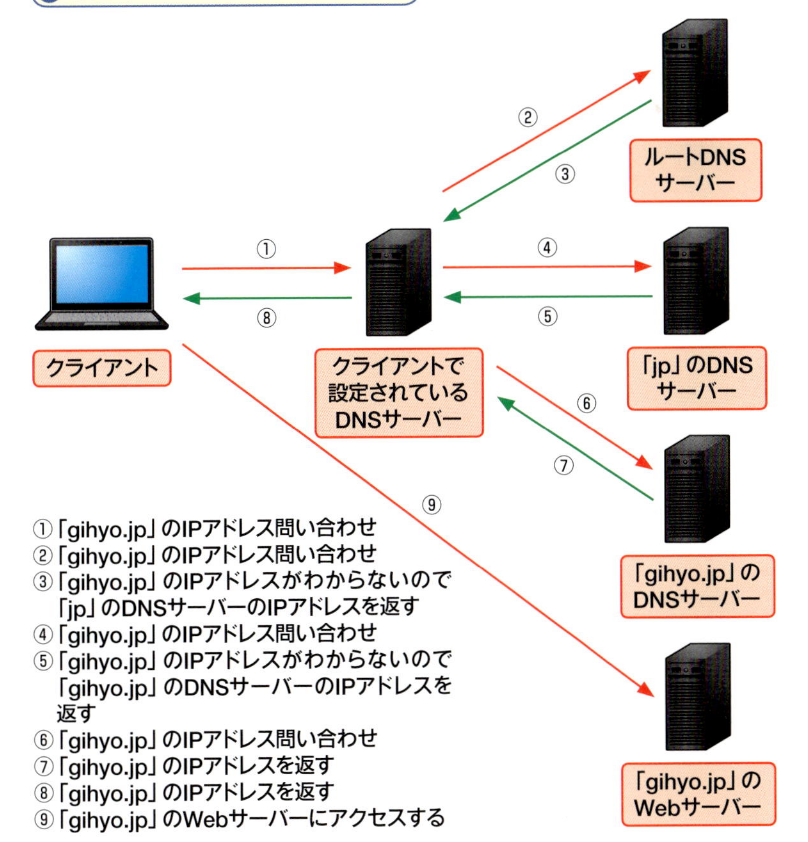

ルートDNS サーバー
クライアント
クライアントで設定されているDNSサーバー
「jp」のDNS サーバー
「gihyo.jp」の DNSサーバー
「gihyo.jp」の Webサーバー
①
②
③
④
⑤
⑥
⑦
⑧
⑨
①「gihyo.jp」のIPアドレス問い合わせ
②「gihyo.jp」のIPアドレス問い合わせ
③「gihyo.jp」のIPアドレスがわからないので「jp」のDNSサーバーのIPアドレスを返す
④「gihyo.jp」のIPアドレス問い合わせ
⑤「gihyo.jp」のIPアドレスがわからないので「gihyo.jp」のDNSサーバーのIPアドレスを返す
⑥「gihyo.jp」のIPアドレス問い合わせ
⑦「gihyo.jp」のIPアドレスを返す
⑧「gihyo.jp」のIPアドレスを返す
⑨「gihyo.jp」のWebサーバーにアクセスする

IPアドレスとドメイン名

IPアドレスとドメイン名については、第4章Section 02～03でも解説しています。

ルートサーバー

階層構造の頂点のDNSサーバーをルートサーバーといいます。

キャッシュ

ほかのコンピューターとの通信で得られたデータを保存しておき、次に同じデータが必要になったときに、同じやりとりをしなくてもすぐに取り出せるようにするしくみをキャッシュといいます。DNSサーバーに問い合わせを行った際に、DNSサーバーのキャッシュにそのURLのIPアドレスが保存されていた場合は、階層構造の煩雑なやりとりをしなくてもIPアドレスを知ることができます。

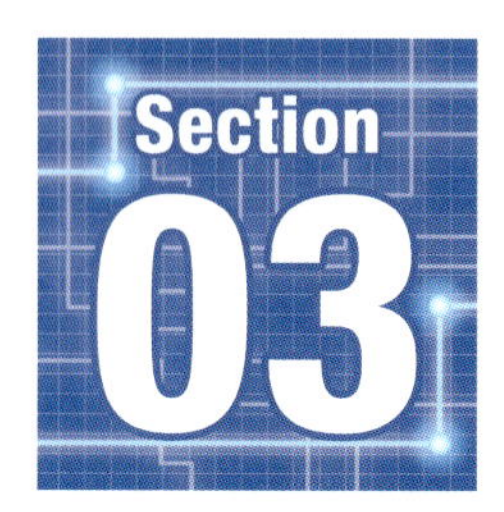

データベースサーバーとは?

覚えておきたいキーワード
- データベース
- データベースサーバー
- DBMS

企業が顧客情報などの膨大な情報を抱える現代、その情報はデータベースという形式で管理されています。データベースに情報を蓄積・管理し、必要な情報を必要に応じて提供するのがデータベースサーバーの役割です。

1 データベースとは？

企業や組織の中で管理すべき情報といえば、顧客リスト、製品リスト、製品の販売履歴などの例が挙げられます。これらのデータはどういった形で管理するとよいでしょうか。3つをまったく別のデータとして保存し、管理する方法もありますが、製品の販売履歴には販売した顧客や製品の情報も含まれているはずです。別々に管理していたのでは、共通する情報に変更があったときそれぞれのデータで同じ修正する必要があり、見落として食い違いが生じかねません。

そういった互いに関連する複雑な情報を、関連性も含めてひとまとめに効率よく管理できるようにしたのがデータベースです。データベース上では、製品の販売履歴の一部として記録される顧客や製品の情報が、顧客リストや製品リストと紐付けられるため、情報の修正も一度の操作で済み、食い違いなどが起こらないようになっています。

Keyword リレーショナルデータベース

左図のように、データを表の形で表すデータモデルを利用したものをとくにリレーショナルデータベースと呼びます。データモデルはほかにも網型や階層型などがあります。階層型については、第3章Section 06で解説しています。

● リレーショナルデータベースのしくみ

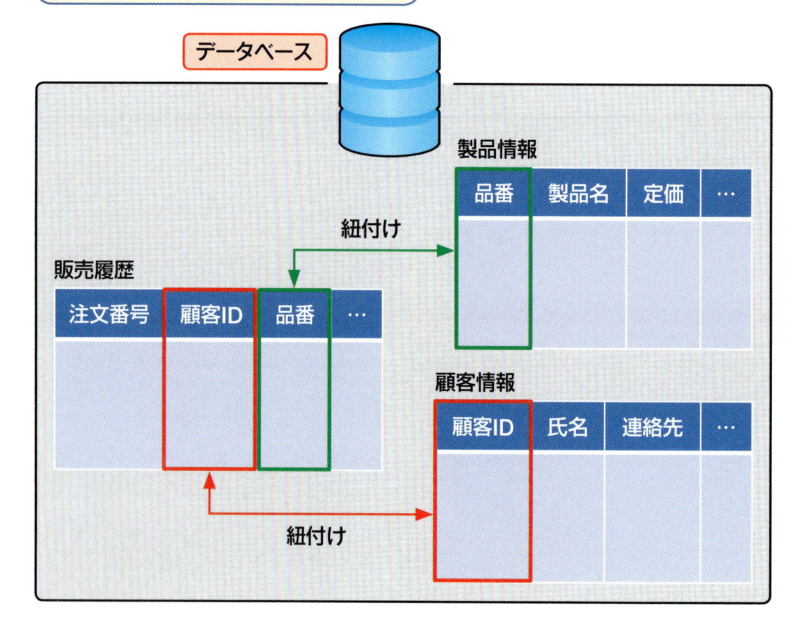

② データベースサーバーとは？

データベースの管理・運用にはデータベース管理システム（DBMS）というソフトウェアが用いられます。DBMSのおもな機能は、データベースの構築と操作です。保存するデータの項目、形式、関連性などをDBMS上で定義することでデータベースは構築され、実際に情報の書き込み、修正、読み出し、削除が行えるデータベースとして活用できるようになります。

一般的にデータベースは同時に複数のユーザーがアクセスするような状況で使用されます。一方で、保存されているデータの一貫性を保持しなければならないといった制約が存在するため、データに矛盾を生じさせることなく複数のユーザーからの要求を処理するための機能がDBMSには備わっています。

DBMSがインストールされて実際にデータベースが構築され、クライアントやほかのサーバーの要求に応じて情報を保存したり提供したりといった役割を果たすのがデータベースサーバーです。

SQL

データベースを操作する際には、SQLという専用の言語で命令文を記述します。詳細は第6章Section 10で解説しています。

●データベースサーバーのしくみ

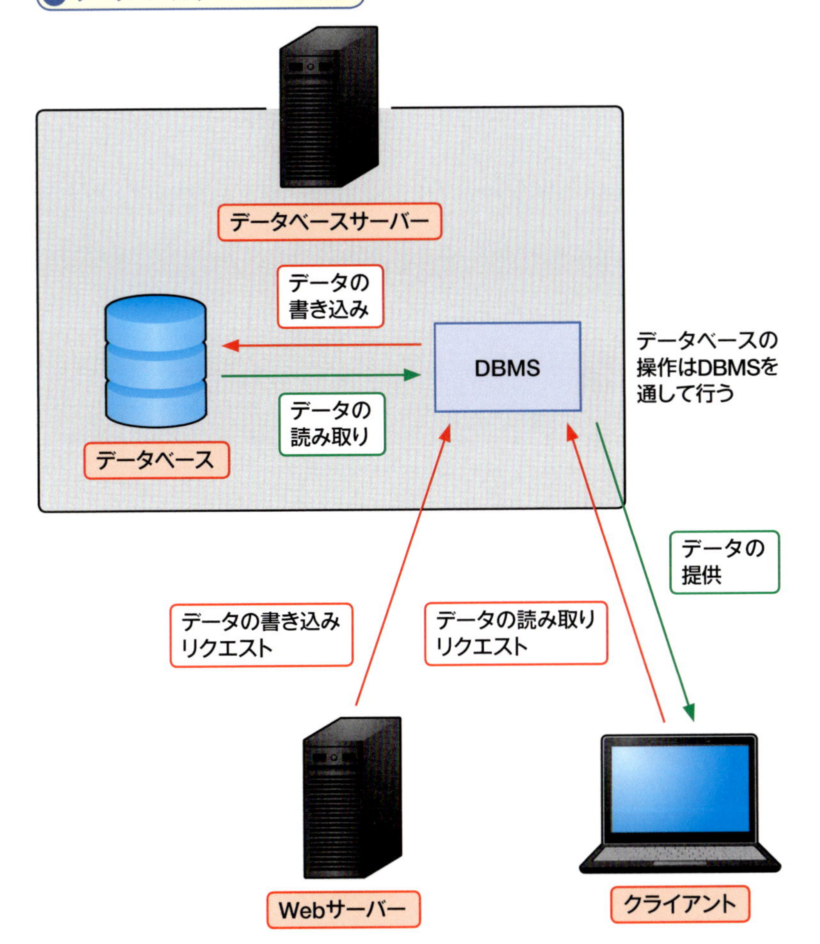

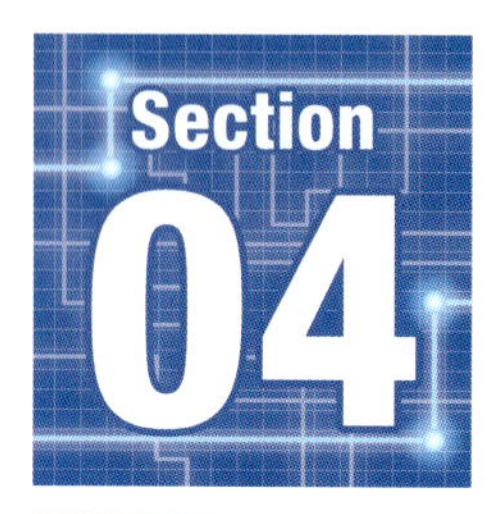

メールサーバーとは?

覚えておきたいキーワード
- メールサーバー
- POP
- IMAP

Webサイトのほかに日ごろよく使う機能としてメールがあります。シンプルそうに思えるメールのやりとりも、やはりサーバーによって支えられています。メールサーバーの働きのおかげでメールを円滑に送受信できます。

1 メールサーバーのしくみ

メールは送信するとすぐに相手に届くので、自分のパソコンやスマートフォンから相手に直接送られているように見えますが、実際はメールサーバーを経由しています。それぞれのメールアドレスには必ず、メールを送受信するためのメールサーバーが用意されており、メールは互いのメールサーバー間でやりとりされています。

メールを送信する際にはまず自分のメールサーバーにメールを送ります。メールサーバーは、宛先のメールアドレスを担当するメールサーバーを探し、メールを送ります。相手のメールサーバーは、受け取ったメールをストレージに保存します。

メールを受信する際には、自分のメールサーバーに自分宛のメールが届いていないか問い合わせます。届いていた場合には、メールサーバーに保存されていたメールが送られてくるので、受信します。

メールサーバーのしくみ

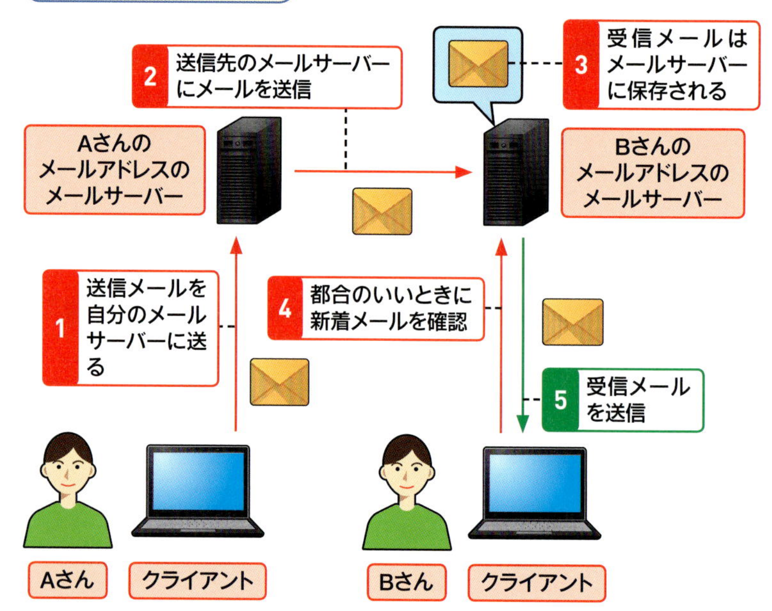

メーラー

クライアント側の端末でメールを送受信する役割を果たすソフトウェアをメーラーと呼ぶこともあります。

Hint メールでもDNSサーバーが使われる

送信元のメールサーバーがメールを送信する際には、送信先のメールサーバーのIPアドレスを知るために、DNSサーバーへの問い合わせが行われています。

② メールの送受信で使われるプロトコル

コンピューター間ではプロトコルに基づいてデータがやりとりされます。メールの送受信でおもに使われるプロトコルは SMTP、POP、IMAP です。

SMTP が用いられるのは送信時です。送信側のクライアントとメールサーバーの通信やメールサーバー間における通信で使われます。古くからあるプロトコルで、送信側から受信側にメールを転送するシンプルなものです。送信側の都合のいいタイミングで通信を開始し、受信側は常に電源が入っていて対応できるという前提のため、受信側がクライアントとなる通信には向きません。

メールの送受信でクライアントが通信の受信側になるのは、クライアントがメールサーバーからメールを受け取るときです。よってここだけ SMTP ではなく POP や IMAP が使用されます。この２つのプロトコルは、メールサーバーに受信メールがないかをクライアントから問い合わせる形のため、受信側に都合のいいタイミングで通信を開始できます。

受信メールをすべてクライアント側で保存し、既読やフォルダ分けもクライアント側で管理する POP に対し、IMAP はそれらをサーバー側で行い、クライアント側はメールを閲覧するだけという違いがあります。

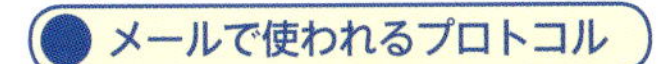

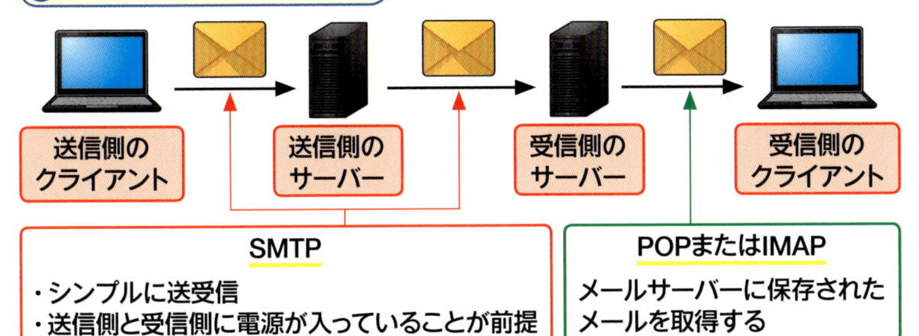

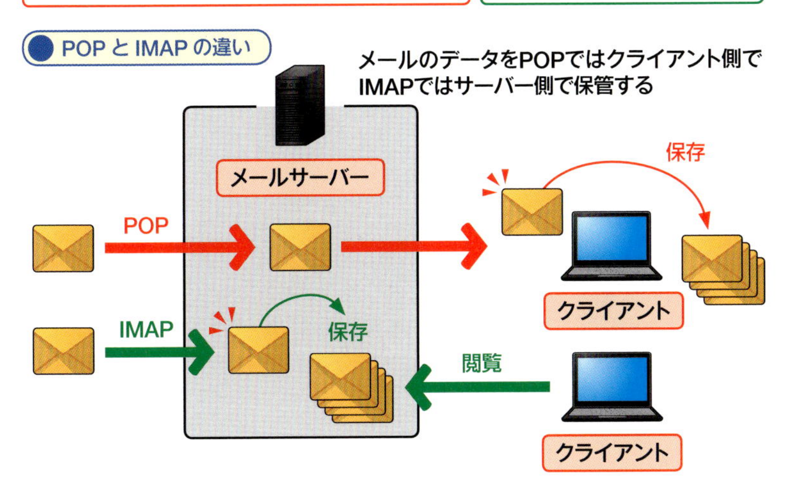

Hint プロトコル

プロトコルとは、コンピューター間の通信時の規約をまとめたものです。詳しくは、第4章Section 04で解説しています。

MEMO メールサーバー

ここではひとまとめにメールサーバーと呼んでいますが、実際には、SMTPを使ってメールのやりとりを行う送信サーバー（SMTPサーバー）と、POPやIMAPを使ってクライアントへのメールの配送に携わる受信サーバー（POPサーバー、IMAPサーバー）という2つのサーバー機能によってメールの送受信は実現されています。

POP3

現在、POPとして利用されているプロトコルのほとんどは、3つめのバージョンであるPOP3です。

Hint POPとIMAP それぞれの利点

POPはサーバーがメールを保存する必要がないため、サーバーのストレージを圧迫しません。一方、IMAPはユーザーが複数の端末からメールをチェックしたい場合に適しています。

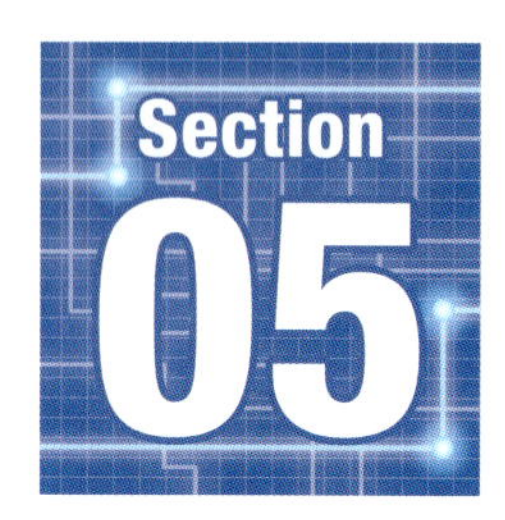

アプリケーションサーバーとは?

覚えておきたいキーワード
- アプリケーションサーバー
- Webの3層構造
- 3層クライアントサーバーシステム

たとえば検索機能のあるWebサイトでは、ユーザーがどんな検索をするか事前に予想できないので、検索結果のページをその時々で作成する必要があります。そのような動的なページ作成に使われるのがアプリケーションサーバーです。

1 アプリケーションサーバーとは?

ショッピングサイトの検索結果などユーザーの入力に応じて内容が変化するWebページは、完成したデータを事前に準備できないため、その都度アプリケーションで作成するしくみになっています。このアプリケーションを実行するサーバーがアプリケーションサーバーです。

アプリケーションでWebページを作成する際にはデータベースのデータ（商品情報など）を必要とすることもあります。その際には、アプリケーションサーバーからデータベースサーバーにリクエストを送り、必要なデータをもらえるようになっています。

多くのWebサイトでは、クライアントとの通信とWebコンテンツ全体の管理をWebサーバー、アプリケーションの実行をアプリケーションサーバー、データベースの管理をデータベースサーバーというように役割を割り振っており、この構成をWebの3層構造と呼びます。

Webの3層構造

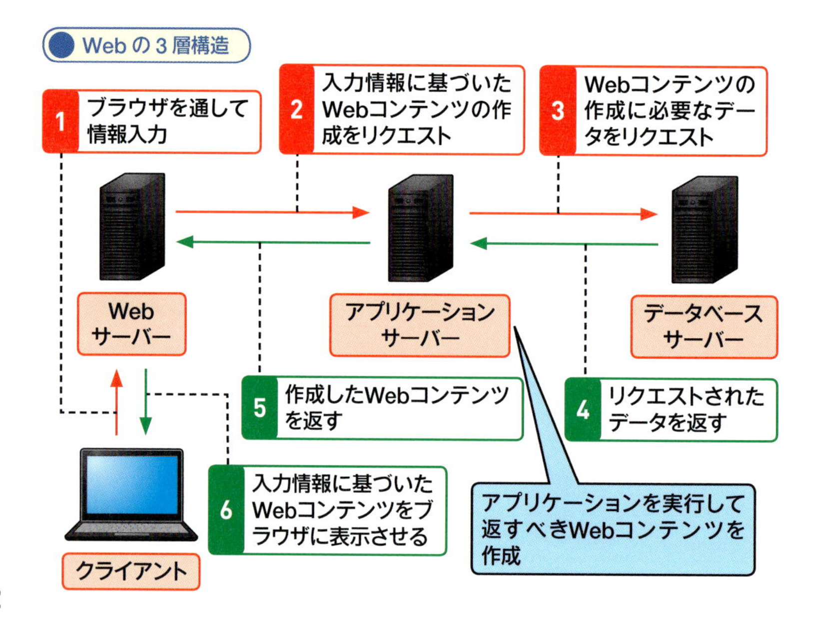

Hint 動的コンテンツ

ユーザーのリクエストに対してWebサイトを作成するコンテンツを動的コンテンツといいます。ショッピングサイトや検索サイトがその例です。

Hint 静的コンテンツ

動的コンテンツに対して、事前に作成されたWebサイトがそのまま表示されるようなコンテンツを静的コンテンツといいます。

② Webの3層構造と3層クライアントサーバーシステム

Webの3層構造はWebサイトだけでなく、社内向けの業務アプリケーションでも用いられています。その場合、業務アプリケーションがアプリケーションサーバーで実行され、社内ユーザーはWebブラウザからWebサーバーにアクセスしてアプリケーションを利用します。アプリケーションサーバーは必要に応じてデータベースサーバーとやりとりします。

データベースを中心として3階層で構成された業務システムを3層クライアントサーバーシステムと呼びます。ここでいう3階層とはそれぞれ、データベースを管理するデータベース層、データを処理・加工するファンクション層（またはアプリケーション層）、ユーザーインターフェイスを提供するプレゼンテーション層です。

アプリケーションサーバーを利用した3階層で業務システムを構築することにはいろいろな利点があります。システムのアップグレードなどによる変更をアプリケーションの修正で吸収でき、クライアント側は変化を気にせず利用できることもその1つです。

● 3層クライアントサーバーシステム

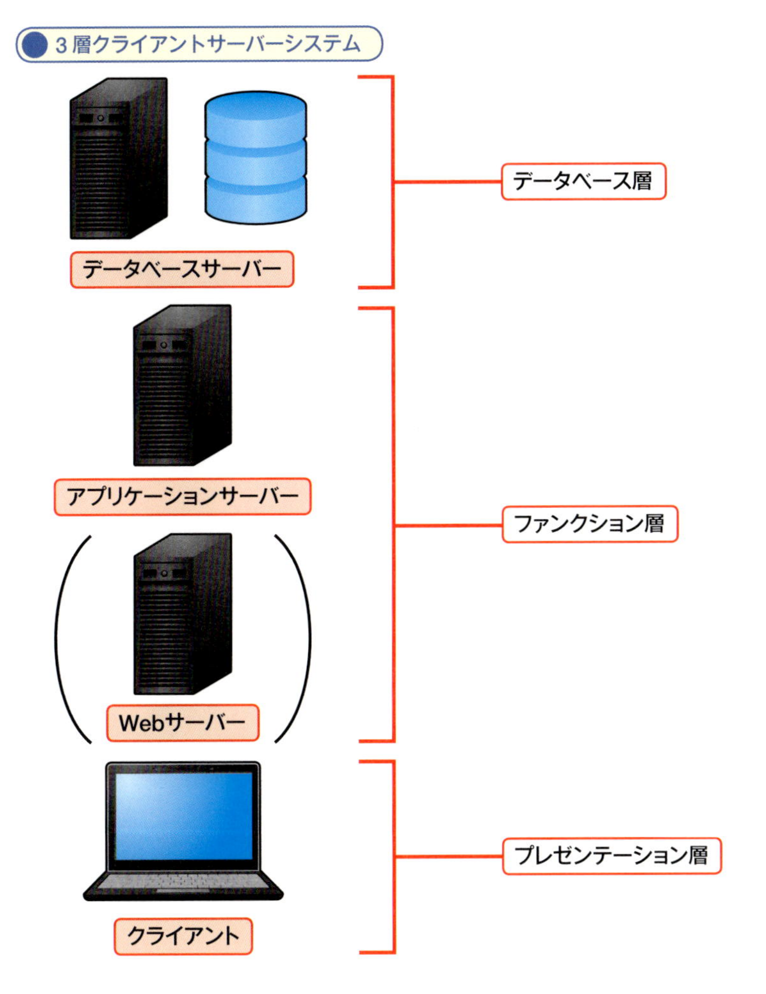

Hint Webの3層構造の利点

業務システムをWebの3層構造で構築すると、クライアントはWebブラウザさえあれば業務システムにアクセスできるので、クライアントのOSやスペックを選ばないという利点があります。また、データはデータベースサーバーで一元管理できる点もメリットとして挙げられます。

MEMO 3層クライアントサーバーシステム

システムによっては、Webサーバーが入らず、データベースサーバー、アプリケーションサーバー、クライアントのみのケースもあります。

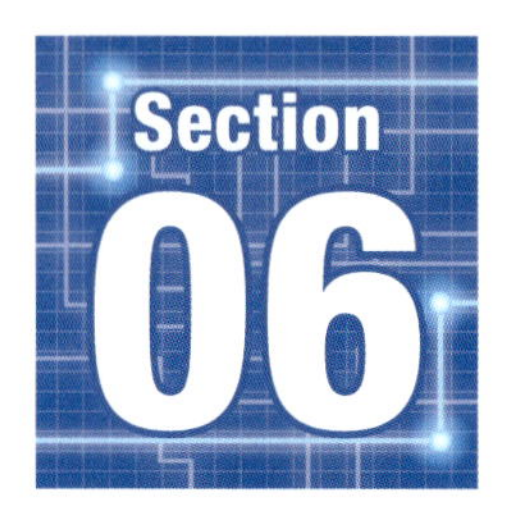

ディレクトリサーバーとは?

覚えておきたいキーワード
- ディレクトリサーバー
- 階層型データベース
- ユーザー管理

大きな企業や組織になると、所有するサーバーやパソコン、ユーザーなどの数が膨大になります。それらの管理を効率よく行うために用いられるのがディレクトリサーバーです。

1 ディレクトリサーバーとは?

英語のディレクトリ（directory）は、住所録などを指す言葉で、多数の情報を整理して一覧にするような意味合いを持ちます。ディレクトリサービスとは、何らかの情報を整理して保存し、必要に応じて検索したりできるようにする機能で、それを提供するのがディレクトリサーバーです。情報を管理するという点ではデータベースサーバーと共通していますが、ディレクトリサーバーは階層型データベースというツリー構造で情報を管理し、情報の更新頻度があまり高くない検索メインの用途に向いているのが特徴です。

ディレクトリサーバーのおもな用途に、ユーザー管理があります。多数のユーザーに対し、ユーザーIDやパスワード、アクセス権などを正しく設定し、管理するのは手間のかかる作業ですが、ディレクトリサーバーの階層型データベースを利用すれば効率よく行えます。

ディレクトリサーバーによるユーザー管理

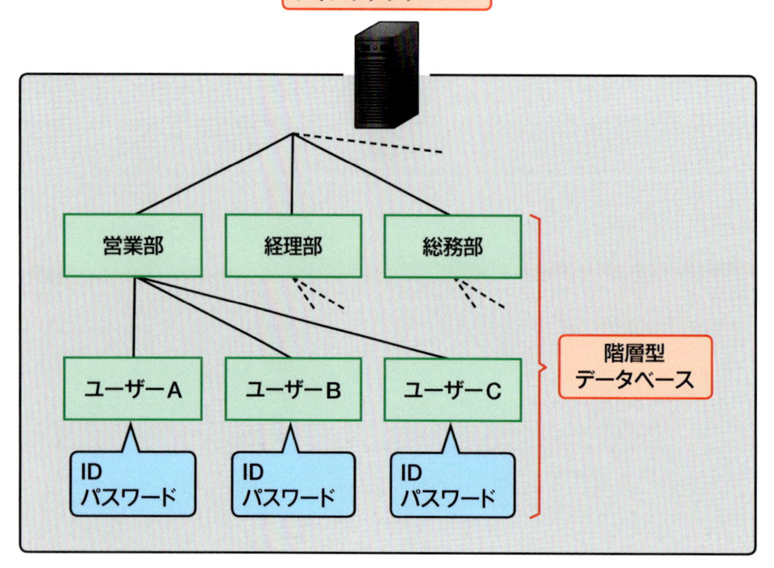

Keyword 階層型データベース

組織図などで用いられるようなツリー構造でデータを保持するデータベースを階層型データベースと呼びます。このデータモデルでは、親データ1つに対して子データが複数存在できます。

MEMO アクセス権

アクセス権については、第5章Section 05で解説しています。

② 業務システムにおけるディレクトリサーバーの役割

ユーザー管理をディレクトリサーバーで行う利点は、ユーザー ID やパスワードなどのユーザー情報を一元管理できることにあります。

ディレクトリサーバーがない場合、社内にあるファイルサーバーや Web サーバーをユーザーが利用しようとするとき、それぞれのサーバーがユーザー認証を行わなければなりません。ユーザー認証を行うサーバーは、正しいユーザー ID とパスワードの組み合わせをデータとして持っている必要があるので、同じデータを各サーバーが別々に持つことになります。これでは、ユーザー ID やパスワードに変更があった場合、データに食い違いが生じてしまうおそれがあります。

ディレクトリサーバーでユーザー情報を管理し、ユーザー認証を一括して行えば、各サーバーがばらばらにユーザー情報を管理する必要はありません。ユーザーからリクエストを受けたほかのサーバーは、入力されたユーザー情報をディレクトリサーバーに照会し、ユーザー認証を行います。情報に変更があったときも、ディレクトリサーバーの持つデータを修正するだけなので、データの食い違いが起こらず、効率よくデータを管理することができます。

ディレクトリサーバーによるユーザー認証

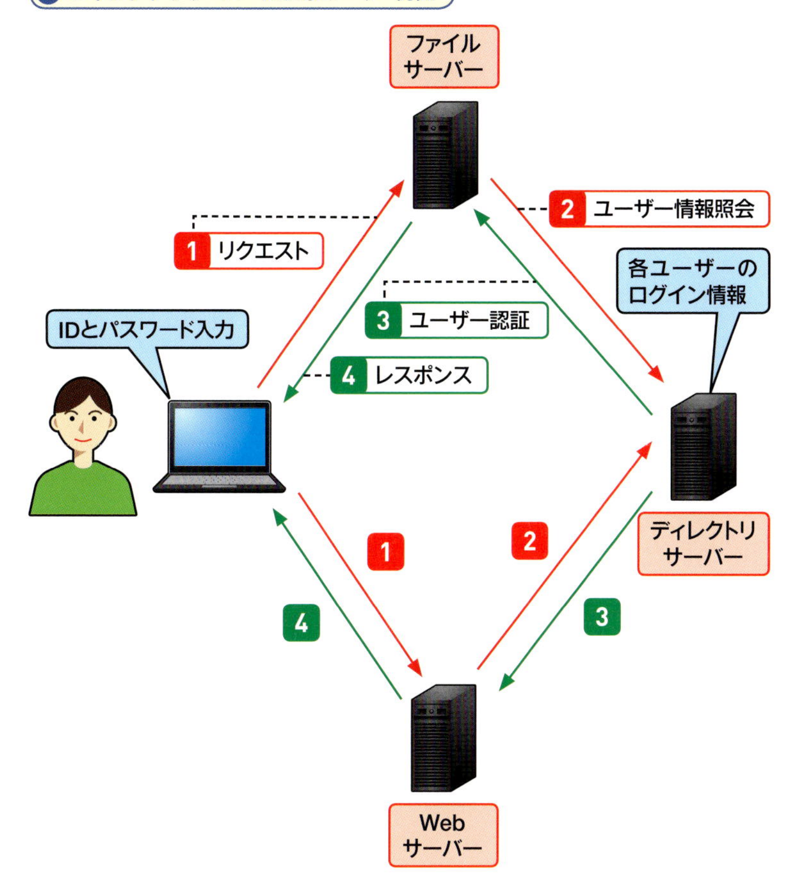

MEMO ユーザー認証

ユーザー認証については、第5章 Section 04で解説しています。

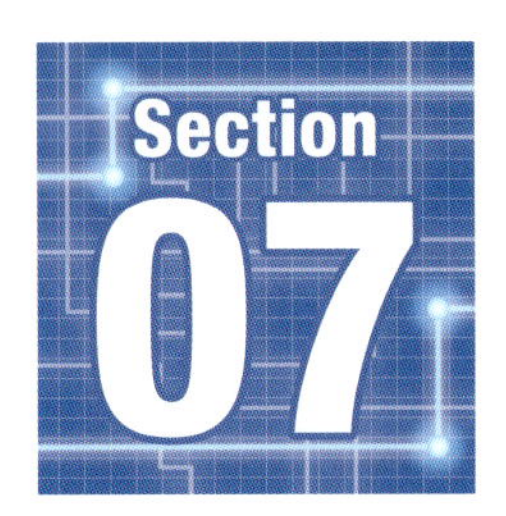

そのほかにどういったサーバーがある？

覚えておきたいキーワード
- FTPサーバー
- FTP
- DHCPサーバー

ここまでで紹介したほかにも、世の中にはさまざまなサーバーがあります。FTPサーバーはファイルのやりとりに、DHCPサーバーはクライアントへのIPアドレスの割り当てに利用されています。

1 FTPサーバーとは？

社内など限られたネットワークにおけるファイルのやりとりでは、ファイルサーバーを使うのが一般的です。しかし、インターネットを通して外部の人とファイルをやりとりしたいこともあるでしょう。そのようなときに利用される方法の1つがFTPサーバーです。

FTPサーバーはファイルの保存領域を提供します。FTP（File Transfer Protocol）というプロトコルに基づく通信によって、ユーザーは手元のファイルをFTPサーバーに保存したり、FTPサーバーにあるファイルをダウンロードしたりでき、FTPサーバーを介してほかのユーザーとファイルをやりとりできます。

ユーザー名とパスワードによるユーザー認証を行うかどうかは、FTPサーバー側で設定できるため、特定の人とだけでなく不特定多数ともやりとりできます。また、ユーザーの権限をダウンロードだけに限定し、アップロードを禁止するといったことも可能です。

FTPサーバーの働き

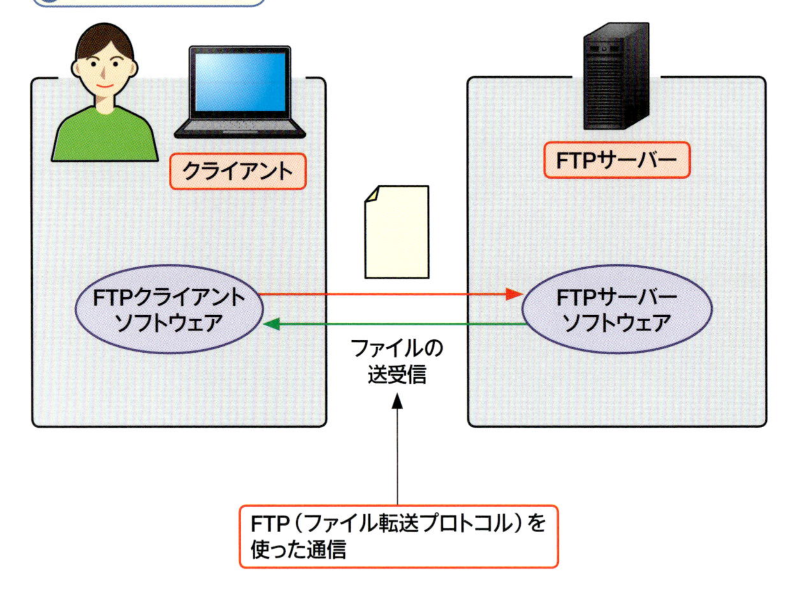

Keyword FTPサーバーソフトウェア、FTPクライアントソフトウェア

FTPサーバーがサーバーとしての機能を提供するために使うのがFTPサーバーソフトウェア、クライアントがFTPサーバーを利用するために使うのがFTPクライアントソフトウェアです。

MEMO FTPのセキュリティ

FTPを使った通信では、ユーザー名やパスワードを含むすべてのデータが暗号化されずにやりとりされるので、盗聴のリスクがあります。そのため、暗号化を行って安全にデータをやりとりできるしくみが開発されています。FTPSやSFTPなどのプロトコルがその例です。

② DHCPサーバーとは？

第４章で説明しますが、インターネットの利用にはIPアドレスが1つのコンピューター（もしくはスマートフォンなど）に1つ必要です。使用するIPアドレスは、事前にコンピューターに設定しておかなければなりませんが、IPアドレスは数字の羅列なので手動の設定は面倒でミスをしがちです。よって、DHCPサーバーでコンピューターにIPアドレスを自動的に割り当て、必要な設定を済ませるのが一般的です。

ネットワークに接続したコンピューターはまずそのネットワークにあるDHCPサーバーにIPアドレスを要求します。DHCPサーバーは使用可能なIPアドレスを複数用意してプールしているので、その1つを要求してきたコンピューターに割り当てます。コンピューターは取得したIPアドレスでインターネットを利用できるようになります。

IPアドレスの割り当てには5分間などの制限時間が設定され、それを越えて利用を続けるときにはIPアドレスの再要求が必要です。コンピューターをネットワークから切断し、IPアドレスを再要求しなかった場合、DHCPサーバーは誰もそのIPアドレスを使っていないと判断し、割り当て可能なIPアドレスのプールにそのIPアドレスを戻します。

● DHCPサーバーの働き

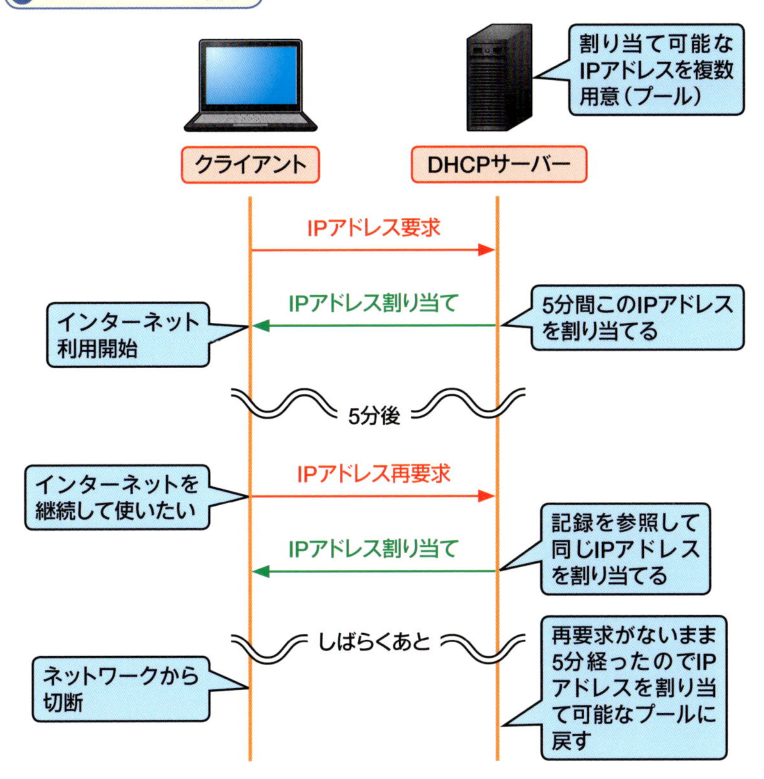

MEMO IPアドレス以外に設定されるもの

DHCPサーバーでは、IPアドレス以外にゲートウェイサーバーやDNSサーバーのIPアドレス、サブネットマスクなどが設定されます。

MEMO LAN

LANとは、ルーターで区切られたローカルなネットワークのことです。社内ネットワークなどがその例です。詳しくは、第4章Section 01で解説しています。

モバイルアプリとサーバー

スマートフォンは現在多くの人が日常的に使用しており、スマートフォンで利用されるモバイルアプリの開発も盛んに行われています。モバイルアプリの背後にもサーバーの働きがあります。

モバイルアプリは、ネイティブアプリ、Web アプリ、ハイブリッドアプリという 3 つのタイプに分けることができます。ネイティブアプリは基本的に処理のすべてをスマートフォン上で行うタイプのアプリです。カメラアプリなど、スマートフォン単体で完結しているアプリケーションをイメージするとわかりやすいでしょう。Web アプリは第 3 章 Section 05 で紹介したアプリケーションサーバーによって提供される機能を Web ページ経由で利用するタイプのアプリです。スマートフォン側では Web ブラウザを実行するだけなので、特別に何かをインストールしなくても利用できます。ハイブリッドアプリは、ネイティブアプリと Web アプリ両方の性質を持つタイプのアプリです。機能の一部で Web アプリを利用しているネイティブアプリといえます。

この説明からわかるように、Webアプリとハイブリッドアプリは Web サーバーやアプリケーションサーバー、場合によってはその背後のデータベースサーバーと連携して機能を提供しています。また、ネイティブアプリであっても、メッセージアプリならメッセージを仲介するサーバーと連携する必要がありますし、何らかの形でサーバーを利用している場合は多いです。加えて、ネイティブアプリやハイブリッドアプリは、最初のインストールの時点でアプリケーションの配信サーバーを利用することになります。

このように見てみると、モバイルアプリでもサーバーが重要な役割を果たしていることがわかります。

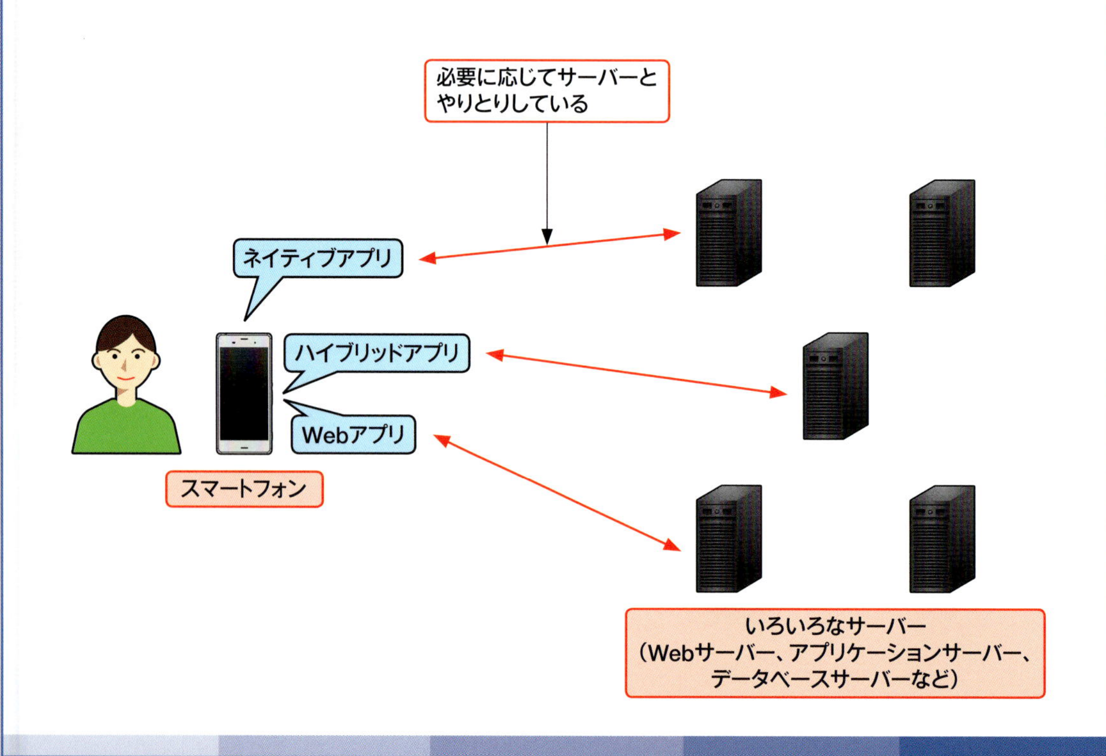

サーバーとネットワーク

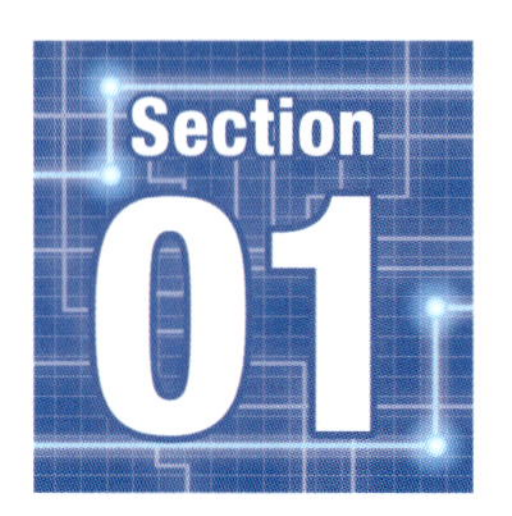

ネットワークとは?

覚えておきたいキーワード
- LAN
- WAN
- ゲートウェイ

クライアントからサーバーに接続するには、ネットワークを経由する必要があります。本節では、コンピューターにとってのネットワークとは何を意味するのか、どのようなネットワークがあるのかについて考えてみましょう。

1 ネットワークの概要

コンピューターの世界におけるネットワークとは、複数のコンピューターが通信回線などによって相互に接続され、データをやりとりできる状態のことです。コンピューターによってネットワークを構成するおもな目的としては、データの共有（転送）や、サービスの提供（利用）が挙げられます。

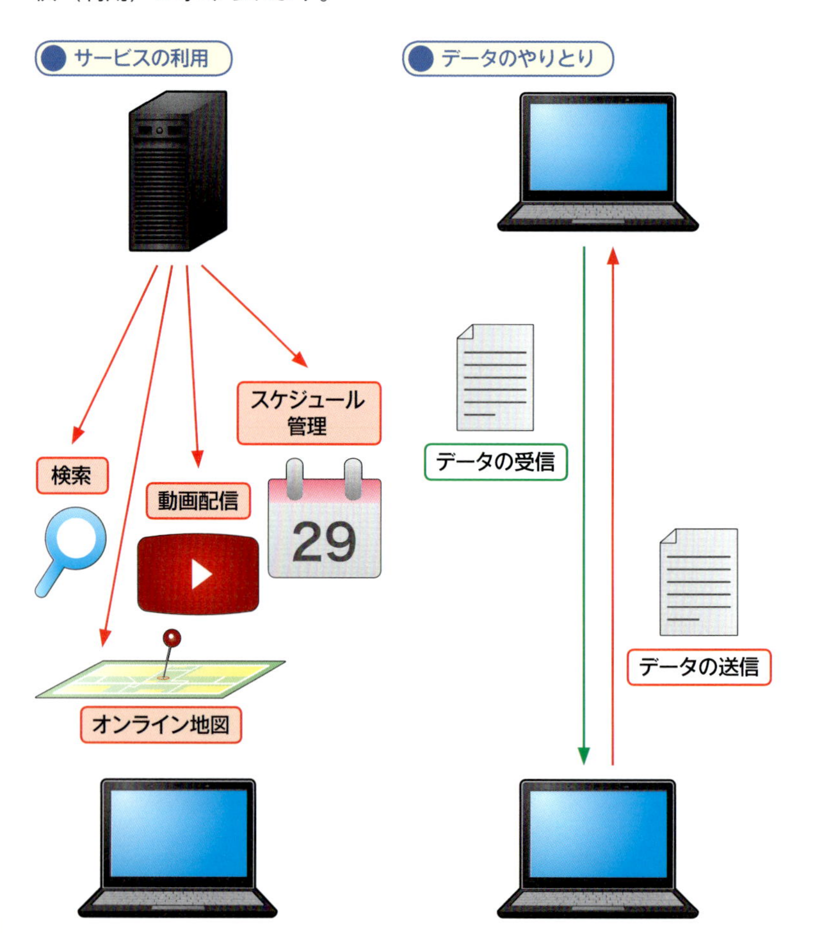

MEMO ネットワークのもともとの意味

そもそもネットワークとは、人間や組織が網（ネット）状につながった状態やシステムを指す言葉です。交通網や鉄道網、そして連絡網も一種のネットワークといえます。コンピューターによって構成されるネットワークを、ほかのネットワークと区別して表現したい場合は、コンピューターネットワークと呼びます。

MEMO インターネット以前のネットワーク

コンピューターによるネットワークといえば、インターネット（その前身となるARPANETを含む）が思い浮かびますが、1950年代にはテレックス（テレタイプを用いた通信方式）を利用した、コンピューター同士またはコンピューターと端末との通信が行われていました。

② ネットワークの種類

ネットワークの分類方法としては、規模や接続方法、利用されるネットワークプロトコルによるものがありますが、もっともよく用いられるのは、規模による分類でしょう。オフィスや家庭内など限られた地域内で構成されるネットワークをLAN（Local Area Network）、遠距離の拠点間や国同士など遠隔地同士を結んだネットワークをWAN（Wide Area Network）と呼びます。

インターネットは、ネットワーク同士をゲートウェイで接続して、相互にデータをやりとりできるようにしたネットワークです。インターネットもWANに含まれます。

LAN

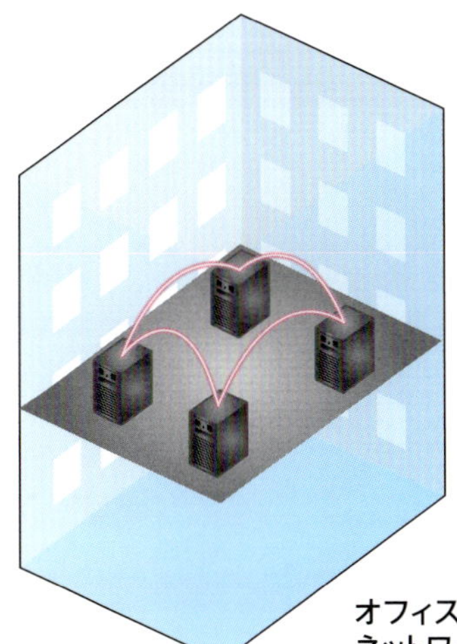

オフィスなどの限られた地域内で
ネットワークが構成されている

WAN

遠隔地同士でネットワークが構成されている
インターネットもWANの1つ

Keyword ネットワークプロトコル

ネットワークプロトコルとは、ネットワーク通信を行う際の規約（ルール）をまとめたものです。詳しくは、第4章Section 04で解説しています。

Keyword ゲートウェイ

ゲートウェイとは、コンピューターネットワークをネットワークプロトコルの異なるネットワークと接続する際に使用する機器やソフトウェアを指します。

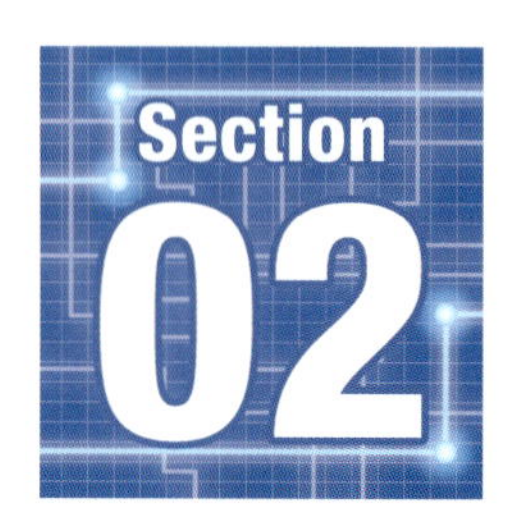

IPアドレスとは?

覚えておきたいキーワード
- IPアドレス
- IPv4
- IPv6

インターネットに接続するために欠かせないのがIPアドレスです。一見するとよくわからない数字の羅列ですが、重要な意味を持ちます。なぜIPアドレスが存在するのか、IPアドレスにはどのような種類があるのかを見ていきます。

1 IPアドレスの概念

IPアドレスとは、インターネットに接続された機器を識別するための番号です。インターネットに直接接続する機器には、それぞれ固有の番号が割り当てられ、世界中で重複することはありません。

IPは、インターネットプロトコルという、インターネットにおける通信に用いられるプロトコルで、2019年時点ではIPv4（インターネットプロトコルバージョン4）が主流です。IPv4におけるIPアドレスは、32ビットの値を8ビットずつ4つに区切った形式で、0.0.0.0～255.255.255.255の範囲で表現されています。

以前は、ネットワークの規模に応じてIPアドレスを分配する「IPアドレスクラス」という方法が用いられていました。しかし、現在は任意のビットでネットワーク部（どのネットワークに属しているかを示す部分）とホスト部（どのコンピューターかを示す部分）の境界を定める「CIDR」（Classless Inter-Domain Routing）という方式が使われています。CIDRでは、IPアドレスの後ろを「/」で区切ってネットワークのビット長（プレフィックス長）を表記することで、IPアドレスの範囲を表現しています。

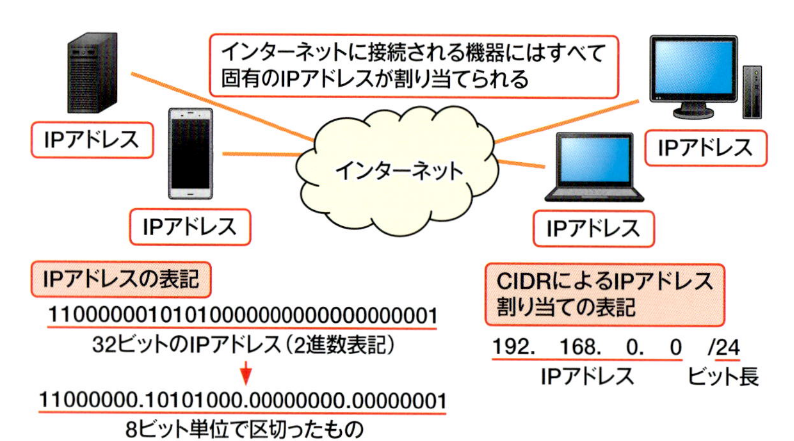

IPアドレスクラス

IPアドレスクラスとは、かつて用いられていたIPアドレスの分配方法です。利用する組織の規模に応じて、クラスA～Eの5つのクラスに分けられていました。クラスAのIPアドレスの場合は、約1677万台のホスト（ネットワークに接続されているコンピューターなどの機器）に割り当て可能です。

ISP

ISPは「Internet Service Provider」の略で、インターネット接続を提供する業者のことです。「プロバイダ」と呼ばれる場合もあります。

② グローバルIPアドレスとプライベートIPアドレス

IP アドレスは全世界で重複しないように管理されているため、勝手に割り当てることはできません。このように、インターネットで用いられる端末固有のIP アドレスを、グローバルIP アドレスと呼びます。

ただし、指定された範囲の IP アドレス（10.0.0.0 ～ 255.255.255.255、172.16.0.0 ～ 172.31.255.255、192.168.0.0 ～ 192.168.255.255）なら、ルーター（ネットワーク同士を接続する機器）などでインターネットから切り離されている LAN 内など閉じたネットワーク内に限り、自由に割り当てることが可能です。このような IP アドレスを、プライベート IP アドレスと呼びます。

なお、プライベート IP アドレスではインターネットに接続できません。そこで、これらの IP アドレスが割り当てられた機器がインターネットに接続する場合は、プライベート IP アドレスをグローバル IP アドレスに置き換えるネットワークアドレス変換という操作をルーターや専用サーバー上で行う必要があります。

このようなしくみは、IP アドレスを浪費しないために作られたものです。しかし、インターネットに接続する機器の数は増加し続けているため、グローバル IP アドレスが足りなくなってきました。そこで現在では、より多くの IP アドレスを割り当てることができる IPv6（インターネットプロトコルバージョン 6）への移行が進められています。

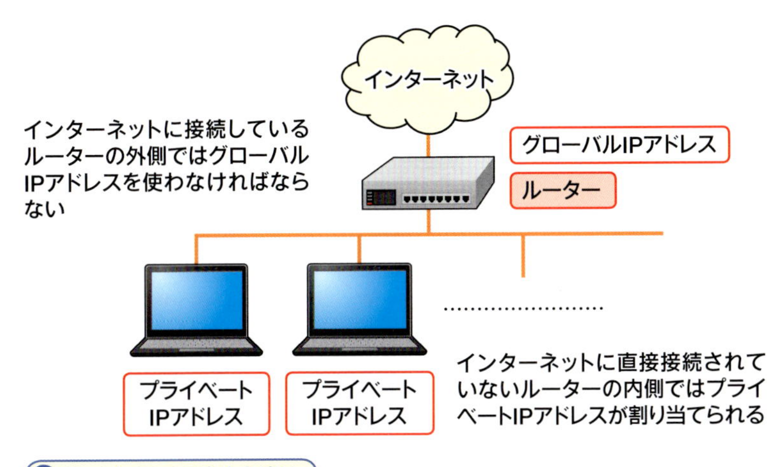
インターネット
インターネットに接続しているルーターの外側ではグローバルIPアドレスを使わなければならない
グローバルIPアドレス
ルーター
プライベートIPアドレス
プライベートIPアドレス
インターネットに直接接続されていないルーターの内側ではプライベートIPアドレスが割り当てられる

IPv4 と IPv6 のおもな違い

	IPv4	IPv6
利用可能なIPアドレスの個数	2の32乗個	2の128乗個
表記方法（例）	192.160.0.100	fd00:12:11af:1:21b:8bff:fe9b:b3c8
通信内容の暗号化（IPSec）	オプション	標準で暗号化

Keyword IPv6

IPv6とは、IPv4の後継となるIPアドレスで、128ビットのIPアドレス（2の128乗個≒約3.4×10^{38}個）を用いるため、IPv4（2の32乗個≒約4.3×10^{9}個）よりも多くのIPアドレスを利用できるようになります。2019年現在はまだIPv4が主流ですが、IPアドレスの枯渇はすでに深刻な状況になっているため、世界中でIPv6への移行が急がれているのが現状です。

MEMO ISP経由でインターネット接続する場合のIPアドレス

ISPを経由してインターネットに接続する場合は、ISPから接続の都度IPアドレスが割り当てられます。そのため、ISPとの接続を切断して再び接続し直した場合は、前回の接続時と異なるIPアドレスが割り当てられる可能性があります。また、接続の際に割り当てられるIPアドレスには、一般的に使用期限が定められており、日付が変わった時点などでIPアドレスが変更される場合もあります。同じIPアドレスを使用し続けたいときには、ISPが提供する「固定IPアドレス」サービスを利用する必要があります。

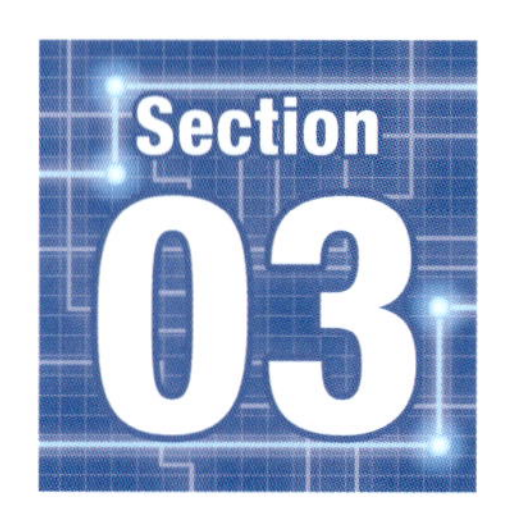

ドメインとは?

覚えておきたいキーワード
- ドメイン
- ドメイン名
- DNS

Webブラウザでwebサイトにアクセスする際には、一般的にIPアドレスではなく「www.gihyo.jp」のような形式が用いられます。これがドメイン名です。本節では、ドメインやドメイン名がどのようなものなのかについて解説します。

1 ドメインの概要

第4章Section 02で紹介しているIPアドレスは数字の羅列なので、それだけを見ても所属組織や国籍などを判別できません。そこで、IPアドレスをわかりやすく置き換えたものがドメイン名です。

ドメインは、組織の種別や国籍などを表す部分（.comや.co.jpなどの部分）と、組織を表す部分（gihyo、googleなど）で構成されているので、組織名やその組織の種別、国籍がわかりやすくなっています。

なお、ドメインは管理組織（レジストラ）によって管理されているので、使用するには申請および登録が必要です。また、ほかの組織がすでに使用しているドメインは使用できません。

ドメインの階層

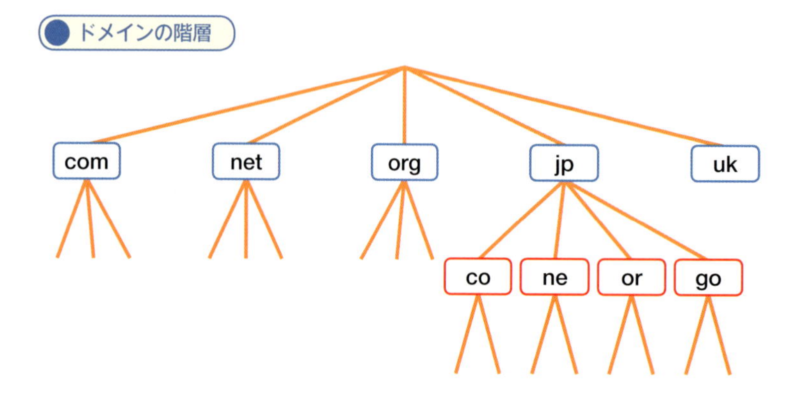

ドメイン

その他の種別や組織
- .com……商業組織
- .ne.jp……日本国内のネットワークサービス
- .or.uk……イギリス国内の組織・機関
- など

MEMO おもなドメインの種類

ドメインのうち、.com（企業や商用サービス）、.net（ネットワークサービスの提供者）、.org（非営利団体など）といった国籍が付属していないドメインは、その組織が存在する国籍に関係なく利用可能です。国籍付きで使用されるドメインとしては、co（企業）、or（特定の法人組織）、ne（ネットワークサービス）、ac（学校）、go（政府機関など）が知られており、日本にある組織の場合は、それぞれ.co.jp、.or.jp、.ne.jp、.ac.jp、.go.jpとなります。

MEMO Windowsにおける「ドメイン」

Windowsのネットワーク機能では、サーバーによってユーザーアカウントやグループアカウントを管理するしくみとして「ドメイン」が用いられています。この「ドメイン」は、インターネットにおけるドメインとはまったく別のものなので、混同しないように注意が必要です。

② ドメインとドメイン名の違い

前述したように、IPアドレスが置き換えられたものがドメイン名です。つまり、ドメイン名はインターネットに接続されている端末を意味しています。具体的には、「gihyo.jp」なら組織を表すドメインであり、「www.gihyo.jp」ならgihyo.jpという組織のwwwという端末（Webサーバー）を表すドメイン名です。ドメインとドメイン名は、ともすれば同じもののように扱われがちですが、意味が大きく異なるので注意してください。

ドメイン名と似たものに、URL（Uniform Resource Locator）があります。URLとは、利用するプロトコル（第4章Section 04参照）をドメイン名の最初に付けることでインターネット上のデータの場所を表す書式です。「www.gihyo.jp」をURLで表記すると「https://www.gihyo.jp/」となります（「https://」がプロトコル）。

ドメイン名を用いてWebサーバーやメールサーバーにアクセスすることを可能にしているのが、DNS（ドメインネームサーバー／ドメインネームシステム）です。DNSによって、ドメイン名とIPアドレスの相互変換が行われることで、ドメイン名でサービスにアクセスできます。詳しくは、第3章Section 02も参照してください。

● ドメイン名とIPアドレスの相互変換

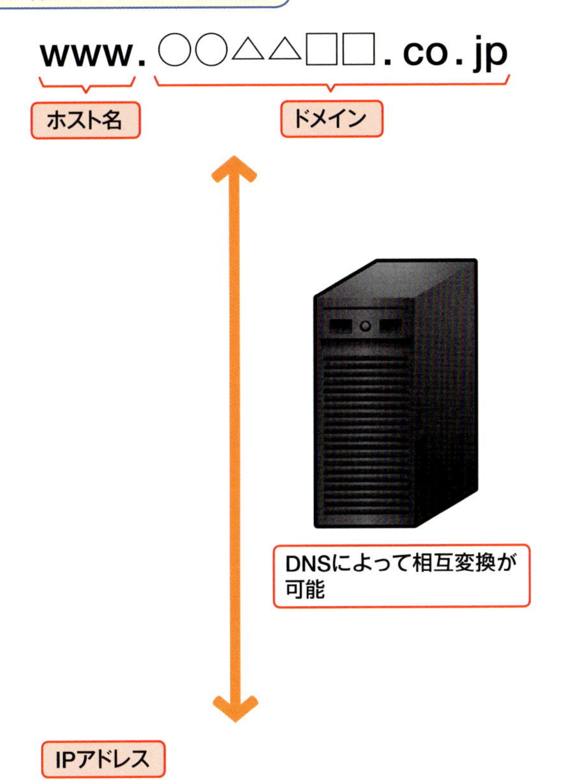

MEMO FQDN（完全修飾ドメイン名）

ホスト名、ドメイン名などを省略せずにすべて記述する形式がFQDNです。具体的には、「www.gihyo.jp」が、ホスト名「www」とドメイン名「gihyo.jp」をすべて記述したFQDNになります。

MEMO 汎用JPドメイン

ドメインの中には、「xxxxx.jp」のように組織の種別が含まれないドメインもあります。こういったドメインは（日本の場合は）汎用JPドメインと呼ばれ、個人でも取得することが可能です。

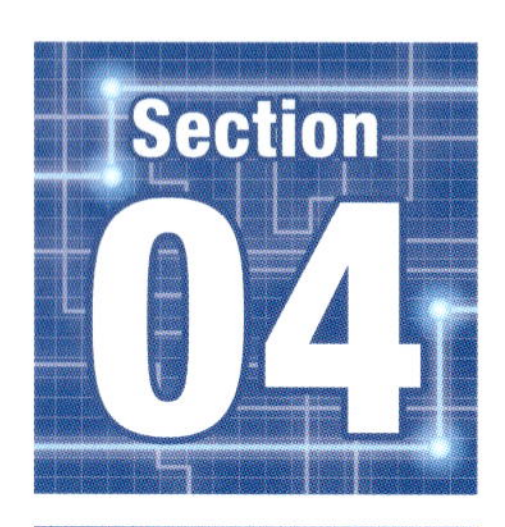

ネットワークプロトコルとは?

覚えておきたいキーワード
- ネットワークプロトコル
- プロトコルスイート
- HTTP

ネットワークにおけるデータのやりとりを実現しているのがネットワークプロトコルです。ふだん、あまり聞かない言葉かもしれませんが、ネットワーク通信を規定する重要な存在であり、必ず覚えておいてほしい語句です。

1 ネットワークプロトコルの概要

ネットワークプロトコルとは、ネットワーク上でデータをやりとりする手順や取り決めをまとめたものです。単にプロトコルと呼ばれる場合もあります。なお、「プロトコル」は本来、規約や議定書を意味する言葉なので、混同を防ぐためにもネットワークプロトコルを用いるべきでしょう。

なお、複数のネットワークプロトコルを階層的に定義して用いる場合は、プロトコルスイート（またはプロトコルスタック）と呼びます。

同じプロトコル同士なので通信できる

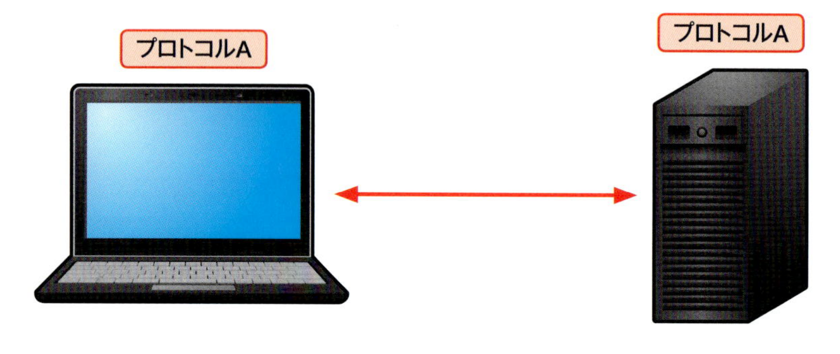

プロトコルが異なるので通信できない

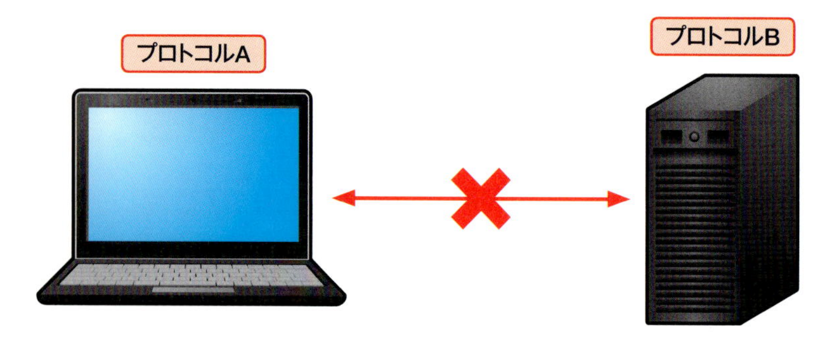

MEMO プロトコルスイートの例

プロトコルスイートは、なじみの薄い言葉かもしれませんが、比較的よく知られているTCP/IPはプロトコルスイートの1つです。TCP/IPについては、第4章Section 06を参照してください。また、Windowsで用いられていたWinsockや、かつてmacOSで使われていたAppleTalkもプロトコルスイートに含まれます。

② ネットワークプロトコルの例

ネットワークプロトコルには、さまざまな種類が存在していますが、HTTP、FTP、SMTP などは見かけたことがあるのではないでしょうか。HTTP（HyperText Transfer Protocol）は Web、FTP（File Transfer Protocol）はファイル転送、SMTP（Simple Mail Transfer Protocol）はメール転送のためのプロトコルです。

ほかにも、イーサネットや 1000BASE-T ／ 100BASE-TX ／ 10BASE-T（イーサネットのさまざまな規格。規格ごとに通信速度などが異なる）など、回線や回線の規格を始め、HTML もネットワークプロトコルで規定されています。

Keyword イーサネット

イーサネットとは、おもに有線でのコンピューターネットワークに用いられるネットワーク規格です。

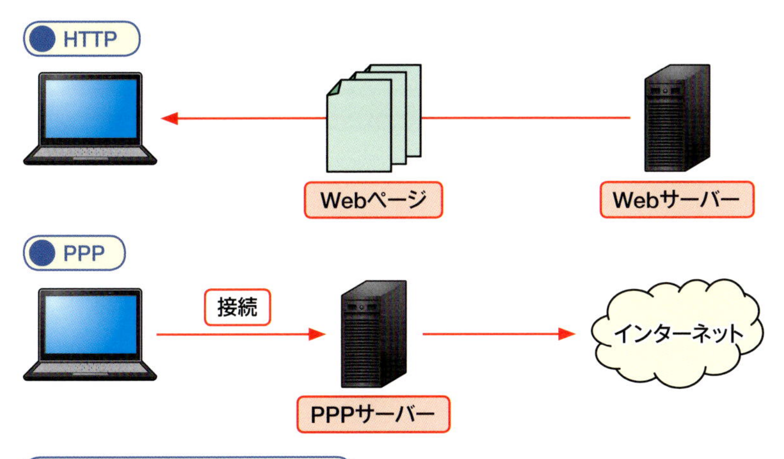

● おもなネットワークプロトコル

プロトコル名	正式名称	内容
HTTP	HyperText Transfer Protocol	WWWにおいてHTMLなどのコンテンツを送受信する
FTP	File Transfer Protocol	ファイル転送のためのプロトコル
SMTP	Simple Mail Transfer Protocol	メール転送のためのプロトコル
PPP	Point-to-Point Protocol	2点間を接続してデータ通信を行うためのプロトコル。電話回線を利用したインターネット接続などに用いられる
SSL	Secure Sockets Layer	安全なインターネット通信を行うためのプロトコル
POP3	Post Office Protocol Version 3	メール受信用のプロトコル
DNS	Domain Name System	ドメイン名とIPアドレスを相互変換する
NTP	Network Time Protocol	ネットワークに接続した端末同士の時刻合わせを行うプロトコル。インターネットを利用した時刻合わせに利用される
IMAP	Internet Message Access Protocol	メールサーバー上にあるメールへのアクセス、および操作を規定したプロトコル

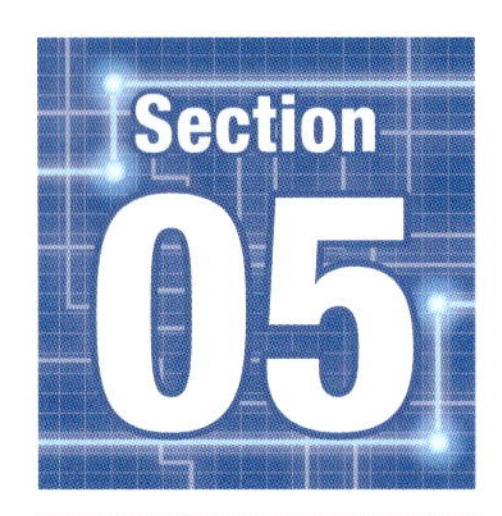

ポート番号とは?

覚えておきたいキーワード
- ポート
- UDP
- ウェルノウンポート

一般にサーバーはさまざまなサービスを提供しています。そのため、クライアントがサーバーにアクセスする際には、「どのサービスへアクセスするか」を明示しなければなりません。そのためのサービスの窓口がポートです。

1 ポート番号の概要

コンピューターがネットワーク通信を行う際に、アクセスを受け付ける「窓口」となるのがポートです。クライアントがサーバーにアクセスする際、インターネット通信に用いられるTCP（Transmission Control Protocol）やUDP（User Datagram Protocol）では、使用するプロトコルごとに使用するポートが決められており、それぞれのポートに番号が割り振られています。これがポート番号です。

ポート番号のしくみ

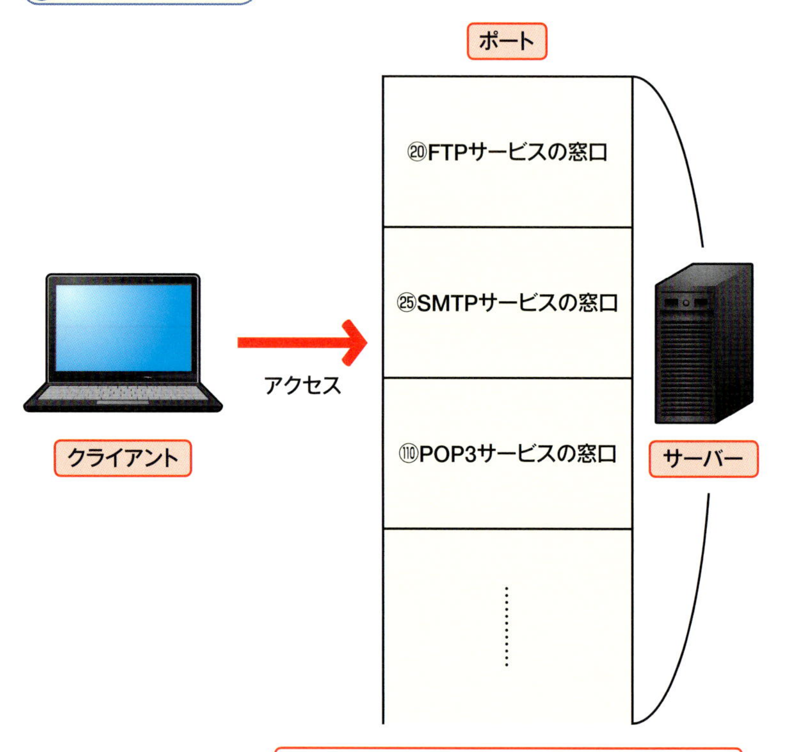

TCP

TCPは、インターネットの中核を成すプロトコルの1つです。IP（Internet Protocol）などとともに、TCP/IPプロトコルスイートを形成しています。詳細は第4章Section 06を参照してください。

UDP

UDPも、TCPと同様にTCP/IPプロトコルスイートに含まれるネットワークプロトコルの1つです。DNS、DHCP、NTPといったネットワークプロトコルや、音声／動画ストリーミングなどにUDPが用いられています。

② ポート番号とプロトコル

ポート番号は16ビットで表現され、0～65535が用意されています。このうち、0～1023まではウェルノウンポートと呼ばれあらかじめ利用するプロトコルが決められており、1024～49151は特定のサービスに割り当てられている予約済みポートです。49152～65535は、独自サービスなど自由に使えます。

なお、Telnet（ポート番号：23番）やNETBIOS（ポート番号：137～139番）といった外部からのアクセスを受け付けるプロトコルに対して実際にサービスが割り当てられていると、不正アクセスに利用されがちです。したがって、こういったポートはインターネット側からアクセスできないよう、ルーターやファイアウォールなどで遮断しておく必要があります。

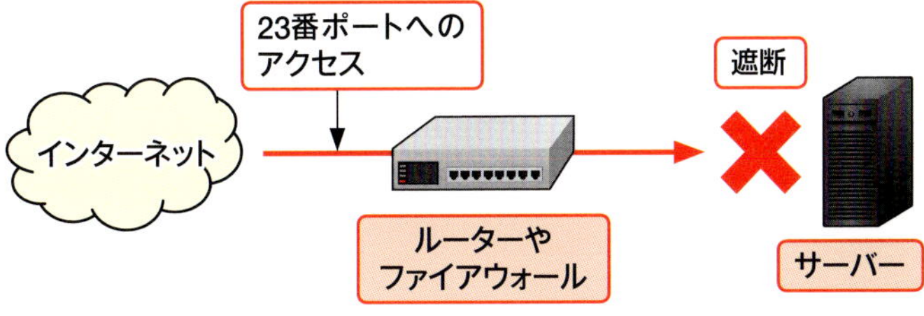

インターネットから特定のポート番号へのアクセスは、セキュリティの観点からルーターやファイアウォールなどで遮断すべき

よく使われるポート番号

ポート番号	種別	プロトコル	備考
20	TCP	FTP	データ
21	TCP	FTP	制御
22	TCP	SSH	
23	TCP	Telnet	
25	TCP	SMTP	
53	UDP	DNS	
67	UDP	DHCP	サーバー
68	UDP	DHCP	クライアント
80	TCP	HTTP	
110	TCP	POP3	
119	TCP	NNTP	
123	UDP	NTP	
443	TCP	HTTPS	

Keyword ウェルノウンポート

ウェルノウンポートとは、利用するプロトコルが決められているポート番号0～1023を指す語句です。予約ポートなどと呼ばれる場合もあります。

Keyword ファイアウォール

ファイアウォールは、もともと「防火壁」を意味する言葉ですが、ネットワークにおけるファイアウォールは外部からの許可されていないアクセスを防ぐ役割を果たしており、文字どおりネットワークの「防火壁」です。詳しくは、第8章Section 06で解説しています。

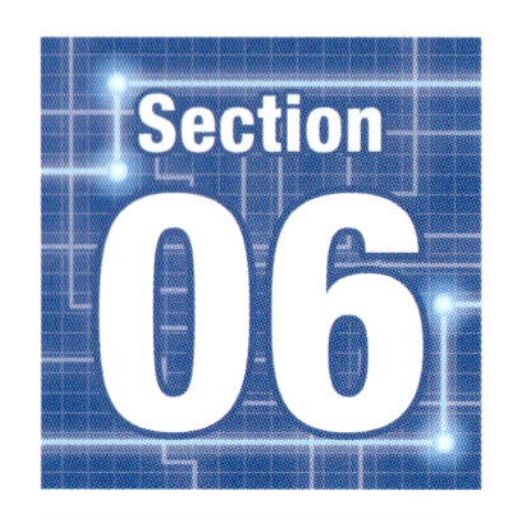

TCP/IPとは?

覚えておきたいキーワード
- TCP/IP
- TCP/IP階層モデル
- パケット

TCP/IPは、インターネットにおけるデータ通信を支えるプロトコルスイートです。名前からするとTCPとIPの2つのプロトコルのように見えますが、実際にはさまざまなプロトコルで構成されています。

① TCP/IPとインターネット

TCP/IPは、インターネットを支える重要な技術です。TCP(Transmission Control Protocol)とIP(Internet Protocol)を組み合わせた名前ですが、実際にはさまざまなプロトコルを組み合わせたプロトコルスイートに該当します。

TCP/IPは1970年代にアメリカ国防高等研究計画局(DARPA)によって開発され、のちにインターネットの原型となるARPANETにも採用されました。その中でもTCPとIPは重要な役割を担っています。TCPはデータ通信の制御や通信の信頼性を保つために、IPはパケットの分割転送によるパケットごとの経路選択、再送コストの低減、帯域の効率化、伝送速度差の吸収といった目的で利用されています。

TCP/IPの役割

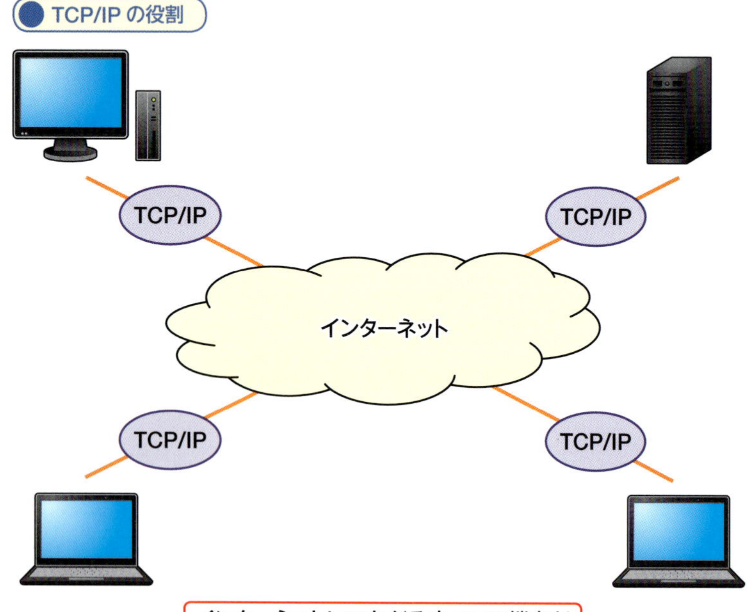

インターネットにつながるすべての端末がTCP/IPを経由して通信を行っています

パケット

パケットとは、パケット通信における データの伝送単位です。パケット通信では、データを複数の「パケット」に分割して送受信します。

MEMO **アメリカ国防高等研究計画局(DARPA)**

DARPAは、アメリカ合衆国の国防総省に属する機関です。さまざまな軍事的技術の研究・開発を行っていますが、その成果の1つがのちにインターネットとなるARPANETです。

2 TCP/IP階層モデル

TCP/IPは複数のプロトコルで構成されており、プロトコルスイートと呼ばれています。TCP/IPを構成するプロトコルは、その機能からアプリケーション層、トランスポート層、インターネット層、ネットワークインターフェイス層の4階層に分けられています。これをTCP/IP階層モデルと呼びます。

アプリケーション層の役割は、アプリケーション間のやりとりです。FTPやHTTP、IMAP、POP、SSHなどが含まれます。

トランスポート層の役割は、プログラム間の通信や通信の制御です。TCP、UDPはここに含まれます。

インターネット層の役割は、インターネットにおける通信です。IPなどがこの階層に属しています。

ネットワークインターフェイス層の役割は、同一ネットワーク内での通信です。ハードウェアの仕様であるイーサネットやIEEE802.11もここに含まれます。

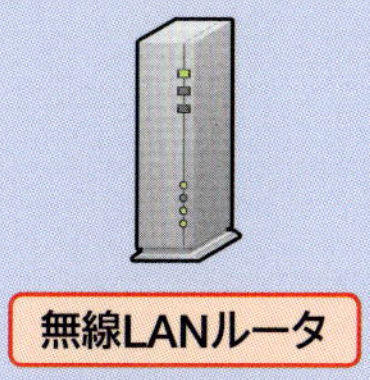

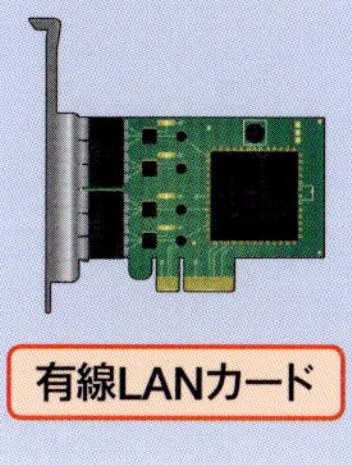

MEMO TCP/IP階層モデルの意味

TCP/IP階層モデルは、下位へいくほどOSに近い、より物理的な処理になります。上位の層へいくに従って論理的な処理となり、上位層のプロトコルを実現するには下位層のプロトコルが必要です。プロトコルスイートがプロトコルスタック(層)と呼ばれるのは、こういった構造に起因しています。

● TCP/IP階層モデル

階層	名称	プロトコル	例
第4層	アプリケーション層	FTP、HTTP、POPなど	サーバー(HTTP FTP POP3 SMTP など)
第3層	トランスポート層	TCP、UDPなど	ネットワーク(インターネットやLAN)
第2層	インターネット層	IP、APRなど	
第1層	ネットワークインターフェイス層	イーサネット、無線LANなど	無線LANルータ 有線LANカード

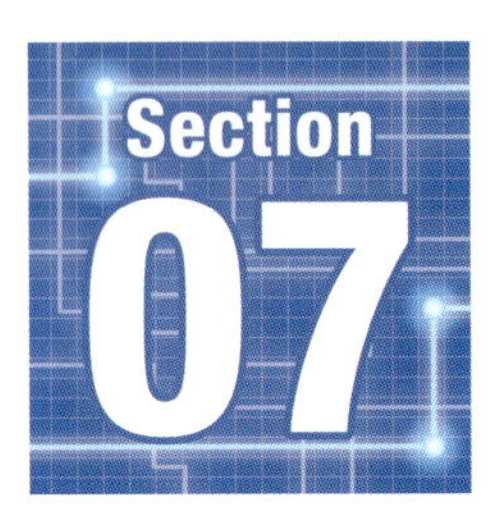

OSI参照モデルとは?

覚えておきたいキーワード
- OSI参照モデル
- OSI
- ISO

TCP/IP階層モデルとよく似たものとして、OSI参照モデルがあります。両者は似ていますが、まったく別の存在です。本節では、OSI参照モデルの構成や、TCP/IP階層モデルとの違いなどについて解説します。

1 OSI参照モデルの各層の構成と役割

OSI参照モデルとは、コンピューターの通信機能を階層化したもので、ISO（国際標準化機構）が制定しました。アプリケーション層、プレゼンテーション層、セッション層、トランスポート層、ネットワーク層、データリンク層、物理層の7層で構成されています。

アプリケーション層ではアプリケーションごとのデータの形式や処理の手順、プレゼンテーション層ではデータの表現形式、セッション層ではプログラム間の接続手順を規定しており、トランスポート層はデータ伝送、ネットワーク層は複数のネットワーク間（インターネット）での通信、データリンク層は同一ネットワーク（LANやWAN）での通信がおもな役割です。また、物理層ではケーブルに流れる電気信号やコネクタ形状といった、ハードウェアに近い部分が規定されています。

OSI参照モデル

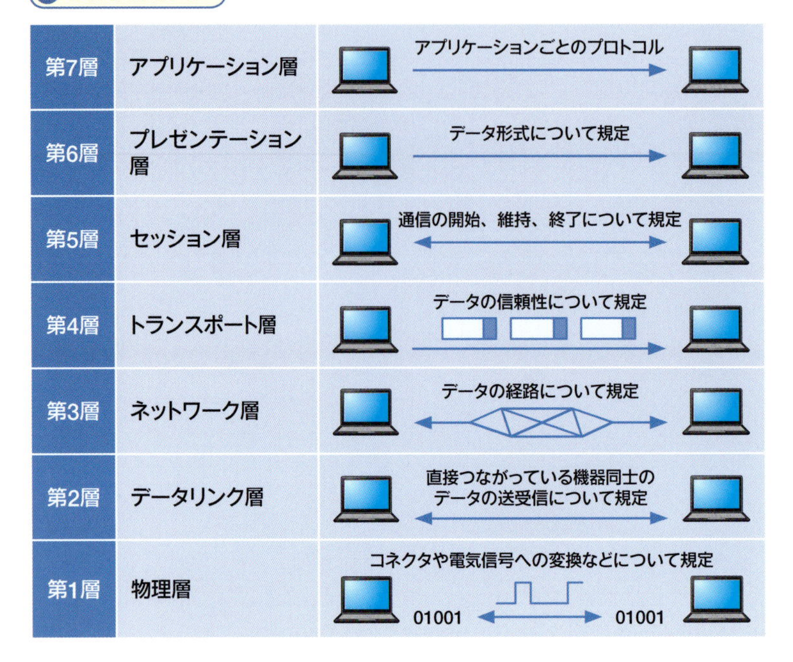

Keyword OSI

OSIとは、ISOとITU-T（国際電気通信連合）が1982年に策定したコンピューターネットワークの標準です。OSI参照モデルは、このOSIのために作られました。しかし、あまりにも複雑すぎたためか、多くのベンダーがOSIをサポートせず、その役割をTCP/IPに奪われる結果となっています。

MEMO OSI参照モデルでの通信方法

OSI参照モデルでの通信方法は、右ページ下の図で解説しています。

② TCP/IP階層モデルとの比較

OSI参照モデルはTCP/IP階層モデルと似ていますが、TCP/IPがインターネット（ARPANET）での利用を目的としたものであったのに対して、OSI参照モデルはより広範なネットワーク機能を表したものであるためより細分化されており、それが階層の数の違いに表れているといえるでしょう。

ただし、階層の数こそ異なるものの、OSI参照モデルとTCP/IP階層モデルの考え方はほぼ同じであり、両者は対応関係で表すことができます。

● OSI参照モデルとTCP/IP階層モデルの対応

OSI参照モデル		TCP/IP階層モデル	
第7層	アプリケーション層	アプリケーション層	第4層
第6層	プレゼンテーション層		
第5層	セッション層		
第4層	トランスポート層	トランスポート層	第3層
第3層	ネットワーク層	インターネット層	第2層
第2層	データリンク層	ネットワークインターフェイス層	第1層
第1層	物理層		

● 通信は対応する層同士でやりとりされる

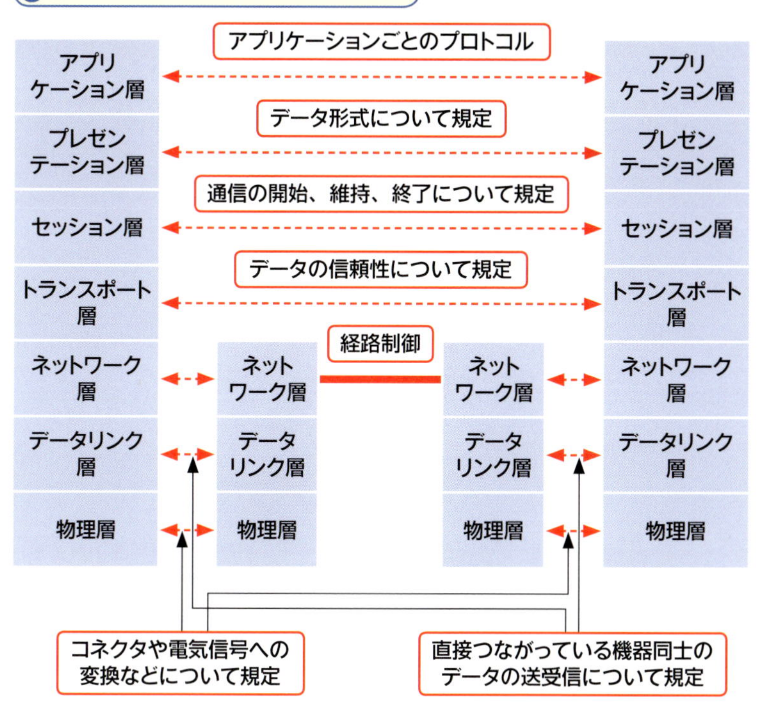

MEMO OSI参照モデルの役割

前ページのKeywordでも解説したように、OSI参照モデルは実際には使用されていません。しかし、TCP/IP階層モデルをよりわかりやすく理解するための助けとして、いまだに生き残っています。

MEMO 対応する層同士のやりとり

データのやりとりは、対応する層同士で行われます。アプリケーション層がプロトコルに従って送信データを作ると、そのデータは下の層に渡されます。下の層は、送信に必要なデータをそれに付加して、さらに下の層に渡します。データを付加しながら一番下の層にたどり着くと、そのデータは通信経路に従って送信先に送られます。送信先では受け取ったデータを下の層から処理し、残ったデータを上の層に渡していきます。そして最終的に目的のアプリケーションにデータが到達します。

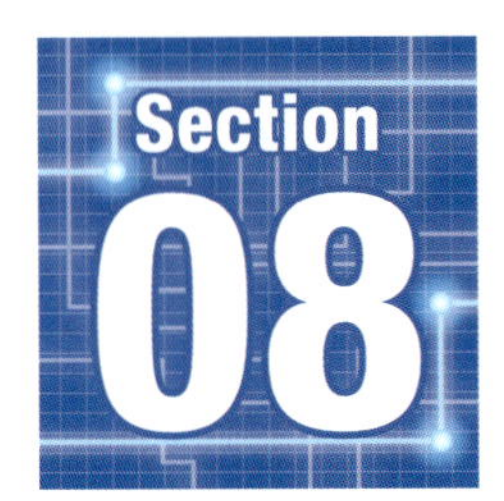

ネットワーク接続機器とは?

覚えておきたいキーワード
- イーサネット
- ツイストペアケーブル
- カテゴリ

ここまで、ネットワークで使われるソフトウェアについて解説してきました。しかし、ネットワークの利用にはケーブルやNICといったハードウェアも必要です。ここでは、そうしたネットワークのための機器について解説します。

1 ケーブルの規格と種類

LANに接続されるイーサネットでは、かつて同軸ケーブル（銅線である内部導線と網組み銅線である外部導線が同心円状になっている通信ケーブル）を用いる10BASE2や10BASE5が主流でした。しかし、現在ではツイストペアケーブル（2本の導線をより合わせた通信ケーブル）を使用する1000BASE-T／100BASE-TX／10BASE-Tがほとんどでしょう。

ツイストペアケーブルは、保証する伝送速度や周波数によってカテゴリという区分が設定されています。10BASE-Tならカテゴリ3以上、100BASE-TXならカテゴリ5以上、1000BASE-Tならカテゴリ5e以上のケーブルを使わないと、十分な通信速度が得られません。

● さまざまなイーサネット規格と使用するケーブル

イーサネット規格	使用するケーブル	通信速度	最長伝送距離	その他の特徴
10BASE2	同軸ケーブル	10Mbps	185m	直径5mmのケーブルを使用 終端装置が必要
10BASE5	同軸ケーブル	10Mbps	500m	直径10mmのケーブルを使用 終端装置が必要
10BASE-T	ツイストペアケーブル	10Mbps	100m	ハブ（集線装置）を使用
100BASE-TX	ツイストペアケーブル	100Mbps	100m	ハブを使用
1000BASE-T	ツイストペアケーブル	1000Mbps	100m	ハブを使用
10GBASE-T	ツイストペアケーブル	10Gbps	100m	ハブを使用

● イーサネット規格と推奨されるケーブルのカテゴリ

イーサネット規格	カテゴリ
10BASE-T	カテゴリ3以上
100BASE-TX	カテゴリ5以上
1000BASE-T	カテゴリ5e以上
10GBASE-T	カテゴリ6A以上

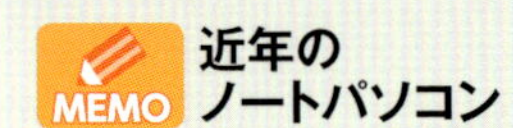

近年のノートパソコン

近年のモバイルノートパソコンには、イーサネット端子が搭載されていないものもあります。

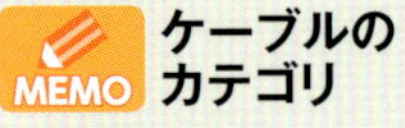

ケーブルのカテゴリ

ケーブルのカテゴリは数字が大きいほど速い通信速度に対応しています。最近では、より高速な通信に対応したカテゴリ7、カテゴリ8対応の製品もあります。

② NICの種類

NICとは、ネットワークインターフェイスカードのことで、コンピューターをネットワークに接続するためのハードウェアです。どのNICを選ぶべきかは、利用したい通信規格によって変わってきます。イーサネットの場合、現在の主流は1000BASE-Tや100BASE-TXです。サーバーなど、より大きな転送速度が求められる場合は、10GBASE-Tを選んでもよいでしょう。そのほか、データセンターなどさらに高速な転送が求められる用途では、光ファイバーケーブルによるファイバーチャネル（コンピューターと周辺機器とを接続するデータ転送方式の1つ。最大転送速度は32Gbpsで、スーパーコンピューターなどで用いられる）が使われています。

● ネットワークケーブルに用いられるケーブルの種類と特徴

ケーブルの種類	コネクタ形状	特徴
同軸ケーブル		高周波の多重伝送に適している。10BASE2ではBNCケーブルと呼ばれる直径5mmのケーブルが使われる
ツイストペアケーブル		2本の導線をより合わせたもの。柔軟性に優れるため、取り回しやすい。100BASE-TXなどで用いられるLANケーブルのほか、電話線にも使われる
光ファイバーケーブル		伝送に光を使用するため、転送が非常に高速。ファイバーチャネルではSCコネクタやFCコネクタが用いられている

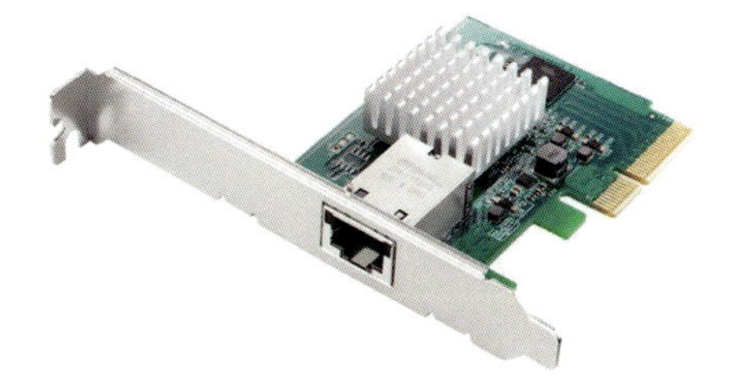

PCI Express接続の10GBASE-Tカード
（アイ・オー・データ機器の「ET10G-PCIE」）

STPケーブルとUTPケーブル

ツイストペアケーブルには、金属のシールドで保護されているSTPケーブルと、シールド保護されていないUTPケーブルがあります。STPケーブルは、工場などノイズの多い環境で使用するケーブルなので、一般的なオフィスや家庭ならUTPケーブルで十分です。

ストレートケーブルとクロスケーブル

ツイストペアケーブルには、ハブに接続して使用する一般的なストレートケーブルと、コンピューター同士を接続するために使うクロスケーブルがあります。ストレートケーブルとクロスケーブルはぱっと見では区別が付かないうえ、クロスケーブルはストレートケーブルのかわりとしては使えないので注意が必要です。

無線LANとは?

覚えておきたいキーワード
- 無線LAN
- IEEE802.11
- Wi-Fi

サーバーでは通信が高速かつ信頼性が高い有線接続が必須ですが、クライアント環境では無線LANが主流となりつつあります。無線LANとはどのようなものか、どのような規格があるのかなど、基本的な知識を持っておきましょう。

1 無線LANの基礎知識

無線LANとは、その名の通り無線通信を利用したLANです。近年、主流となっている無線LANの規格は、IEEE（アメリカ電気電子学会）がIEEE802.11シリーズとして策定しており、さまざまな機器が販売されています。

無線LANのメリットは、無線通信を利用するためケーブルを接続する必要がなく、より柔軟な機器の配置や、自由な業務環境の構築が可能なことでしょう。無線通信とイーサネットを中継するアクセスポイントという機器を設置すれば、ノートパソコンやスマートフォンなどの対応機器から無線LANを利用できるようになります。ただし、無線LANの到達距離には限界があり、かつ鉄製の扉などがあると電波が遮られてしまうので、環境によっては複数台のアクセスポイントの設置が必要です。

● 無線LAN接続のしくみ

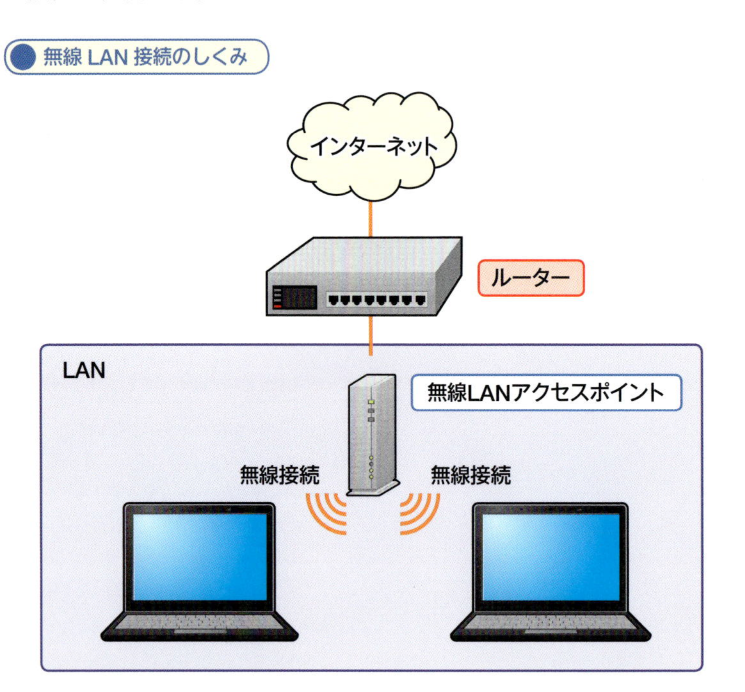

Keyword **Wi-Fi**

Wi-Fiとは、Wi-Fi Allianceという業界団体がIEEE802.11に対応した機器に対して行っている相互接続性の認定の名称です。無線LANを意味する言葉としてしばしばWi-Fiが用いられますが、厳密には正しくありません。

MEMO **さまざまな無線LANアクセスポイント**

一般家庭向けの製品では、インターネットに接続するためのルーターに無線LANアクセスポイントの機能を備えた無線LANルーターが主流です。また、ホテルなどの有線インターネット接続で無線LANを利用できるようにするための、コンパクトで持ち運びが可能なアクセスポイントもあります。無線LAN経由で携帯電話回線に接続するためのモバイルルーターも、広義のアクセスポイントと呼べるでしょう。

② さまざまな無線LAN規格

無線LANの普及が始まった当初によく用いられていたのが最大速度11Mbps（公称値、以下同）のIEEE802.11bです。その後、最大速度54MbpsのIEEE802.11g、最大速度600MbpsのIEEE802.11nが登場し、現在は最大速度約7GbpsのIEEE802.11acに対応した製品が一般ユーザー向けに販売されています。さらに、近い将来には最大速度約9.6GbpsのIEEE802.11axも登場する予定です。

このように、イーサネットの速度すら上回ってしまいそうな勢いの無線LANですが、やはり接続の安定性や信頼性という点ではどうしても有線接続に劣るほか、無線という特性から盗聴や不正接続への懸念は避けられません。有線・無線を問わず、用途に応じてそれぞれ適切な接続方法を選ぶことが重要です。

おもなIEEE802.11シリーズの規格と特徴

規格名	周波数帯	通信速度（公称値）	特徴
IEEE802.11b	2.4GHz帯	11Mbps	個人用途としてはもっとも初期に普及した無線LAN規格
IEEE802.11a	5GHz帯	54Mbps	一部の製品を除いて（日本国内では）屋外での使用が禁じられている
IEEE802.11g	2.4GHz帯	54Mbps	電子レンジなどほかの機器からの影響を受けやすい
IEEE802.11n	2.4GHz／5GHz帯	65M～650Mbps	複数のアンテナを使用した送受信や複数チャンネルの使用によって高速化を実現
IEEE802.11ac	5GHz帯	約300M～約7Gbps	IEEE802.11nの技術を発展させ、さらなる高速化を達成

ASUSTek Computerが2018年12月に発売したIEEE802.11ax対応無線LANルーター「RT-AX88U」

無線LANの通信速度

無線LANの通信速度は公称値（規格値）として記載されることが多い一方で、実際の通信速度はそこまでではありません。残念ながら、実際の通信速度は公称値を大きく下回ってしまうため、公称値はあくまでも目安と考えるべきでしょう。

無線LANのセキュリティ

無線LANのセキュリティを確保する手段として広く用いられているのが暗号化です。暗号規格としては、かつてWEP（Wired Equivalent Privacy）やWPA（Wi-Fi Protected Access）が使われていましたが、現在はより安全性の高いWPA2（Wi-Fi Protected Access 2）が主流になっています。一般ユーザー向けとしてはWPA2のパーソナルモードであり認証サーバーを使用しないWPA2-PSKが、エンタープライズ用途としては認証サーバーを使用するWPA2-EAPが、無線LANの強力な暗号化方式として知られています。

ネットワークスイッチとは？

近年、有線LANで一般的に使用されている1000BASE-T／100BASE-TX／10BASE-T（第4章Section 08参照）では、ハブ（ネットワークハブ）と呼ばれる集線装置を使い、複数の機器をネットワーク接続しています。ハブは、家庭や小規模の組織など、ネットワークに接続される機器が少ない場所での使用に適している一方で、機器の数が増えてくると通信速度が低下してしまう原因になりがちです。これは、ハブがあるポートから送信されたデータを、ほかのすべてのポートに送ってしまうことに起因しています。

ハブのしくみ

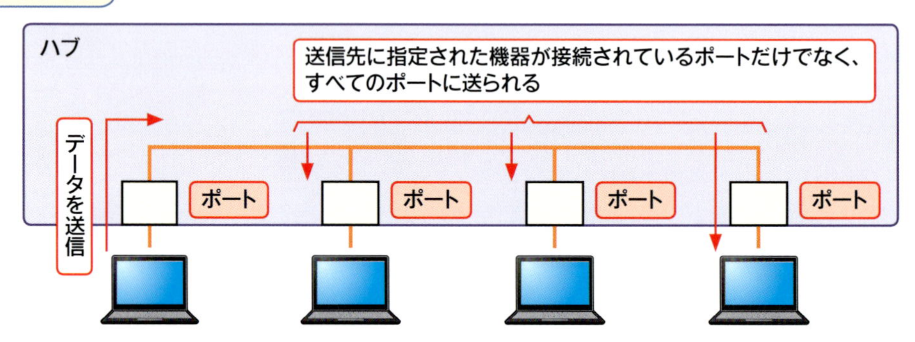

そこで、企業や学校など、有線LANに多くの機器を接続する必要がある場合には、ハブにかわってネットワークスイッチ（LANスイッチ）を用いるのが一般的です。ネットワークスイッチは、機器がデータの送信先を認識して、指定されたポートにのみデータを送ります。ほかの（送信先ではない）ポートにはデータが送信されないため、ネットワークに不要なデータが流れず、速度の低下を引き起こしません。

ネットワークスイッチのしくみ

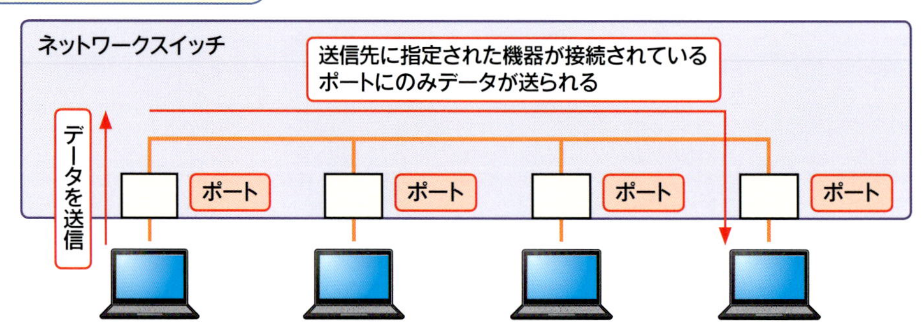

ネットワークスイッチとしてもっとも身近なのは、いわゆるスイッチングハブでしょう。スイッチングハブは、単なるハブと比較してもそれほど価格が変わらないため、導入しやすいのがメリットです。また、大規模なネットワークでは、レイヤー3スイッチ（L3スイッチ）も使われます。レイヤー3スイッチは、OSI参照モデル（第4章Section 07参照）における第3層でデータの送信先を振り分けることが可能です。

ファイルサーバーの構築

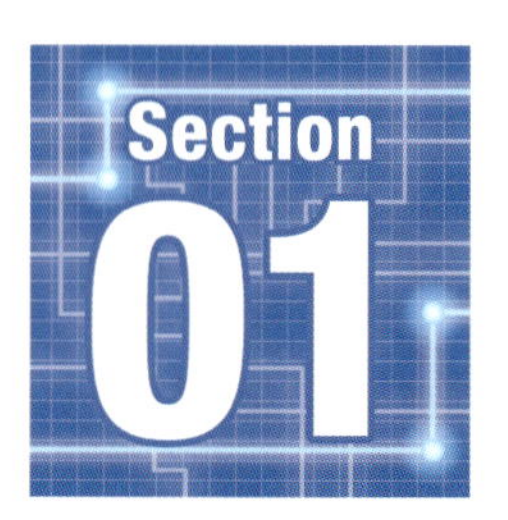

ファイルサーバーを構築する際の注意点とは?

覚えておきたいキーワード
- ファイルサーバーの運用ルール
- ファイル共有プロトコル
- SMB

第5章と第6章では、実際にサーバーを構築する際の流れについて説明します。まずは、ローカルな環境に構築するサーバーの例として、ファイルサーバーを見ていきましょう。

1 ファイルサーバーの運用ルールとは?

本章では、ファイルサーバーを実際に構築するにはどうすればよいかを説明していきます。まずは、ファイルサーバーを構築するときの注意点を知っておきましょう。

1つめの注意点は、運用ルールを明確にしておくことです。ファイルサーバーには、多くのユーザーがアクセスし、さまざまなデータを保存します。どのようなデータをどのフォルダに保存して、それには誰がアクセスできるのかなどを明確にしておかないと、ファイルサーバーの中身はすぐに散らかってごちゃごちゃになってしまいます。共有フォルダの下に部門別のサブフォルダを作り、必要以上のアクセス権限をユーザーに与えないなど、データを整理するためのルールを決めておかなければなりません。

ファイルサーバーの運用ルール

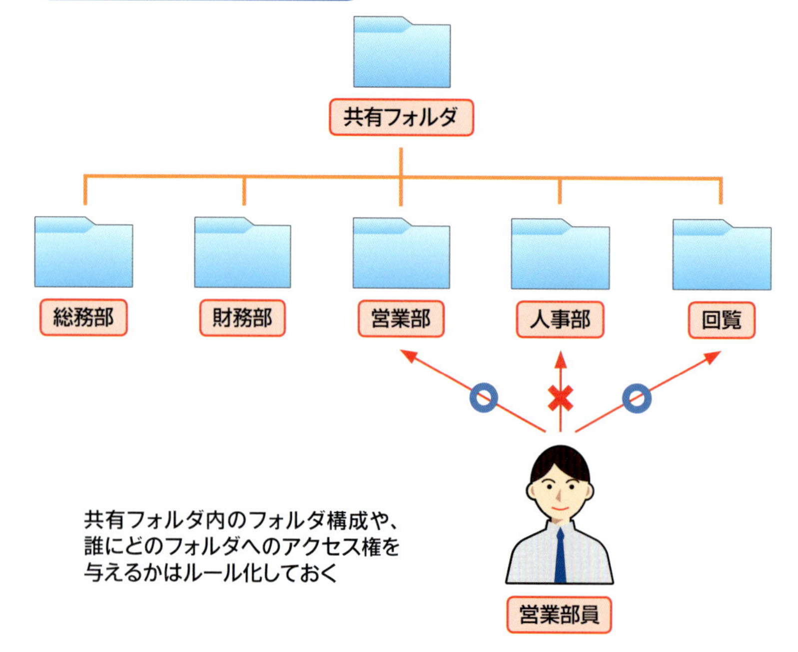

Hint アクセス権限の種類

アクセス権限は、ただアクセスできるだけではなく、読み取りは可能だが書き込みは不可能といったように細かく設定することができます。詳しくは、第5章Section 05で解説しています。

2 ファイル共有プロトコルとは？

2つめの注意点は、ファイルサーバーを利用するユーザーが使用するパソコンのOSを把握しておくことです。

ファイルサーバーによるファイルの共有では、サーバーとクライアントの通信にファイル共有プロトコルを使用します。多く使われるのはSMB（CIFS）というプロトコルですが、これにもバージョンがいろいろあります。サーバーとクライアントが同じプロトコルに対応していなければ、ファイル共有のための通信はできません。

対応しているプロトコルはOSの種類やバージョンでおおよそ決まります。よって、これから構築するファイルサーバーの利用者がどのOSのどのバージョンを使用しているのかを把握して、それらと共通のプロトコルを使用できるか確認することが大切です。とくにバージョンの古いOSは、古いプロトコルにしか対応していない場合などがあり、注意が必要です。

Hint ファイル共有プロトコルの種類

各OSでおもに使用されるプロトコルは、WindowsがSMB、macOSがAFP、Unix系OSがNFSです。古いOSでなければ、ほかのOSのプロトコルにも対応できる機能があるか、アプリケーションの追加などによって対応できる場合が多いです。

パソコンの種類とファイル共有プロトコル

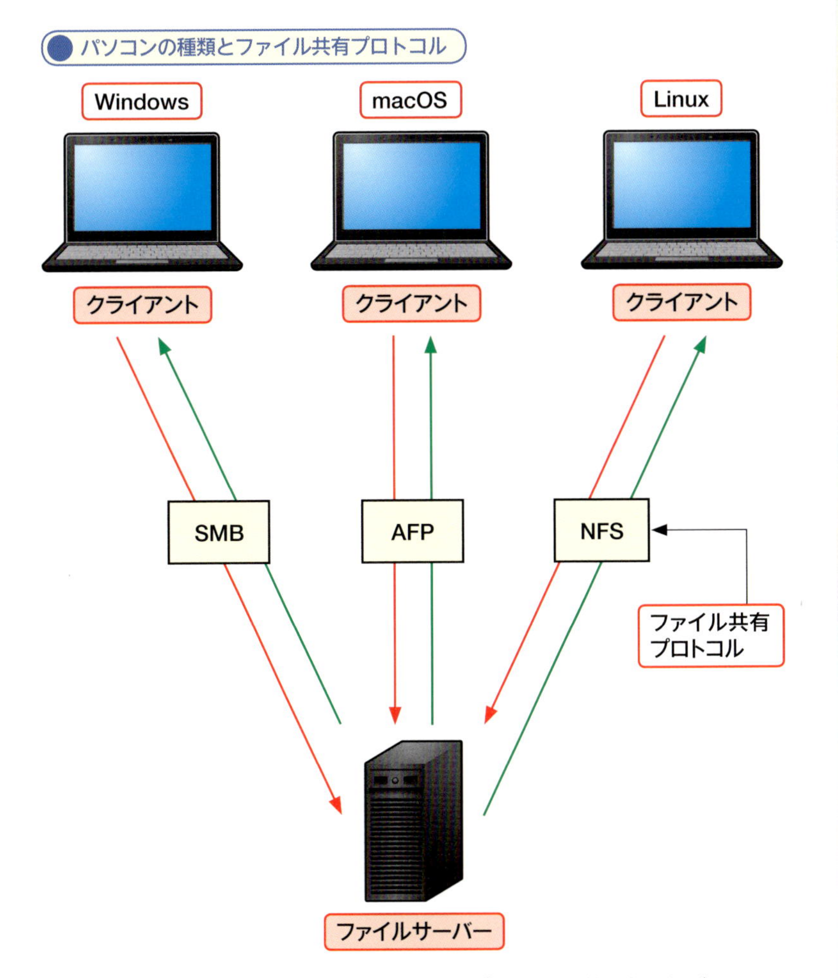

クライアントとファイルサーバーが同じプロトコルを使えなければ通信はできない

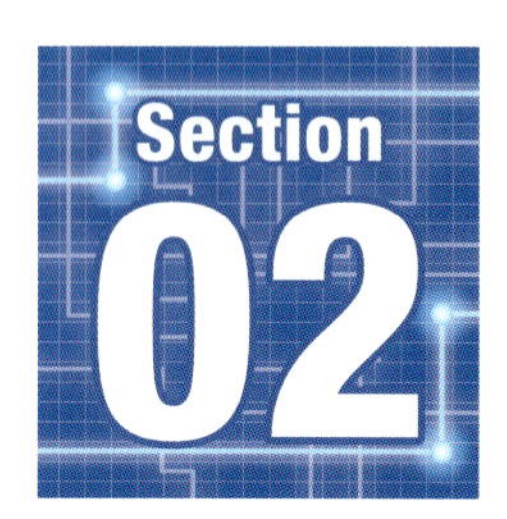

ファイルサーバーに必要なものとは？

覚えておきたいキーワード
- Samba
- バイト
- ファイルサイズ

ファイルサーバーに必要なものは、使用したいファイル共有プロトコルに対応したソフトウェアと十分な量のストレージです。とくにストレージは、事前に必要とされる容量を入念に見積もっておく必要があります。

1 ファイルサーバー機能のあるソフトウェアとは？

ファイルサーバーを構築するには、ファイルサーバーとしての機能を提供するソフトウェアをサーバーにインストールする必要があります。インストールするソフトウェアを選ぶ際には、ファイル共有で使用したいプロトコルにソフトウェアが対応しているかどうかを確認するようにしましょう。Windows Server はOS自体がファイル共有の機能を備えています。Linux などでは Samba というソフトウェアを使用することが一般的です。

ファイルサーバーにインストールしたソフトウェアは、クライアントパソコンとファイル共有プロトコルによって通信を行います。必要に応じてファイルサーバーのストレージ内にある共有フォルダにアクセスし、保存されたデータをクライアントに通信を介して提供します。

ファイルサーバーのソフトウェア

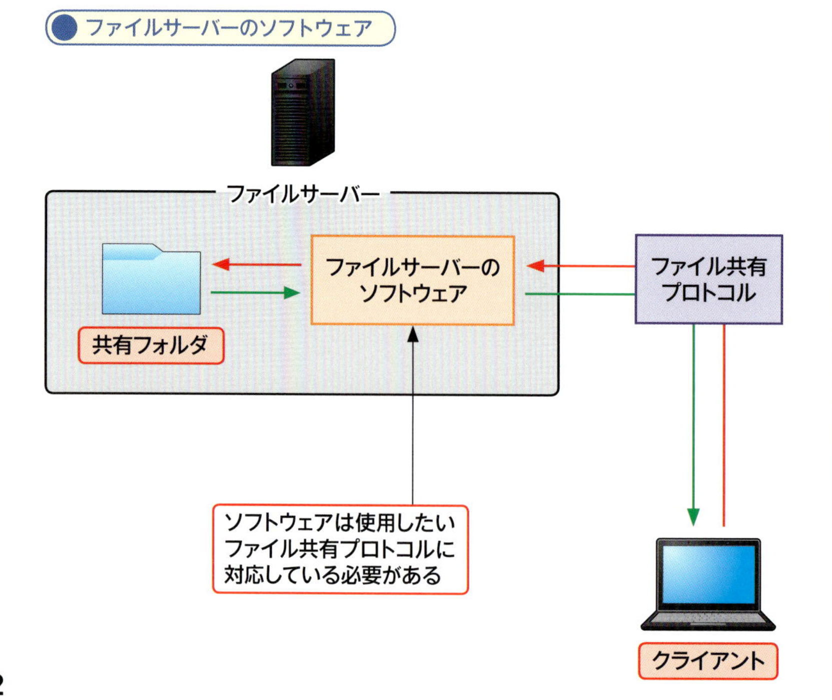

Hint

Samba

Sambaとは、LinuxなどでSMBを利用したファイル共有を提供するためのソフトウェアです。

② 必要なストレージ容量とは？

ファイルサーバーに必要とされるものの中でもっとも重要なのがストレージです。どれだけの容量を持ったストレージを用意するかは、使用する状況などを考慮して事前に十分検討しておく必要があります。

ストレージの容量を見積もる際には、ファイルの種類によるファイルサイズの違いを知っておく必要があります。データサイズの表現には、B（バイト）という単位が用いられます。Microsoft Office の Word や Excel で作成される文書ファイルや表ファイルのサイズは、1 つあたりおよそ数十～数百 KB（キロバイト）です。画像ファイルは MB（メガバイト）単位、動画ファイルは GB（ギガバイト）単位になることが多いです。

ファイルサーバーに保存されるファイルの種類はどういったものか、ユーザー 1 人あたりいくつくらいファイルを保存しそうかをおおまかに予想すると、1 人あたりに必要とされるストレージ容量を計算できます。それとユーザー全体の人数を掛け算すれば、ストレージに最低限求められる容量を見積もることができます。

ファイルの種類

文書
数十～数百KB

画像
数MB

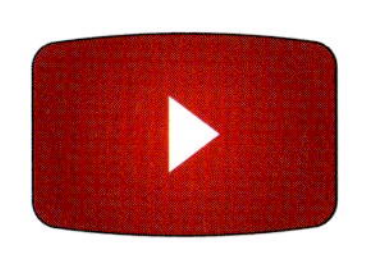

動画
数十MB～数GB

ストレージ容量の見積もり

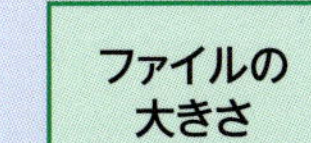

1人あたりの
ファイル数

サーバーを
利用する人数

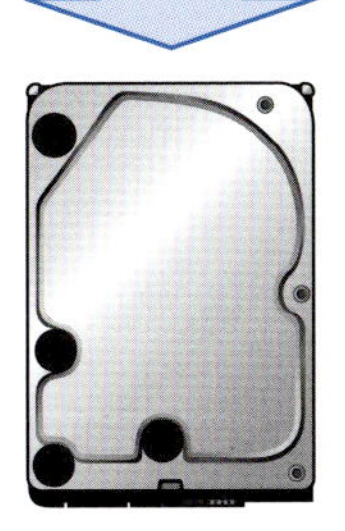

最低限の容量を見積もり、余裕を持って
ストレージを実装する

Hint バックアップや冗長化も考慮する

実際には、単純に保存するファイルの容量だけでなく、バックアップや冗長化に要する容量も考慮する必要があります。ストレージが故障した際にもデータを損失しないように、RAIDなどの構成を検討しましょう。

Hint K（キロ）、M（メガ）、G（ギガ）、T（テラ）

1KBは約1000B、1MBは約1000KB、1GBは約1000MB、1TBは約1000GBです。「約」がつくのは、場合によって1000倍のときと、1024倍（$=2^{10}$倍）のときがあるからです。

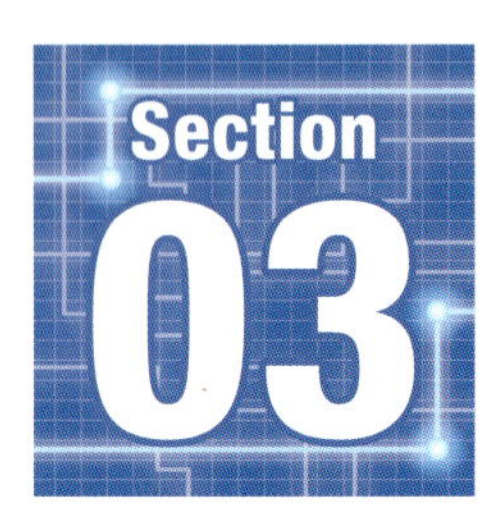

ファイルサーバーの設定とは?

覚えておきたいキーワード
- インストールメディア
- OSインストール
- サーバーマネージャー

サーバー本体を準備できたら、まずはOSのインストールを行います。そして、ファイルサーバーの機能を使えるようにするための設定などをします。この作業を詳しく見てみましょう。

1 OSのインストールとは?

ここからは、ファイルサーバーを構築する際に具体的に必要となる作業や設定について説明していきます。

ファイルサーバーにするサーバー本体を用意したら、最初にOSのインストールを行います。OSのインストールには、インストールを行うためのプログラムが入ったインストールメディアを用います。OSの入っていないサーバーにインストールメディアを挿入し、サーバーを起動するとインストールが始まります。画面の指示に従って言語やアカウントなどの設定をするとインストールは完了します。

サーバー本体を購入する際の選択によっては、OSがプリインストールされていることもあります。しかし、障害などによってOSの再インストールが必要になることもあります。そういったときにはインストールメディアからのインストールを行わなければなりません。

インストールメディアからのインストール

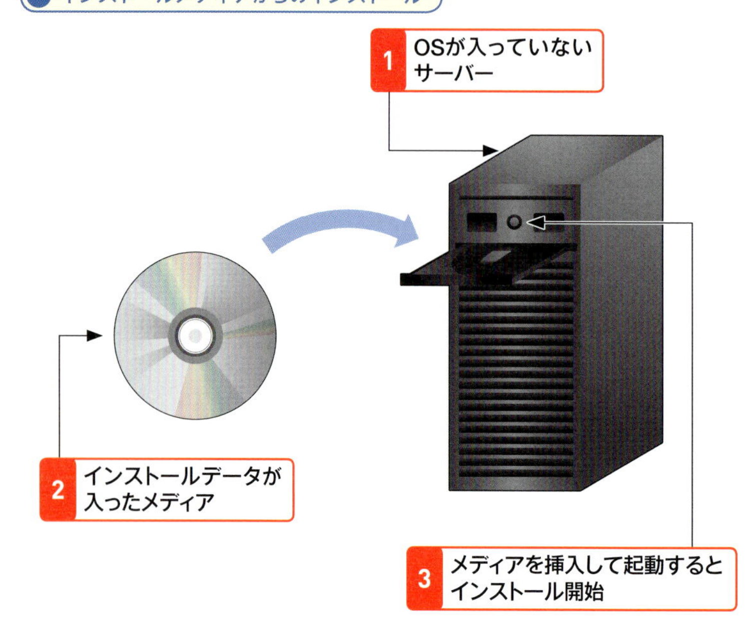

Hint BIOSとUEFI

BIOSは、コンピューターに電源を入れたときに最初に実行されるプログラムで、ストレージからOSのプログラムを読み込んで起動するなどの働きをします。UEFIはBIOSの後継となるプログラムで、大容量ストレージの対応やグラフィカルな操作といった機能を備えています。OSインストールの際には、BIOSあるいはUEFIの設定で起動ディスクをストレージではなくインストールメディアにしておき、OSのインストールプログラムが実行されるようにします。

MEMO レンタルサーバーでのOSインストール

利用するサービスの内容によってやり方が異なります。OSの種類を選べば事業者がインストールまで済ませてくれることもあれば、インストールメディアを用意してネットワーク経由でインストールしなければならないこともあります。

② ファイルサーバーの機能を使用できるようにするには？

OSをインストールしたら、ファイルサーバーの機能を使用できるようにします。

一例としてWindows Serverでは、サーバーのあらゆる機能をサーバーマネージャーというツールで管理するようになっています。このツールにはさまざまなサーバーの機能が一括にまとめられており、そこからファイルサーバーの機能を選択して有効にすると、サーバーをファイルサーバーとして使用できるようになります。使わなくなった機能を無効にするのもサーバーマネージャーで行います。Windows Serverをインストールした直後はすべての機能が無効になっています。

ほかのOSでは、ファイルサーバーの機能を持ったソフトウェアをインストールすることで、ファイルサーバーの機能を使用できるようになります。

● サーバーマネージャーで機能を設定

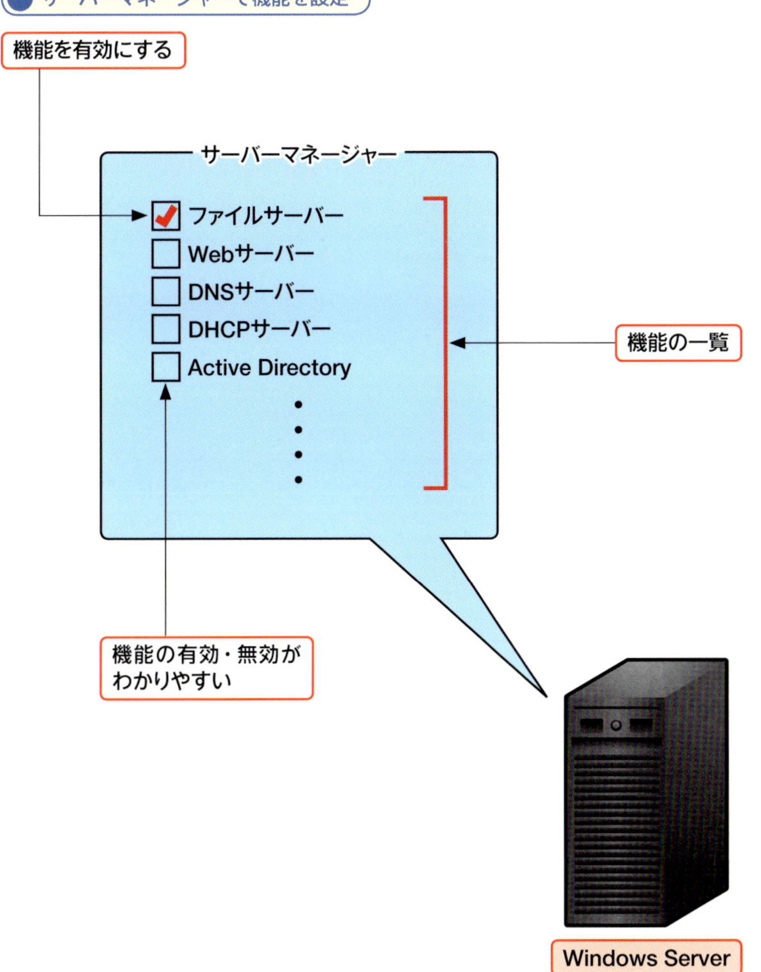

MEMO サーバーマネージャー

サーバーで不要な機能を有効にしておくと、悪意を持った第三者に利用される可能性があります。サーバーの機能を一括管理するサーバーマネージャーは、サーバー管理者が機能の有効・無効をすぐに確認でき、いらない機能を不注意で有効のままにしてしまわないようになっています。

ユーザーの管理とは?

覚えておきたいキーワード
- ユーザーアカウント
- パスワード
- グループ

ファイルサーバーの機能を使用できるようにしたあとは、ユーザーアカウントを作成してユーザーがサーバーにアクセスできるようにします。ユーザーアカウントはグループによって管理することができます。

1 ユーザーアカウントとは?

ユーザーがファイルサーバーを利用するには、ユーザーアカウントが必要になります。ユーザーアカウントとは、ユーザーがサーバーにアクセスするための権利です。基本的に1人のユーザーに1つのユーザーアカウントが作成され、ユーザー名とパスワードが決められます。ユーザーは、サーバーにアクセスするときにこれらを正しく入力することで、サーバーを使用してもよいユーザーだと認められます。これをユーザー認証といいます。

ユーザー認証ではユーザー名とパスワードの組み合わせが用いられるため、これらの情報が漏えいすると、本来はサーバーにアクセスできないはずの人間によってサーバーを悪用される恐れがあります。よって、これらの情報管理には十分に注意する必要があります。

ファイルサーバーの利用にはユーザーアカウントが必要

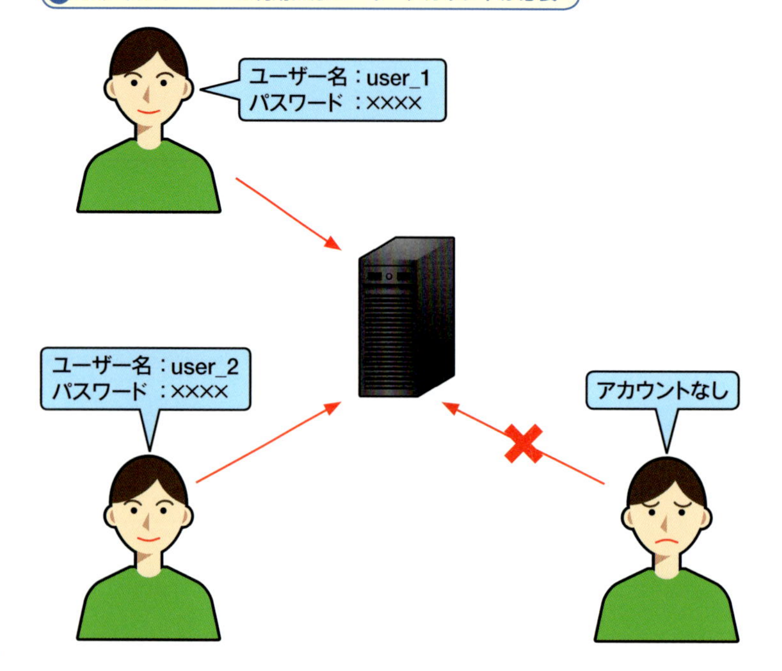

MEMO ユーザー認証の3要素

ユーザー認証は、知識、所持、生体という3つの方法に大きく分けられます。知識は、ある情報を知っていることによる認証であり、パスワードもこれに該当します。現在もっともよく利用されている方法です。所持は、ICカードや電話番号など、あるものを所持していることによる認証です。生体は、指紋や虹彩など生体的な特徴による認証です。

② グループとは？

ユーザーアカウントはグループによって管理することができます。グループを作成してユーザーアカウントをグループに所属させ、グループごとに権限を付与したり限定したりすることで、ユーザーアカウントごとに個別に設定を施すよりも効率よくアカウントの管理を行えます。

1 つのユーザーアカウントは複数のグループに所属することができます。よってたとえば、部署や役職によってアクセスできるシステムや情報に差を付けたい場合には、部署ごとや役職ごとのグループを作成して、ユーザーアカウントを該当する部署と役職のグループの両方に所属させます。グループごとに適切な権限を設定しておけば、ユーザーアカウントを肩書に適したグループに割り当てるだけで、それぞれのユーザーがアクセスできる範囲を正しく設定することができます。

● ユーザーアカウントをグループで管理

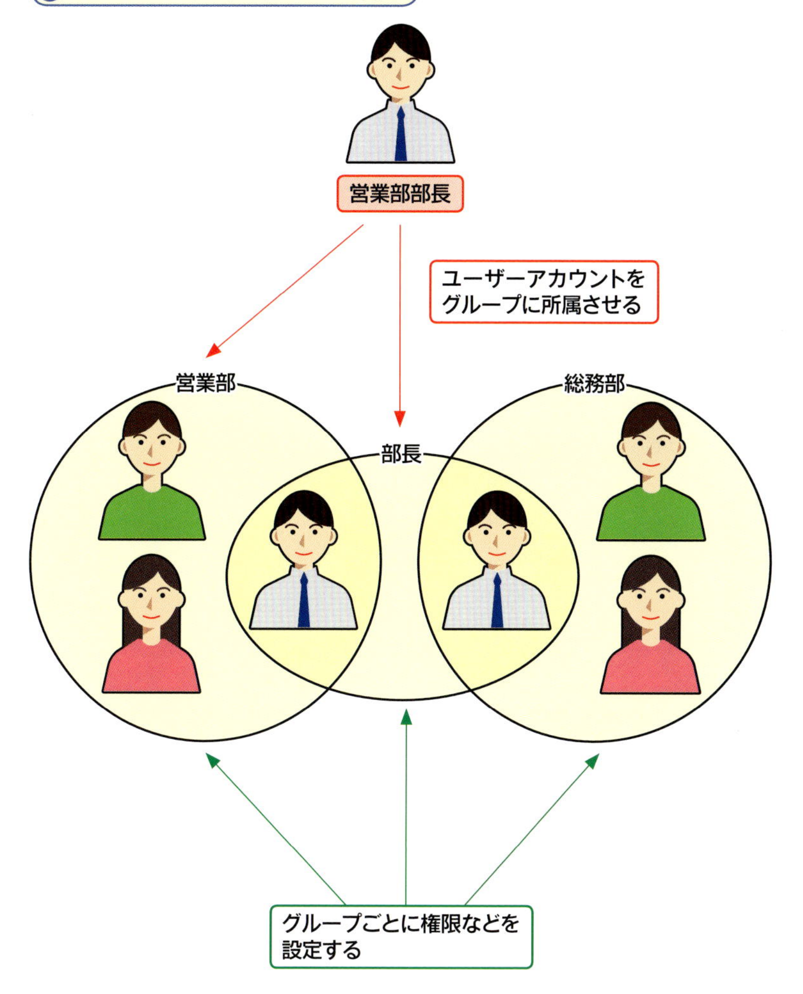

Hint ユーザー名とグループ名はユニークに設定する

ユーザー名やグループ名は、ユーザーやグループを識別するキーになるため、重複しないように名付ける必要があります。組織の規模を考慮して、重複しにくく、わかりやすい命名ルールをあらかじめ決めておくとよいでしょう。

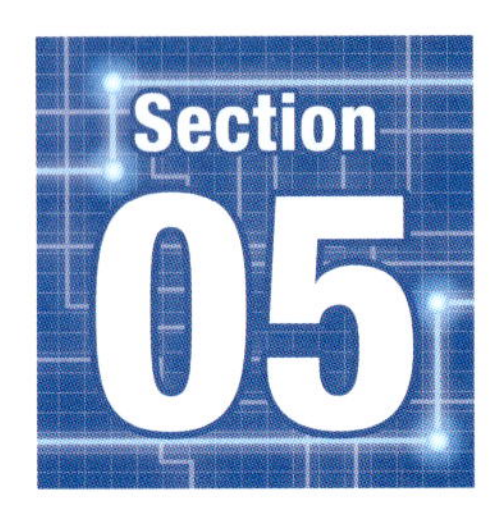

アクセス権とは?

覚えておきたいキーワード
- アクセス権
- 所有者
- 管理者アカウント

ユーザーやグループがアクセスできる範囲を設定するにはアクセス権を使用します。アクセス権には、読み取り権限や書き込み権限などの種類があります。アクセス権の設定に影響されない特別な権限を持つユーザーも存在します。

1 アクセス権の種類とは?

前節では、ユーザーやグループがアクセスできる範囲を制限できることについて触れました。これらの設定はユーザーやグループにアクセス権を与えることによって行います。アクセス権とは、フォルダやファイルにアクセスするための権利です。どのユーザーにどの権利を与えるかの設定は、フォルダやファイルごとに行います。

アクセス権には、許可される操作の内容によっていろいろな種類があります。もっとも重要なのは、「読み取り」と「書き込み」の権限です。読み取りの権限を持つユーザーは、対象のフォルダの中にあるファイルの一覧を取得したり、対象のファイルを開いたりできます。書き込みの権限を持つユーザーは、対象のフォルダの中に新しいファイルを作成して保存したり、対象のファイルを編集したりできます。

パスワードの設定

アクセス権を設定する際、パスワードを設定してパスワードを知っている人のみ読み書きできるといった設定も可能です。

アクセス権の「読み取り」と「書き込み」

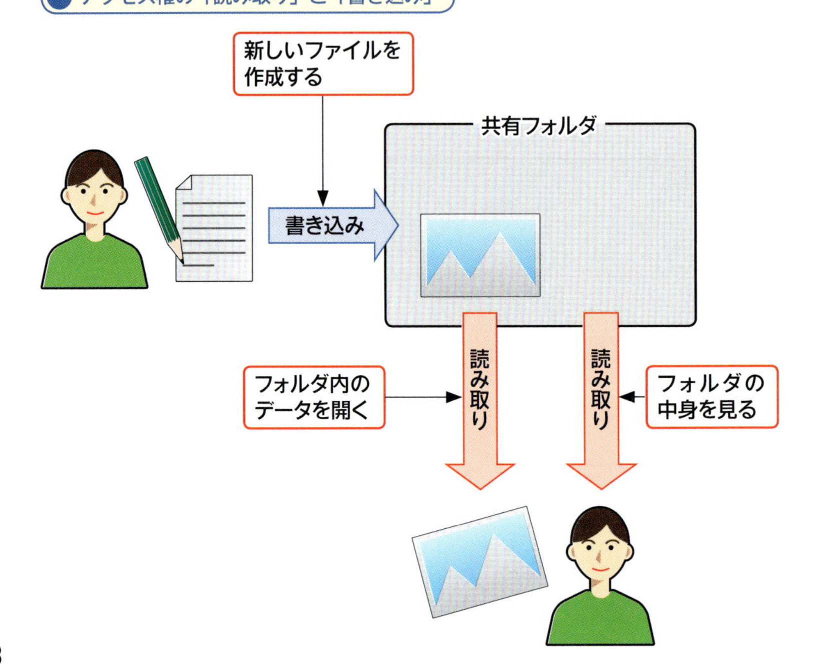

② 特別な権限を持つユーザーとは？

一般のユーザーについては、アクセスできる範囲をアクセス権の設定によって規定できます。しかし一部のユーザーは、アクセス権を与えられなくても特別な権限を持っていることがあります。

その1つとして、フォルダやファイルの所有者があります。フォルダやファイルの所有者とは、それらを作成したユーザーのことです。フォルダやファイルの所有者にあたるユーザーは、たとえそれらへのアクセス権が与えられていなかったとしても、アクセス権の設定を自由に変更できるなどの特別な権限を持っています。

こういったユーザーの中でもとくに強い権限を持っているのは、システムの管理者です。システムの管理者が使用できる管理者アカウントは、システムのあらゆる権限を持っています。管理者アカウントは、フォルダやファイルへのアクセス権が与えられていない場合でも、所有者を変更するなどの操作ができます。

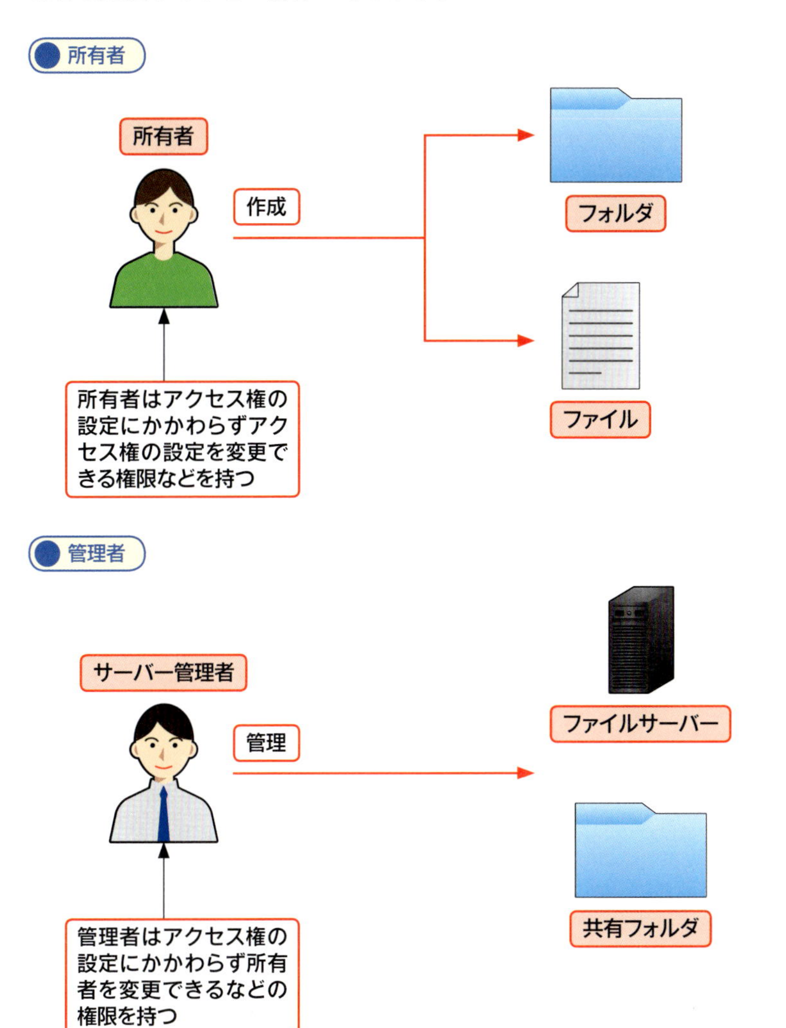

Hint 管理者の種類

管理者のアカウントは、WindowsではAdministrator、Unix系OSではrootと呼ばれます。

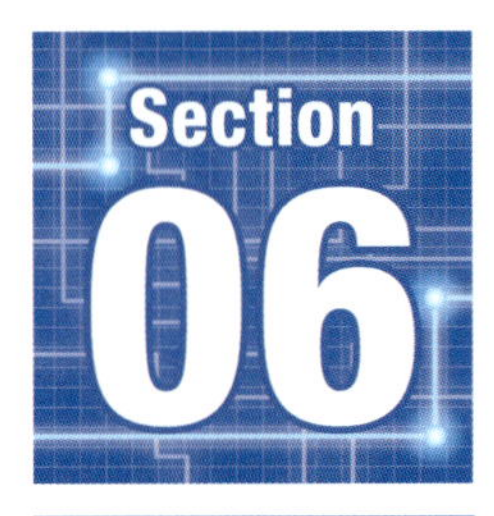

ストレージの設定とは?

覚えておきたいキーワード
- フォーマット
- パーティション
- ファイルシステム

ストレージは、使用を開始する前にフォーマットを行う必要があります。フォーマットは、ストレージにパーティションを作成し、ファイルシステムを適用することで、データを保存するための準備を整える作業です。

1 パーティションとは？

データを保存するためのストレージも、ファイルサーバーの重要な部品です。ストレージは、購入してきたらすぐに使用できるというものではありません。フォーマットという作業が必要となります。フォーマットでは、ストレージをいくつかの領域に分割するパーティションを作成し、それぞれにファイルシステムを適用します。

パーティション（partition）は、英語で仕切りという意味を持ち、ある1つのストレージを任意のサイズに区分けした一つ一つの領域を指します。パーティションに分けることで、OSをインストールする領域や、システム管理のための領域、ユーザーが作成したドキュメントを保存する領域などを分離でき、ストレージの使い勝手がよくなります。

パーティションのしくみ

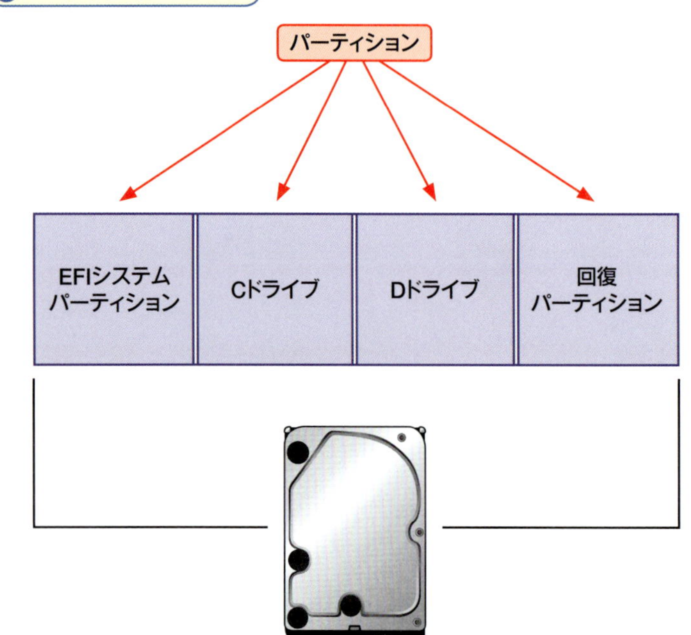

MEMO EFIシステムパーティション

EFIシステムパーティションとは、コンピューターを起動した際に、最初に実行されるプログラムなどが保存されているパーティションです。電源を入れると、ここに保存されているファイルが最初に読み込まれます。

MEMO 回復パーティション

回復パーティションとは、コンピューターのバックアップデータや、リカバリー（もとの状態に戻すこと）のためのプログラムが保存されているパーティションです。

② ファイルシステムとは？

パーティションに分けただけでは、データを保存できません。パーティションにファイルシステムを適用する必要があります。ファイルシステムは、ストレージのどこにどのデータを格納したかを管理し、ユーザーから要求されたデータを見つけてユーザーに提供します。

大きな容量を持つストレージはたくさんの本を所蔵する図書館のようなものです。私たちが図書館で目的の本をすぐに見つけられるのは、本や棚に分類コードが付けられ、効率よく探せるように整理されているからです。これと同様に、ファイルシステムは、ストレージを一定の容量（セクタ）に分けて分類コードを付けておき、格納したデータをどのセクタに保存したのかというリストを作り、ストレージ内でデータを紛失しないようにしています。

ファイルシステムにはデータの管理のしかたによりいくつかの種類があります。そのパーティションでどのファイルシステムを使うかを決定し、適用すると、データを格納できる状態になります。

ファイルシステムのしくみと種類

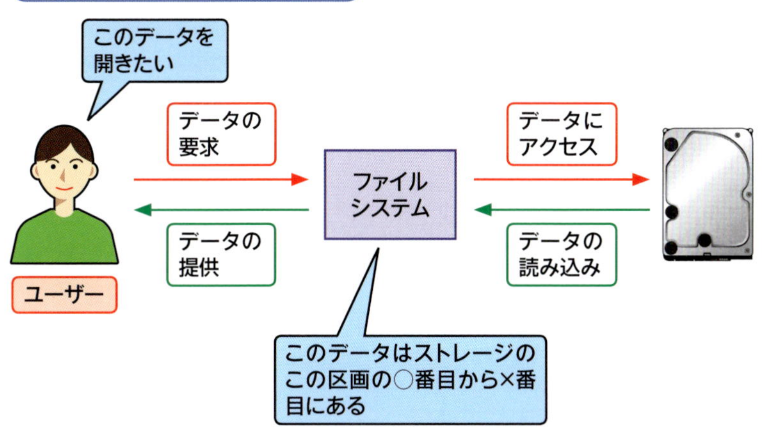

ファイルシステム名	特徴
NTFS	おもにWindowsで使用される。FATに比較して耐障害性や容量の使用効率などで優れているが、ほかのOSは対応していないことが多い
FAT	古くからあるファイルシステムで、リムーバブルメディアでは標準的に使用される。データサイズなどの制限が大きい
APFS、HFS	おもにmacOSで使用される。HFSにかわる新たなファイルシステムとして2017年にAPFSが登場した
ISO 9660	CD-ROMのために作られたファイルシステム
UDF	ISO 9660にかわるファイルシステムとして開発された。光ディスク用で一般的に使用されている

Keyword リムーバブルメディア

リムーバブルメディアとは、USBメモリやSDカードなど、コンピューターへの取り付け、取り外しが容易にできる記録媒体を指します。

Keyword 光ディスク

光ディスクとは、照射したレーザー光の反射によって円盤に記録された情報を読み取るしくみになっている記録媒体を指します。CDやDVDなどがその例です。

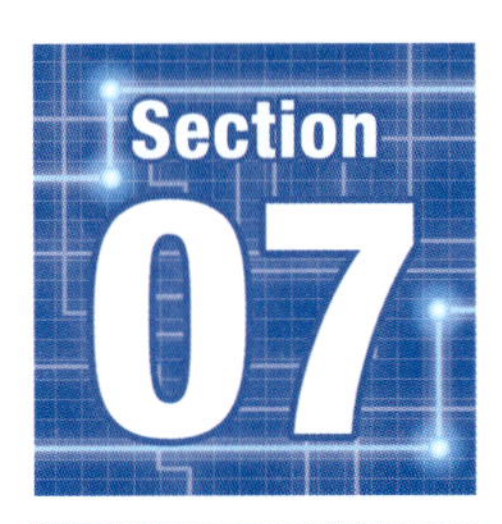
Section
07

ファイル共有の設定とは?

覚えておきたいキーワード
- ファイル共有の設定
- ファイル共有の管理
- ストレージの増設

実際にファイルの共有を開始するには、ファイルの共有設定を行います。これによって、ユーザーがファイルサーバーを利用できるようになります。ファイルの共有を開始してからも、管理者による適切な管理が必要です。

① ファイル共有の設定とは？

ここまでで説明してきたファイルサーバーに必要なものを揃え、必要な設定を行い、運用ルールなども決められたら、最後に、ファイル共有を始めるための設定を行います。具体的には、ファイルサーバーのストレージに、共有用のフォルダを作成し、このフォルダをユーザーと共有する設定にすれば、設定で指定されたユーザーがクライアントパソコンを通してこのフォルダにアクセスできるようになります。また、ユーザーにどのアクセス権を付与するかという設定も、フォルダに対する共有設定の中で決めることになります。これらの設定をすべて間違いなく行えば、ファイルサーバーの構築は完了です。ファイル共有を業務の中で活用できるようになります。

ファイル共有の設定

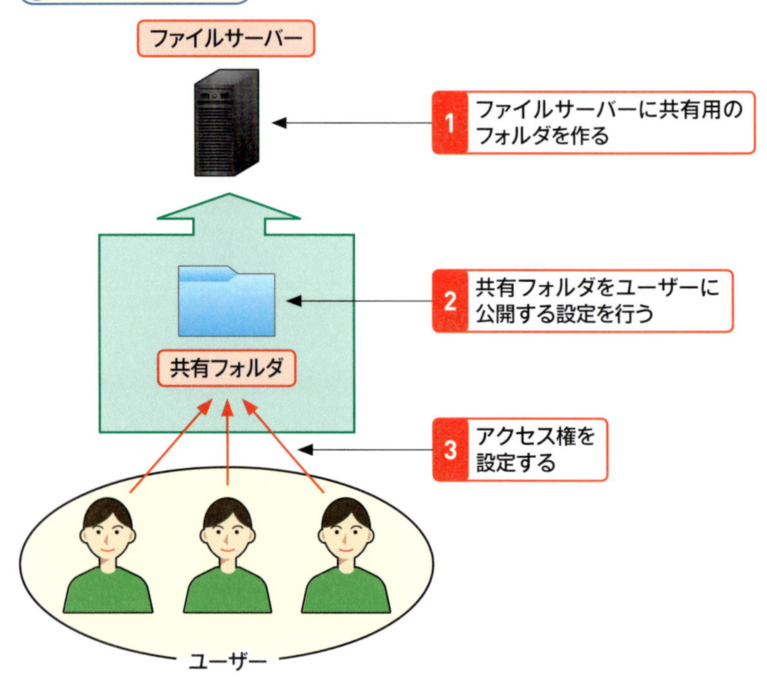
ファイルサーバー
1 ファイルサーバーに共有用のフォルダを作る
2 共有フォルダをユーザーに公開する設定を行う
共有フォルダ
3 アクセス権を設定する
ユーザー

MEMO 共有設定の手順

共有設定の具体的な手順は、サーバーで利用するOSやソフトウェアによって異なります。ここでは、大まかなファイル共有設定の流れを紹介しています。

② ファイル共有の管理とは？

ファイルサーバーの運用が始まったら、サーバー管理者は、サーバーがきちんと機能を提供しているかを定期的に確認します。とくに、ストレージの空き容量に注意を払う必要があります。

事前にきちんと容量を見積もっていても、長い間ファイルサーバーを利用していれば、いつかストレージはいっぱいになります。削除できない重要なデータだけでなく、誰のものなのか消していいのかさえわからないような正体不明のデータも雪だるま式に増えていくからです。ストレージがいっぱいになれば、ファイルサーバーの機能に影響が出ます。よって、サーバー管理者は、そうなる前に空き容量が減っていることを察知して、対策を講じる必要があります。

この場合の対応としては、共有フォルダ内の重複ファイルの削除やストレージの増設などがあります。古くなって保管さえしてあればすぐに取り出せなくても問題がないようなデータを、別の長期保存に適したメディアに移すのも有効です。また、ユーザーにも不要なファイルをできるだけ削除してもらい、正体のわからないデータが蓄積することがないようにしましょう。

Keyword クォータ設定

各ユーザーが自由に使用できるストレージの容量に上限を設定できる機能をクォータといいます。ユーザーが設定した容量を超えてデータを書き込もうとした場合には、それを拒否します。

● ファイル共有の管理

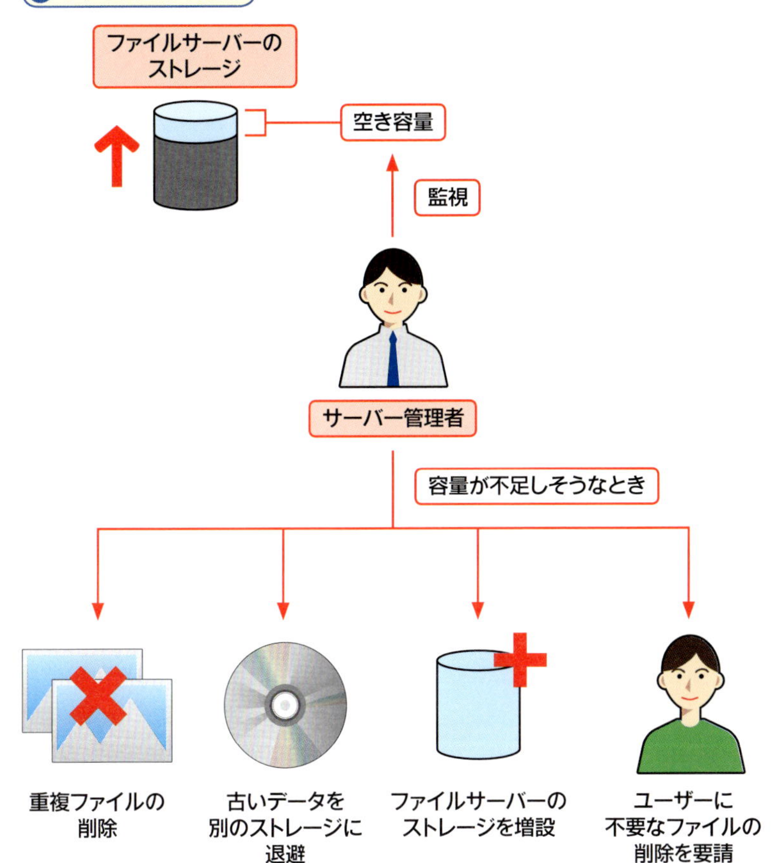

ストレージの増設と交換

ストレージが故障したときには、ストレージの交換が必要となります。事前にRAID（第2章Section 05参照）を構成してストレージの冗長化を行っていれば、ストレージが1台故障してもサーバーは問題なく稼働し続けられます。ほかの障害が発生する前に、故障したストレージを交換するようにしましょう。

また、ストレージがいっぱいになりそうなときには、ストレージの増設を考えなければなりません。定期的に残りの容量を確認し、余裕を持って増設の計画を立てるようにしましょう。

ストレージの増設や交換を行う際にはまず、機器がホットスワップに対応しているかどうかを確認します。ホットスワップとは、電源を入れたままストレージを抜き差しできる機能です。ホットスワップができる場合には電源を切ることなくストレージを増設・交換できるため、いちいちサーバーを停止しなくてもよく、業務に影響を及ぼさずに済みます。ホットスワップができない場合には、データの損失を防ぐため、面倒でもサーバーの電源を切ってから作業を行います。

RAIDを構成しているときには、新しいストレージを差し込んでもすぐに使用できるようにはなりません。RAIDは複数のストレージにデータを分散して保存する技術なので、新しいストレージも含めた構成にデータを保存しなおす必要があります。この作業をリビルドといい、これを行って初めて新しいストレージは使用できるようになります。注意しておきたいのは、リビルドを行う前には必ずデータをバックアップすることです。リビルドの最中に不具合が起きて作業が中断されると、ストレージの中でデータがばらばらになってしまい、読み出すことができなくなってしまいます（論理障害）。

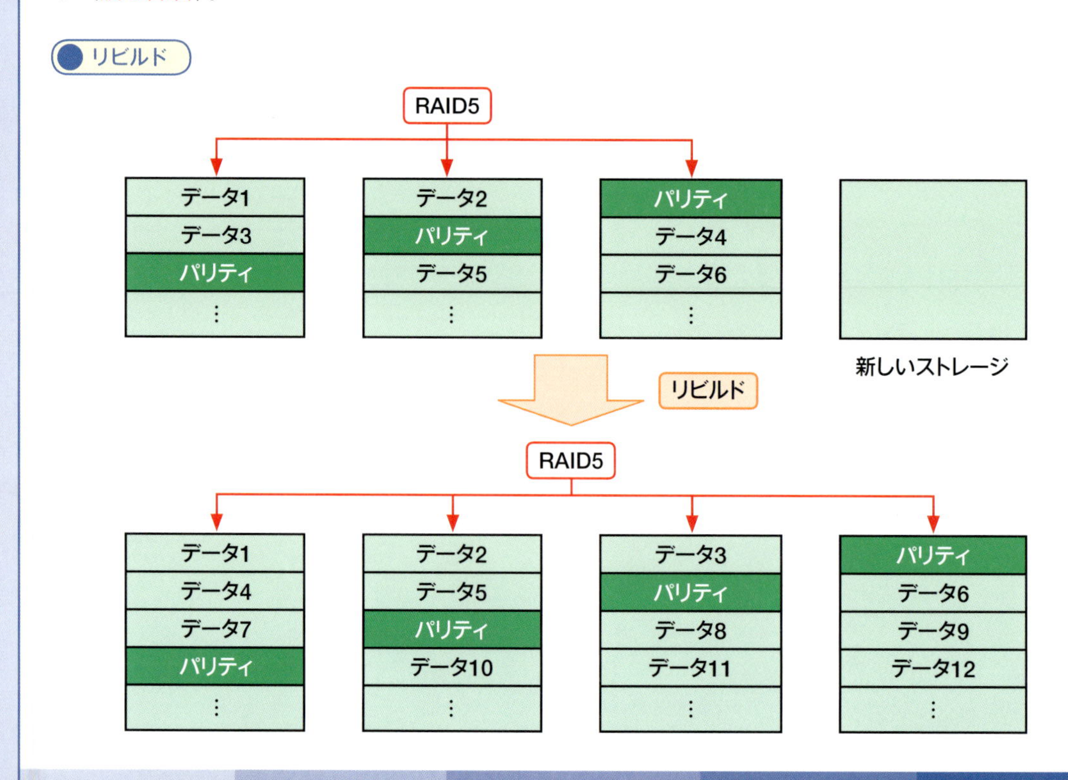

Webサーバーの構築

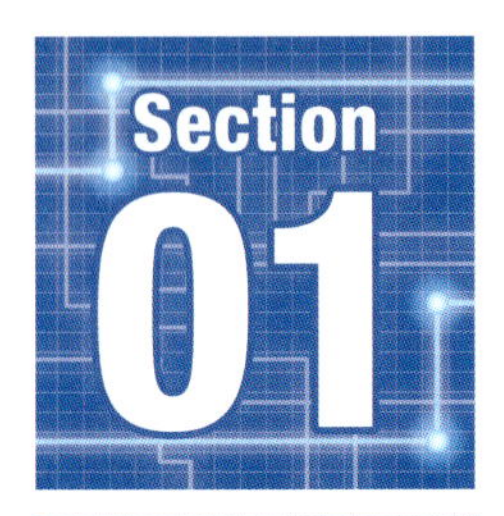

Webサーバーを構築する際の注意点とは？

覚えておきたいキーワード
- 同時アクセス数
- BtoC／BtoB
- ホスティングサービス

この章では、Webサーバーの準備から公開までの構築手順や、Webサーバーで用いられる技術などについて解説します。最初に、Webサーバーを実際に構築する前に行っておくべき準備について見ていきましょう。

1 Webページの内容や機能について計画を立てておく

Webサーバーを構築する際にまずやっておかなければならないのが、Webページに「何を掲載するか」「どのような機能を用意するか」という計画です。単に企業や組織を紹介するだけなら必要最低限の構成で十分です。しかし、大量のデータを掲載してユーザーが検索できるようにしたい場合や、BtoCまたはBtoBの取り引きを行いたい場合などでは、データベースや決済機能、暗号化通信機能などが必要となり、規模が大きく、構成も複雑になってきます。

インターネットに広く公開されるWebサーバーでは、セキュリティ対策も重要です。サーバーの構成や運用に関するセキュリティ計画を立てておく「セキュリティアセスメント」も、Webサーバーを構築する前に行っておく必要があります。

Webページについて計画を立てておく

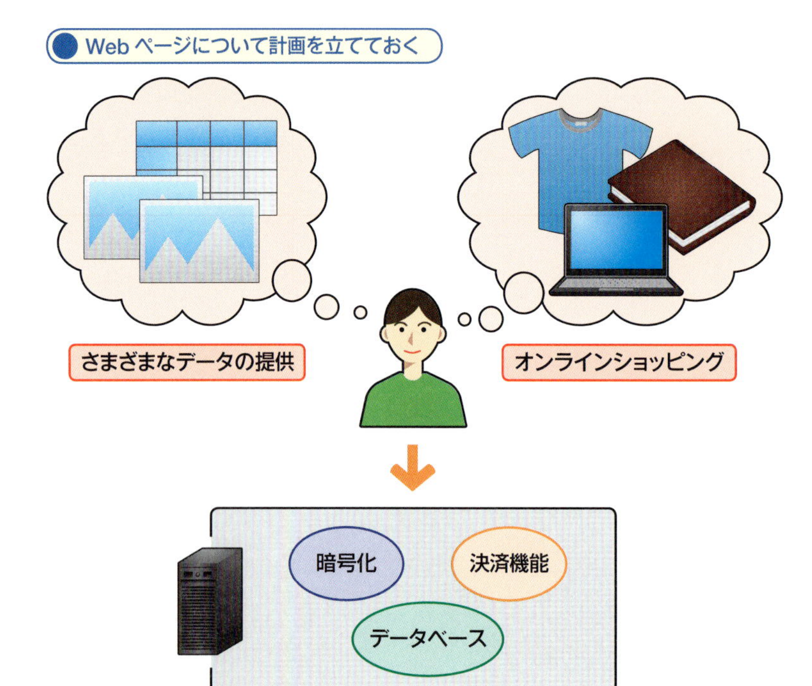

Keyword BtoC

BtoCは、企業（Business）と消費者（Consumer）との取り引き（Business-to-Consumer）を意味し、おもにオンラインショッピングのことです。「B2C」と表記されることもあります。

Keyword BtoB

BtoBは、企業同士の取り引き（Business-to-Business）のことです。「B2B」と表記されることもあります。

MEMO セキュリティアセスメント

セキュリティアセスメントとは、企業や組織のネットワークの状況を確認したうえで、どのようなセキュリティ面のリスク（セキュリティ対策が不十分な箇所や、ソフトウェアの脆弱性など）があるかを洗い出す作業です。

② 負荷を予測してWebサーバーのスペックを見積もる

Webページの機能や構成が決まったら、続いて行うのがWebサーバーへの負荷、すなわち同時アクセス数の予測です。Webサーバーへの同時アクセス数は、同時にアクセスしている人数（クライアントの台数）と、アクセスしているページのコンテンツ（ファイル）数で決まります。したがって、画像が多いWebページの場合は同時アクセス数を多めに見積もっておく必要があるでしょう。

同時アクセス数が多くなるほどWebサーバーへの負荷が大きくなるため、より高速なCPUや搭載メモリ量が必要になります。また、ホスティングサービスを利用する場合は、プランごとに同時アクセス数の上限が決められており、上限を超えてしまった場合はユーザーがアクセスできなくなってしまうので、より注意が必要です。

● Webサーバーへの負荷を予測する

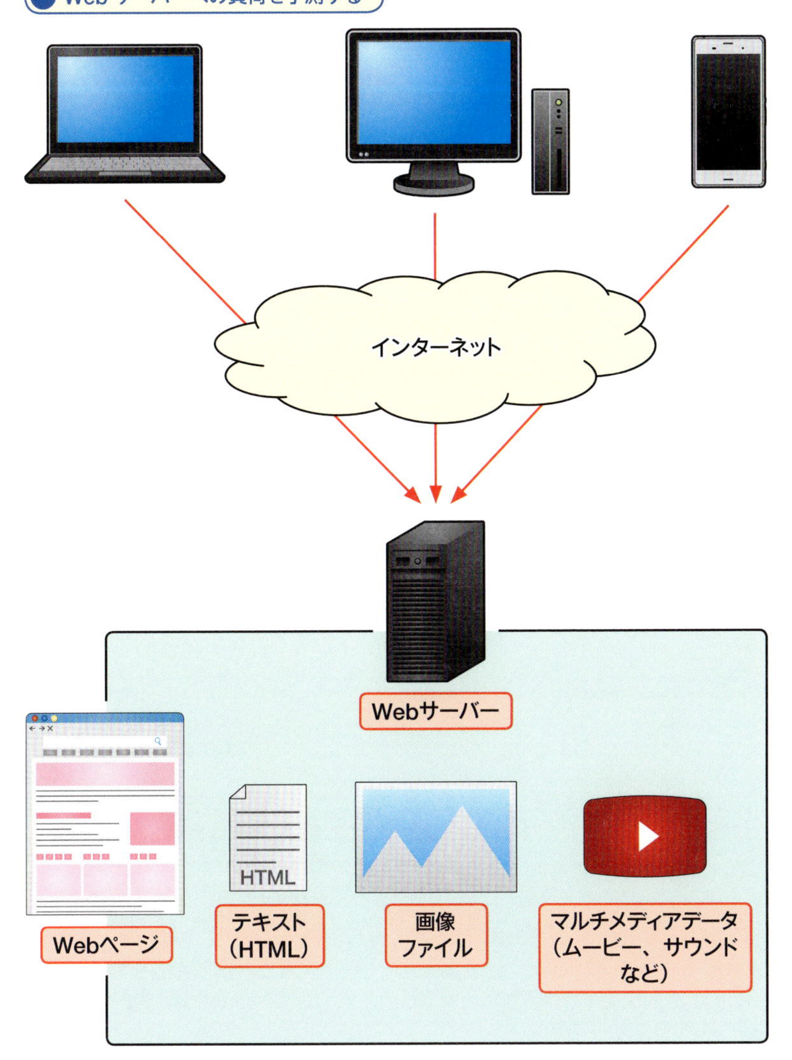

MEMO 同時アクセス数

同時アクセス数とは、文字通りそのサービスへ同時にどれくらいのアクセスが行われているかを示す指標です。特定のページがどれくらい閲覧されているかを示す「ページビュー」とは異なります。

Keyword ホスティングサービス

ホスティングサービスとは、サーバーの機能や容量の一部、または全部を貸し出すサービスです。「レンタルサーバー」とも呼ばれており、複数のユーザーが1台のサーバーを共用する「共用サーバー」と、1ユーザーが1台のサーバーを占有する「専用サーバー」があります。第1章Section 07～08も参照してください。

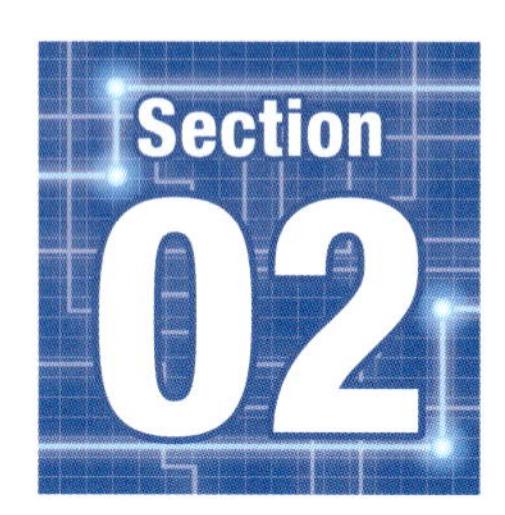

Webサーバーに必要なものとは?

覚えておきたいキーワード
- パッチ
- IIS
- Apache

Webサーバーには、Windows ServerやLinuxといったサーバー用途向けのOSがインストールされており、サーバーOS上ではWebサーバーソフトがWebブラウザからのアクセスに応じてWebサービスを提供しています。

1 Webサーバーで使用されるOS

Webサーバーは、WindowsやmacOSといったクライアント用OSでも運用可能ですが、インターネットに公開するなど本格的に運用するならサーバーに適したOSが必須です。具体的には、Windows Server、Linux、その他Unix系OSが使われています。

Webサーバーに限らずサーバー用途で使用するOSでは、性能や機能、サーバーとしての管理のしやすさはもちろんのこと、脆弱性への迅速な対応も求められます。OS側に何らかの脆弱性（とりわけ、外部からの不正なアクセスを可能にしてしまうリモートコード実行や権限昇格など）が発見された場合に、修正プログラムの提供などがすばやく行われるかどうかも重要です。また、社内に専門の技術者がいない場合は、リモートおよび訪問によるサポートが得られるかどうかも考慮するべきでしょう。

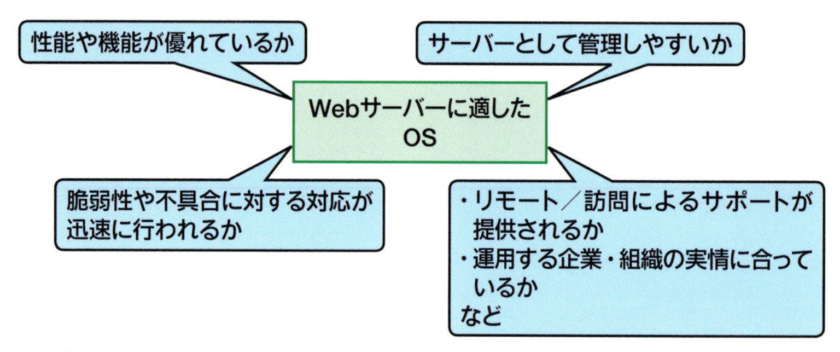

Webサーバーでよく使用されるOS

Windows Server	Microsoft製。Webサーバーとして世界中で高いシェアを占めている
Red Hat Enterprise Linux	Linuxディストリビューションの1つ。業務用Linuxディストリビューション製品の代表的な存在。発売元であるRed Hatは、2018年10月にIBMの傘下となった
CentOS	Linuxディストリビューションの1つ。無料で提供されており、Red Hat Enterprise Linuxとの完全互換を目指している
FreeBSD	Linuxよりも古くから存在するオープンソースのOS。元祖UNIXから派生したOSの1つで、現在も開発が継続されている

Keyword **リモートコード実行**

リモートコード実行とは、何らかの不備によって外部からサーバー上で任意のプログラムが実行されてしまう脆弱性を指します。この脆弱性を突かれて、マルウェアが実行されてしまう可能性があります。

Keyword **権限昇格**

複数のユーザーが利用するOSでは、管理権限を持つユーザーと一般ユーザーで実行可能な操作（実行権限）が異なります。権限昇格とは、何らかの不備によってソフトウェアの実行権限が昇格してしまい、さまざまな攻撃を実行できるようになってしまう脆弱性です。

② Webサーバーソフトとは？

Web サーバーソフトとは、クライアント（Web ブラウザ）からのリクエストに応じて、Web コンテンツ（HTML ファイル、画像データなど）を提供するソフトウェアです。世界的には、オープンソースの Apache と nginx、Microsoft の IIS が広く使用されています。

Apache は、オープンソースの Web サーバーソフトにおける代表的な存在です。ほとんどの Linux ディストリビューションで標準の Web サーバーソフトとして採用されているほか、Windows や macOS などさまざまな OS で利用できます。

nginx（エンジンエックス）は、近年人気が高まっているオープンソースの Web サーバーソフトです。Apache と同様に Linux や Windows をはじめとするさまざまな OS で動作するほか、商用版の NGINX Plus も用意されています。

IIS は、Windows Server 上で動作する Web サーバーソフトです。

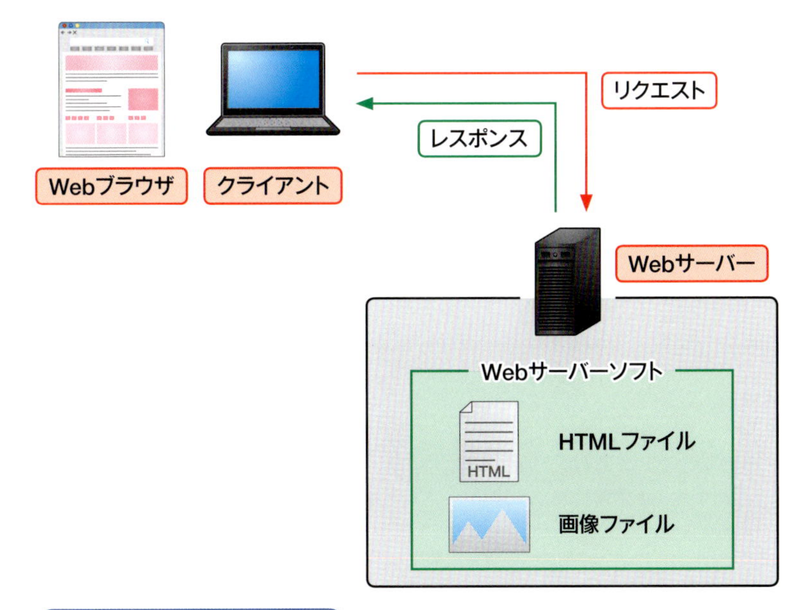

● おもな Web サーバーソフト

Apache	オープンソースのWebサーバーソフト。IISと並んで、世界中で大きなシェアを占める。無料で利用可能だが、有償のサポートも提供されている。Linux、FreeBSD、Windows、macOSなど、多彩なOSで動作する
nginx	オープンソースのWebサーバーソフト。処理速度の速さやメモリ使用量の少なさを重視して開発された。無料版のほか、サポートが付属する有償のエンタープライズ版も販売されている。Apache同様、さまざまなOSで動作する
IIS	Microsoft製のWebサーバーソフト。名称は「Internet Information Services」の略。Windows Serverに付属し、世界中で高いシェアを誇っている

Keyword オープンソース

オープンソースとは、ソースコードが公開されており、商用・非商用を問わず誰にでも自由な利用、改修、再配布を許可する開発手法です。オープンソースを採用したソフトウェアは「オープンソースソフトウェア」と呼ばれます。

MEMO Webサーバーのセキュリティ

前述したように、Webサーバーはインターネットに公開され、不特定多数のユーザーからアクセスされるため、基本的に専用のサーバーマシンで運用されます。Webサーバーを構築するにあたっては、十分なスペックを備えたサーバーマシン（第6章 Section 01 参照）にサーバー用のOSをインストールするとともに、セキュリティのためにWebサーバーとしての利用に関係ないすべてのサービスを停止させてください。

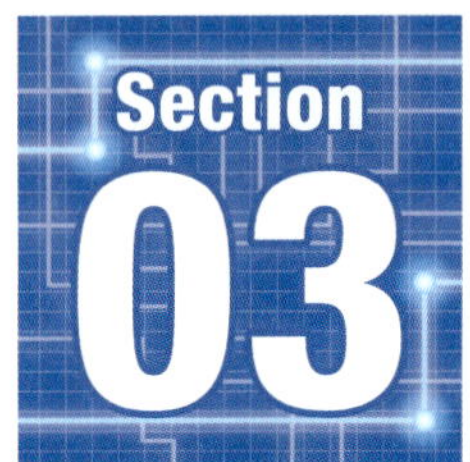

Webサーバーのセットアップとは?

覚えておきたいキーワード
- アクセスログ
- httpd.conf
- タイムアウト

Webサーバーは、ソフトウェアをインストールしただけでもそれなりに動作します。しかし、業務などに使用するなら、実際の運用を行う前にいくつかの設定が必要です。ここでは、Webサーバーで設定が必要な項目を解説します。

1 Webサーバーで設定すべき項目

Webサーバーで設定すべき項目としては、Webページを Webサーバー上のどこに置くか（ルートディレクトリ、第6章 Section 05 参照）、どのポート番号（第4章 Section 05 参照）でアクセスを受け付けるか、タイムアウトになるまでの時間をどれくらいに設定するか、という3点が挙げられます。

なお、Webサーバーもサーバーの一種であるため、ほかのサーバーと同様に、アクセスログをどのように管理するか、バックアップの方法やスケジュールはもちろん、そもそも誰がサーバーの管理を行うかなど、日々の運用をイメージした管理体制の構築が必要です。また、誰が、どのようにWebページをメンテナンス（ページ内容の更新や修正、および外部からの問い合わせへの対応など）するかについても決めておくべきでしょう。

● Webサーバーに必要な設定や事前に決めておくべきこと

Webサーバーとしての設定項目
・ルートディレクトリの場所
・ポート番号
・タイムアウト時間
など
サーバーとしての運用にあたって決めておくべき項目
・アクセスログの管理方法
・バックアップの方法やスケジュール
・誰が管理を行うか
など
Webサーバーとしての運用にあたって決めておくべき項目
・誰がWebページのメンテナンスを行うか
・どのようにWebページをメンテナンスするか
・誰が問い合わせに対応するか
など

Keyword **タイムアウト**

タイムアウトとは、Webブラウザから Webサーバーにアクセスした際に、Webサーバーから「（何らかの理由で）指定したURLにアクセスできなかった」と返信するまでの時間です。

MEMO **アクセスログ**

Webサーバーのアクセスログには、Webサーバー上のどのファイルに、いつアクセスが行われたかが秒単位で記録されるほか、エラーの発生状況などが記録されます。

② Apacheのインストールと設定

代表的なWebサーバーソフトの1つであるApache（第6章 Section 02参照）は、公式サイト（https://httpd.apache.org/）および各地のミラーサイトより入手できますが、Linuxディストリビューションの場合はパッケージ管理システム（RPMやdebなど）を使ってインストールする方法が一般的です。

Apacheの設定を行うには、httpd.confというファイルを編集する必要があります。httpd.confでは、ルートディレクトリやバーチャルホスト、Timeout、KeepAlive、アクセスを受け付けるポート番号など、非常に詳細な設定が可能です。

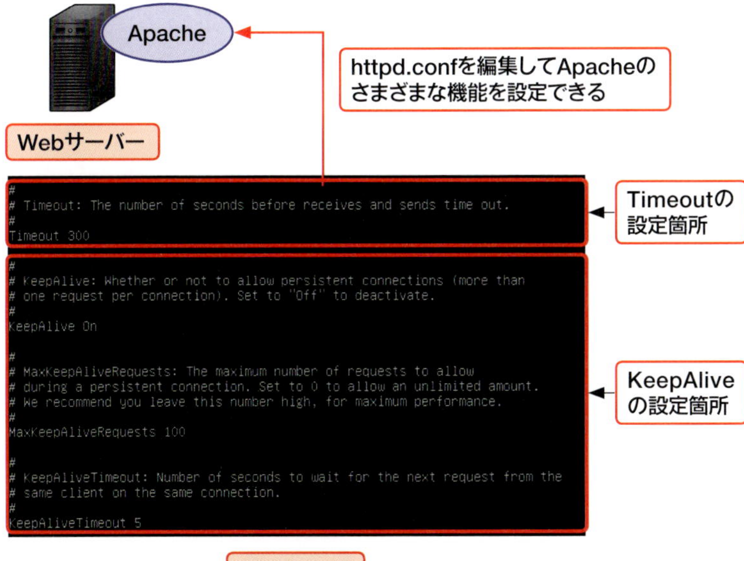

Apacheのhttpd.confで設定できるおもな項目

設定項目	内容
Directory	ルートディレクトリの場所を指定
VirtualHost	バーチャルホスト（1台のWebサーバーで複数のWebサイトを構築するためのしくみ）に関する設定
Timeout	クライアント（Webブラウザなど）から接続共有を受け取ってからタイムアウトになるまでの時間
KeepAlive	複数のリクエストを同じTCP接続で送信できるようにするための設定。接続から切断までに受け付けるリクエスト数や接続中のセッションからリクエストがなくなってから切断するまでの時間などを設定
Listen	Webサーバーとしてアクセスを受け付けるポート番号の設定

ミラーサイト

ミラーサイトとは、1つのサイト（WebサイトやFTPサイト）にアクセスが集中するのを避けるために、異なる場所に設置した同じ内容のサイトのことです。

パッケージ管理システム

パッケージ管理システムとは、Linuxディストリビューションにソフトウェアパッケージをかんたんにインストール／アンインストールできるシステムです。

MEMO Windows環境へのApacheのインストール

Windows環境にApacheをインストールしたい場合には、Webサーバーやデータベースサーバー、PHPなどの環境をまとめて構築可能なパッケージであるXAMPP（http://www.apachefriends.org/en/xampp.html）やWampServer（http://www.wampserver.com/）などを利用する方法もあります。

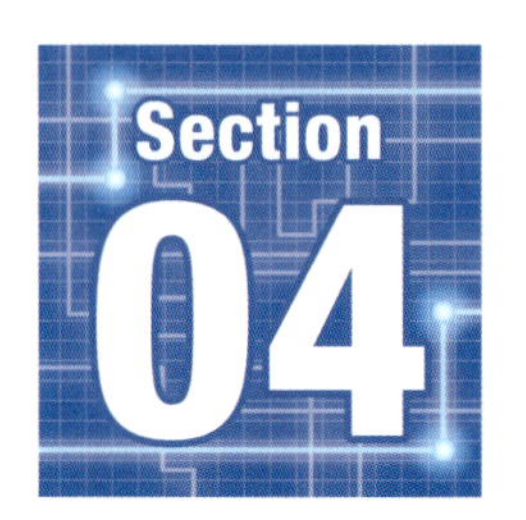

Webページの作成とは?

覚えておきたいキーワード
- HTML
- CSS
- タグ

WebページはHTMLというマークアップ言語で記述されており、Webブラウザで読み込むことでWebページとして表示できます。HTML自体には基本的な書式設定機能しかありませんが、CSSを使えば詳細な書式やレイアウトも可能です。

1 HTMLとは?

Webページは、HTML（HyperText Markup Language）と呼ばれるマークアップ言語で記述されています。HTMLで記述されたデータをWebブラウザが解釈することによって、Webページが表示されるというわけです。

HTMLは、文字の大きさや色の設定、見出しの設定、表組の作成といったレイアウト機能を備えるほか、画像を呼び出して表示することができます。さらに、CSS（Cascading Style Sheets）を使用すれば、さらに詳細な書式やレイアウトの設定が可能です。

● HTMLで記述されたデータからWebページを作成

Webサーバー

```
<!DOCTYPE html>
<html>
  <head>
    :
    :
```

HTMLファイル

クライアント

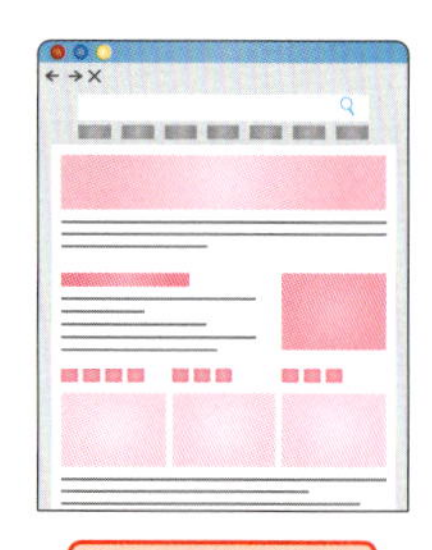

Webブラウザ

マークアップ言語

マークアップ言語とは、文字の書式や文章の構造を記述するための言語のことです。HTML以外にも、数式が多用される論文などで用いられることが多いTeXや、データ構造の記述など多彩な用途への応用が可能なXMLなどがよく知られています。

CSS

CSSとは、HTMLやXMLで利用可能な書式設定のためのスタイルシートです。語間の調整や行寄せ、「ボックスモデル」と呼ばれるレイアウト機能など、より高度なデザインを可能にしています。

② HTMLの基本構造

HTMLには、決まった記述方法があります。冒頭にそのデータがHTMLであることを示すタグ（<!DOCTYPE html>）が入り、全体を<html>と</html>で囲み、その中に文書の文字コードやタイトルなどを記述するヘッダ部分（<head></head>タグで囲まれた部分）、および小見出しや本文を記述するボディ部分（<body></body>タグで囲まれた部分）が入る、というのが基本的な構造です。タグは、必ず開始タグ（例：<body>）と終了タグ（例：</body>）で囲む必要があります。

Webページ上に画像などを表示したい場合は、<img src="（画像ファイル名）">タグを使用してください。ファイル名は絶対パスまたは相対パスで指定します。また、<a href="（URL）">タグを使えば、ほかのWebページ（自分のWebサーバー内のページだけでなく、インターネット上にあるWebページも含みます）へリンクを張ることが可能です。

HTMLの基本構造

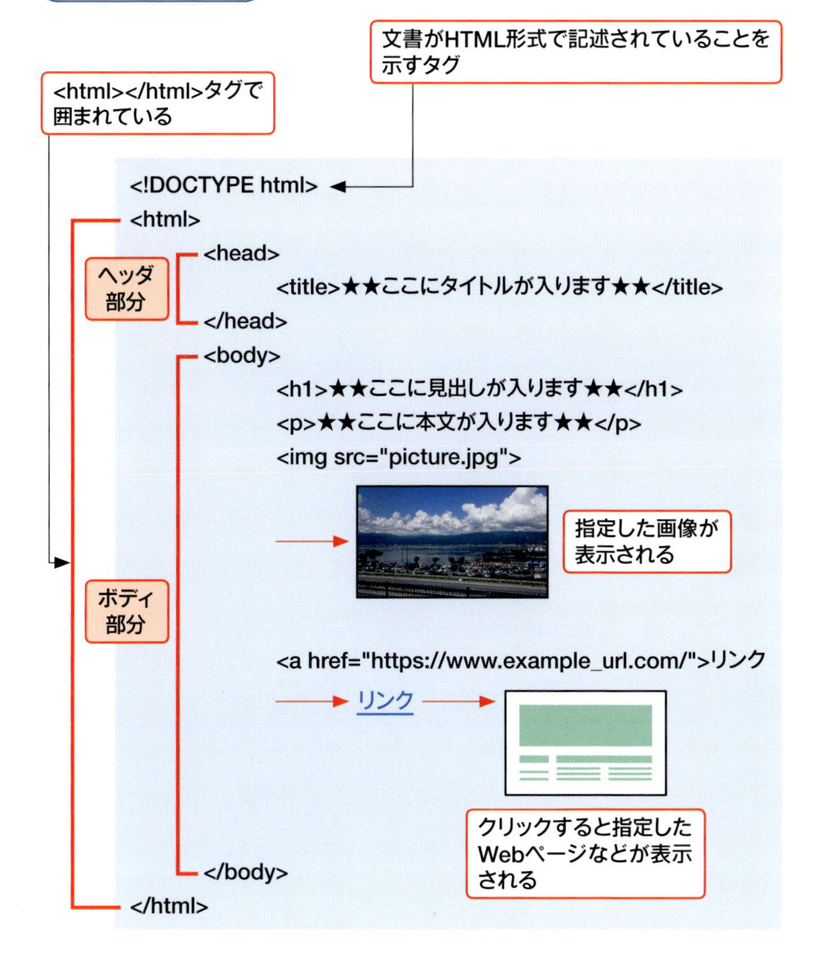

Keyword タグ

タグとは、マークアップ言語において文章の要素を指定するための記述です。HTMLの場合は<（タグ）>と表現されます。終了タグは</（タグ）>です。

Keyword 絶対パスと相対パス

絶対パスとは、ファイルの場所を最上位のディレクトリ（HTMLの場合はファイルシステムの最上位ディレクトリではなく、Webサーバーのルートディレクトリです。詳細は第6章Section 05を参照）からすべて記述する方法です。一方、相対パスでは指定元ファイル（この場合は画像ファイルを参照しているHTMLファイル）の置かれているディレクトリを起点に、参照先ファイル（画像ファイル）の位置を指定します。

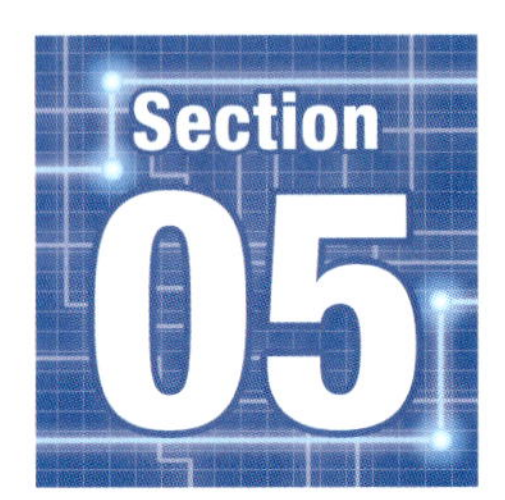

インターネットへの公開とは?

覚えておきたいキーワード
- ディレクトリ
- ルートディレクトリ
- インデックスファイル

作成したHTMLファイルを外部からWebブラウザで閲覧できるようにするには、ファイルを所定の場所に配置しなければなりません。本節では、HTMLファイルを配置する場所や、配置する際に知っておくべきことを解説します。

1 ルートディレクトリとは?

作成したHTMLファイルや、HTMLファイルから参照される画像などのデータは、ルートディレクトリに置くことで、Webブラウザから閲覧できるようになります。

ルートディレクトリといっても、ストレージの最上位の階層ではありません。httpd.conf（第6章Section 03参照）の<Directory /var/www/>セクションで指定されているディレクトリ（この例では/var/www）を、Webサーバーのルートディレクトリ（またはドキュメントルート）と呼びます。

したがって、HTMLにおいて画像ファイルの場所を絶対パスで指定する場合は、このルートディレクトリを最上位ディレクトリとして記述してください。

ルートディレクトリ

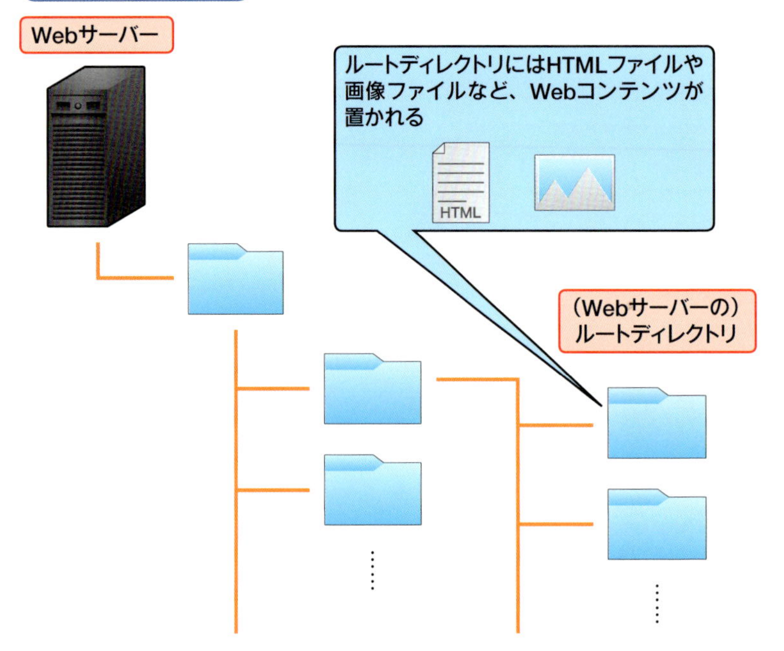

MEMO ファイル一覧が表示されないように

Webブラウザの閲覧対象を、ファイル（xxxxxx.html）ではなくディレクトリに指定した場合、自動的に表示されるのがインデックスファイル（index.htmlなど、Webサーバーソフトで指定されているファイル）です。一方で、インデックスファイルが存在しない場合は、そのディレクトリ内のファイル一覧が表示されます。意図せずファイル一覧が表示されてしまわないように、必ずディレクトリにはインデックスファイルを置くか、ファイル一覧が表示されないよう設定を変更してください。

Keyword ディレクトリ

ディレクトリは、Windowsやmac OSにおける「フォルダ」と同じものと考えてください。

② ルートディレクトリにHTMLファイルを設置

すでに述べたように、ルートディレクトリにHTMLファイルを置くことで、Webブラウザからの閲覧が可能になります。クライアントパソコンで作成したHTMLファイルや画像データを、FTPなどを使用してWebサーバーにアップロードしておきましょう。

なお、ディストリビューションによってはWebサーバーのルートディレクトリの所有者がrootになっている場合があります。この状態では、ルートディレクトリにHTMLファイルを移動させる際にroot権限で作業しなければならないため面倒です。かといってWebサイト担当者にroot権限を与えるのはセキュリティの面で問題です。

そこで、Web管理専門のグループをWebサーバーのマシン上に作成し、そのグループにWebサイト担当者のアカウントを加えるとともに、ルートディレクトリの所有者を上記のWeb管理専門グループに変更しましょう。これで、セキュリティを保ちつつ、Webサイト担当者が自身のアカウントでHTMLファイルをアップロードできるようになります。

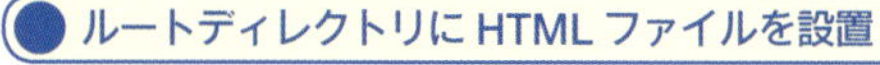
ルートディレクトリにHTMLファイルを設置

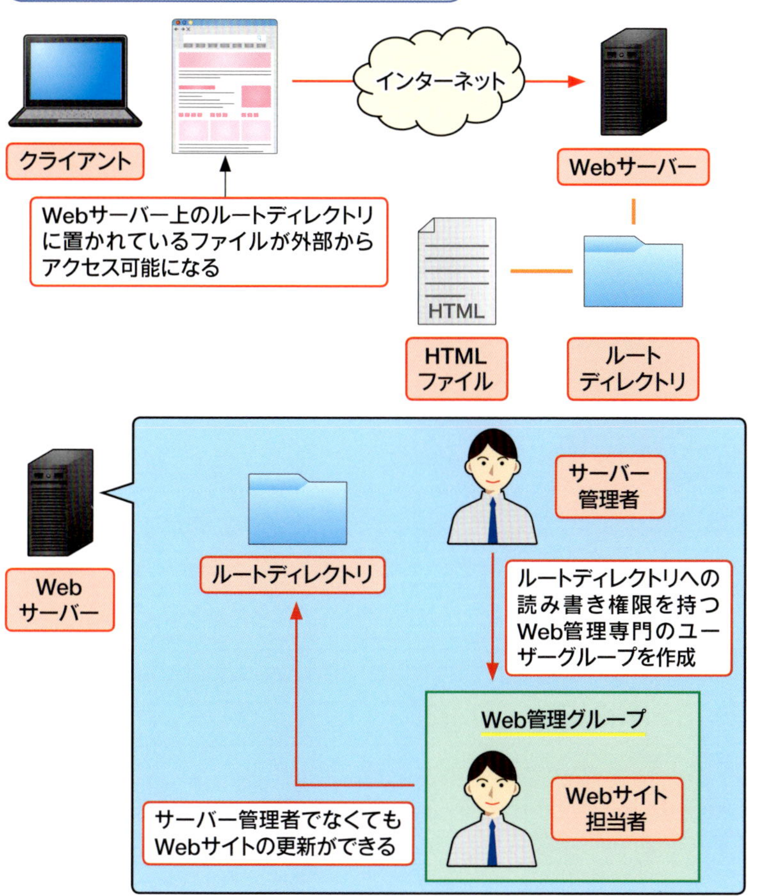

Keyword 所有者

サーバーでは、ファイルやディレクトリごとに所有者や権限が設定されており、所有者や所有者よりも強い権限を持つユーザー（rootなど）でないと、そのファイルやディレクトリを操作できません。所有者は「オーナー」と呼ばれる場合もあります。

独自ドメインとは?

覚えておきたいキーワード
- 独自ドメイン
- 固定／動的IPアドレス
- ダイナミックDNS

Webサイトにアクセスするには URLが必要です。Webサーバーを構築してWebサイトを公開するなら、自社だけの独自ドメインを取得したいところ。固定IPアドレスでインターネットに接続していなくても独自ドメインを取得できます。

1 独自ドメインで覚えやすいURLを取得

URLは、企業にとって“顔”の1つといっても過言でない重要なものです。しかし、自社のWebサイトをレンタルサーバーを使って公開すると、URLが「http://www.（レンタルサーバーのドメイン名）/（自社のディレクトリ）」のようになってしまいます。

先に述べたように、URLは企業にとって重要なものなので、可能な限り自社のものであることがすぐにわかり、顧客や取り引き先にとって覚えやすい、自社だけの独自ドメインを取得したいところです。独自ドメインはレンタルサーバーを利用している場合でも取得できます。また、Webサーバーを自社に置く場合は、必然的に独自ドメインの取得が必須です。

● 独自ドメインのメリット

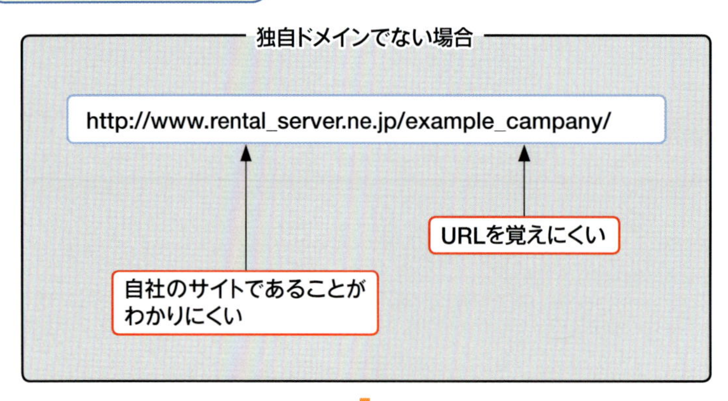

http://www.example_campany.co.jp/

メリット
- 自社のサイトであることがわかりやすい
- URLがより短くなるので覚えやすい
- メールアドレスにも自社のドメイン名が使える

MEMO 取得したいドメインが使用可能かチェック

独自ドメインを取得する際は、まずそのドメインがほかの企業などに取得されていないかを確認する必要があります。ドメイン名が取得済みかどうかは、日本のドメイン名を管理している日本レジストリサービスが提供している「WHOISサービス」(http://whois.jprs.jp/)を利用して検索することが可能です。

MEMO 独自ドメインにかかる費用

独自ドメインを取得するには、初期費用と年額の登録料金が必要です。初期費用および登録料金は、ドメイン取得会社によって異なるほか、取得するドメインの種類（coやneといった第2レベルドメイン）によっても異なります。

② 固定IPアドレスと動的IPアドレス

第4章でも解説していますが、ドメイン名はIPアドレスと関連付けられています。そのため、一般的には独自ドメインを使用するなら独自のIPアドレス（固定IPアドレス）を取得しなければなりません。

一方、インターネットサービスプロバイダ（ISP）を利用してインターネット接続を行っている場合、IPアドレスは接続ごとに割り当てられます（動的IPアドレス）。一見すると、これでは独自ドメインを利用できませんが、ダイナミックDNS（DDNS）サービスを利用すれば、動的IPアドレスとドメイン名を結び付けることが可能です。

固定IPアドレスを取得するには、初期費用および月額費用がかかってしまうため、少しでも費用を抑えてWebサーバーを構築したいなら、動的IPアドレス＋ダイナミックDNSサービスの利用も検討してみましょう。

MEMO 固定IPアドレスの費用

固定IPアドレスを利用するための費用はISPによっても異なりますが、回線利用料に加えて数千～数万円かかります。また、ISPによっては固定IPアドレスの提供を行っていないところもあるので、事前の確認が必要です。

●ダイナミックDNSを利用しない場合

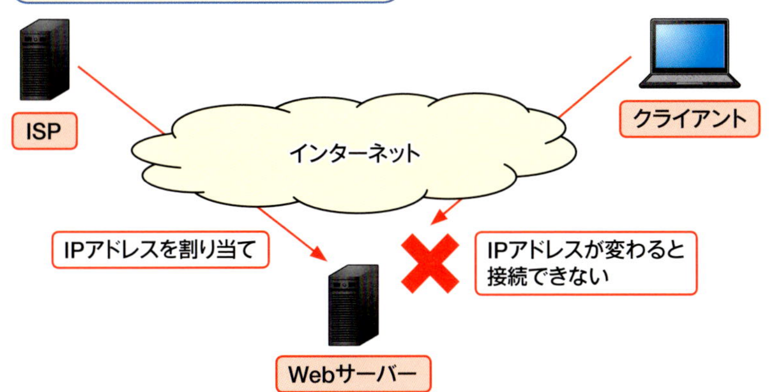

●ダイナミックDNSを利用する場合

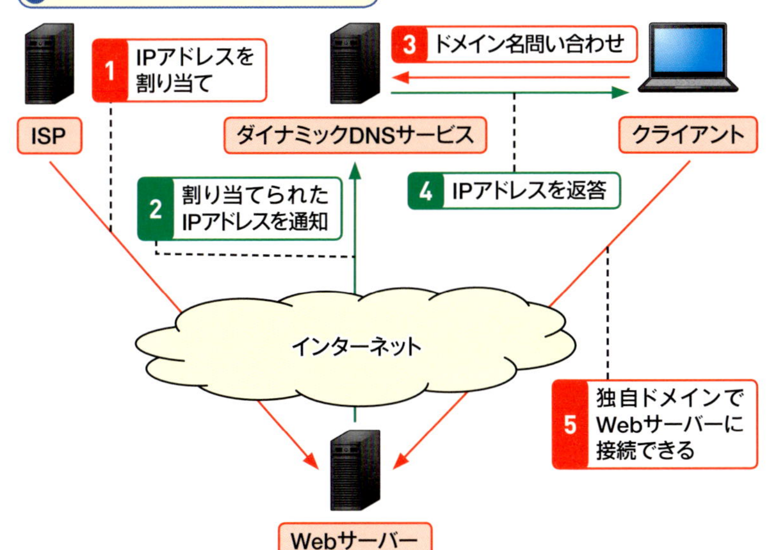

Section 07

アクセス制限とは?

覚えておきたいキーワード
- アクセス制限
- .htaccess
- Basic認証／Digest認証

標準の設定のままでWebサーバーを公開すると、その内容は全世界に公開されます。しかしWebサーバーの内容や用途によっては、限られた相手にのみ公開したい場合もあるでしょう。そんなときに実施するのがアクセス制限です。

1 IPアドレスやドメイン名によるアクセス制限

Web サーバーへのアクセスを制限する方法として、もっとも手軽に実施できるのが、IP アドレスやドメイン名を利用したアクセス制限です。具体的には、Web サーバーにアクセス可能な IP アドレスやドメイン名を限定することで、特定のホストやネットワーク、指定したドメインからのみ接続できるようにします。

IP アドレスやドメイン名によるアクセス制限を実施する方法はいくつかありますが、Apache の場合は .htaccess ファイルにアクセスを許可する IP アドレスやドメイン名を記述することで、アクセス制限を実施することができます。

.htaccess ファイルでアクセス制限

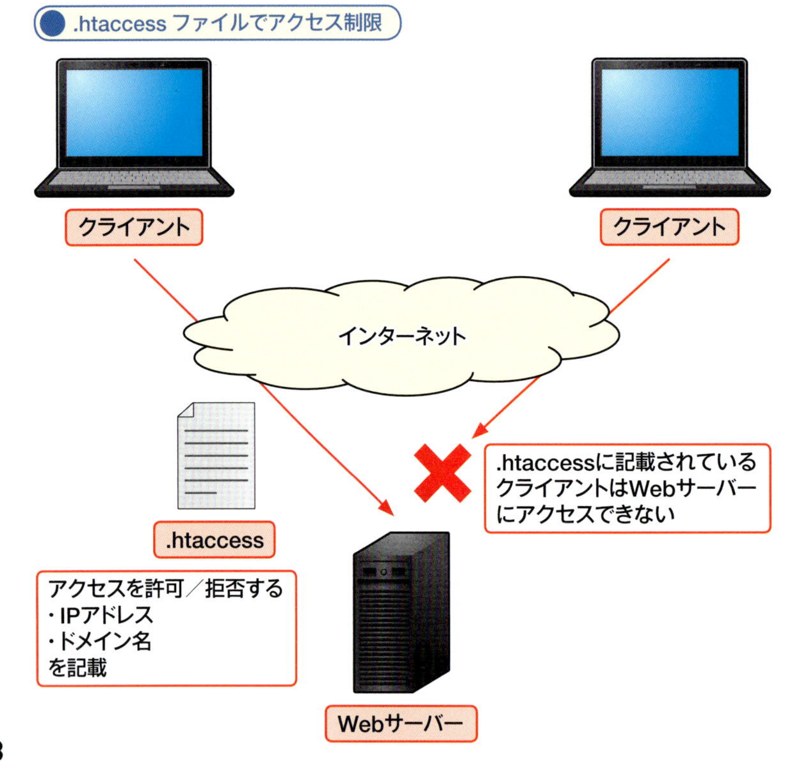

Keyword アクセス制限

アクセス制限とは、サーバーやネットワークにおいて、特定のホストやネットワークなどからのアクセスを許可／拒否することです。アクセス制限はサーバーだけでなく、ルーターやゲートウェイといったネットワーク機器でも実施できます。

Keyword .htaccess

.htaccessとは、Apacheのアクセス制御を行うためのテキストファイルです。ホスト名やIPアドレス、ネットワークアドレス／ネットマスク、ドメイン名などでのアクセス制御が可能なほか、ユーザー名／パスワードによるユーザー認証にも対応しています。

② ユーザー名とパスワードの認証によるアクセス制限

Web サーバーへのアクセスをさらに制限して、特定のユーザーにのみアクセスを許可したい場合は、ユーザー名とパスワードを用いたユーザー認証を利用します。

Web サーバーでユーザー名とパスワードによるユーザー認証を行う方法はいくつかありますが、Apache の場合は前述の .htaccess を利用して Basic 認証を行うことが可能です。なお、Basic 認証に使用するユーザー名やパスワードは、htpasswd コマンドを使って .htpasswd ファイルへ記述します。

盗聴や改ざんの恐れがあり、より安全なアクセス制限が求められる場合は、TLS による通信経路の暗号化を行うとともに、Digest 認証を使用してください。Digest 認証も .htaccess から設定できますが、ユーザー名やパスワードの登録は htdigest コマンドで行います。

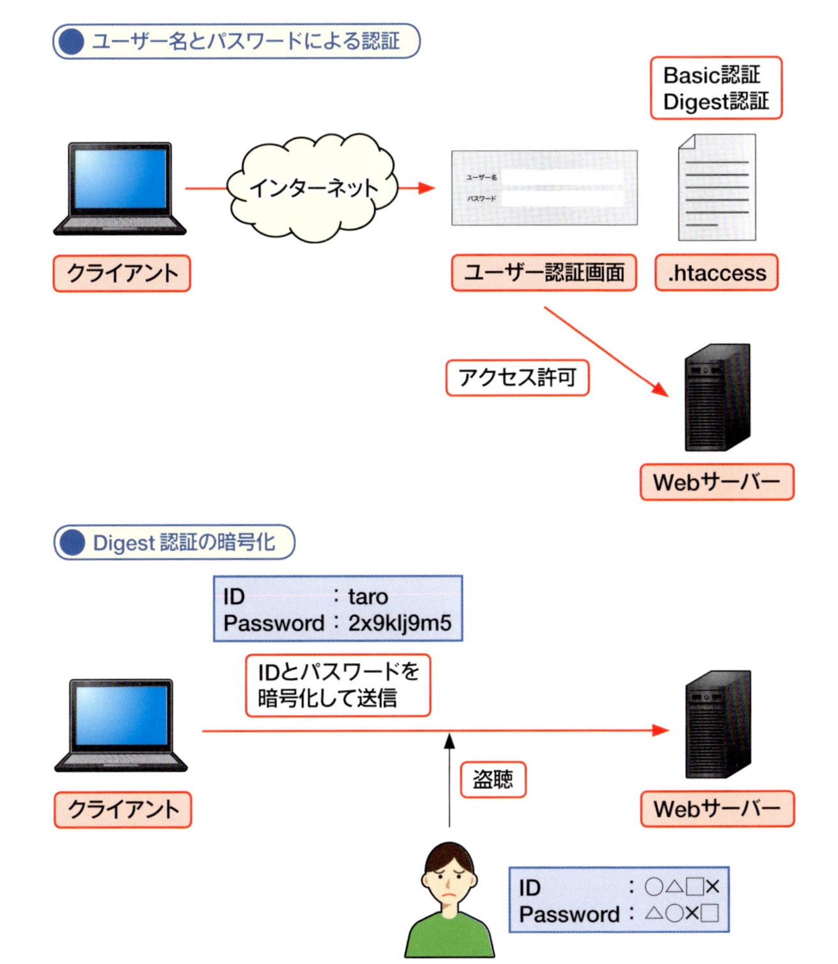

Keyword Basic認証

Basic認証とは、HTTPのもっとも基本的なユーザー認証方法です。盗聴や改ざんが比較的かんたんに行われてしまうのが欠点ですが、ほぼすべてのWebサーバーソフトやWebブラウザに対応しています。

Keyword Digest認証

Digest認証とは、ユーザー名とパスワードをハッシュ化（一定の計算手順によって規則性のないデータに置き換えること）することで、盗聴や改ざんを防ぐ認証方法です。

Section 08

Webアプリケーションとは?

覚えておきたいキーワード
- 静的／動的コンテンツ
- Webアプリケーション
- ネイティブアプリケーション

現在提供されているWebサービスのほとんどはWebアプリケーションによって構築されています。“見る”だけだったWebページが、今ではWebアプリケーションによって“使う”ものへと進化し、私たちの日々の生活を支えています。

1 静的コンテンツと動的コンテンツ

Webページの中には、ユーザーの操作などに応じてレイアウトや表示内容が変化するものがあります。たとえば、ユーザーが指定した商品名や商品ジャンル、値段といった検索条件によって表示内容が変わるショッピングサイトなどがよい例です。こういったWebページは、第6章Section 04で紹介したHTMLだけでは作れません。

HTMLで記載された内容がただ表示されるという、一般的なWebページの内容を静的コンテンツ、先に述べたようなさまざまな条件に応じて内容が変化するWebページを動的コンテンツ、動的コンテンツを生成するためのしくみをWebアプリケーションと呼びます。

動的コンテンツのしくみ

クライアントからのリクエストに応じてコンテンツ（Webページ）を生成
Webサーバー
生成された動的コンテンツ
コンテンツをリクエスト
生成されたコンテンツをクライアントが閲覧
インターネット
クライアント

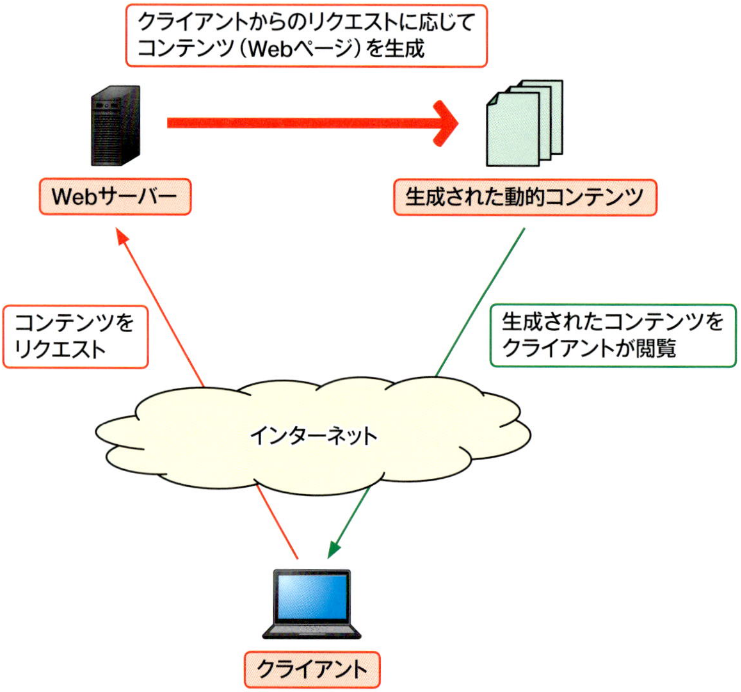

MEMO 動的コンテンツの生成を支える技術

本節でも述べたように、HTMLだけでは動的コンテンツを生成できません。動的コンテンツを実現するには、Webサーバー側の実行環境やプログラミング環境（第6章Section 09参照）、Adobe Flashなどのプラグイン、データベース（第6章Section 10参照）といった技術が用いられています。

MEMO WebアプリケーションとHTML5

近年、普及が進んでいるHTML5では、サウンド機能や動画再生機能といったマルチメディア機能や、強力なグラフィックス機能がサポートされており、HTML5だけでもある程度のWebアプリケーションを構築可能です。かつてはWebアプリケーションによく利用されていたAdobe Flashも、HTML5への置き換えが進んでいます。

② Webアプリケーションでできること

Webアプリケーションは、Webブラウザ上で実行可能なアプリケーションです。Webサーバー側の機能とWebブラウザの機能を組み合わせることで、さまざまな機能が実現しています。

Webアプリケーションのもっとも身近な例を挙げるなら、掲示板やブログ、オンラインショッピングのショッピングカート、インターネットバンキングでしょう。Googleが提供しているGoogleドキュメント（ワードプロセッサ）やGoogleスプレッドシート（表計算ソフト）、国税庁の確定申告書作成ページもWebアプリケーションであり、Chrome OSも広義のWebアプリケーションといえます。このように、Webアプリケーションによって、ネイティブアプリケーションとほとんど変わらない機能や環境が実現可能です。

Webアプリケーションの例

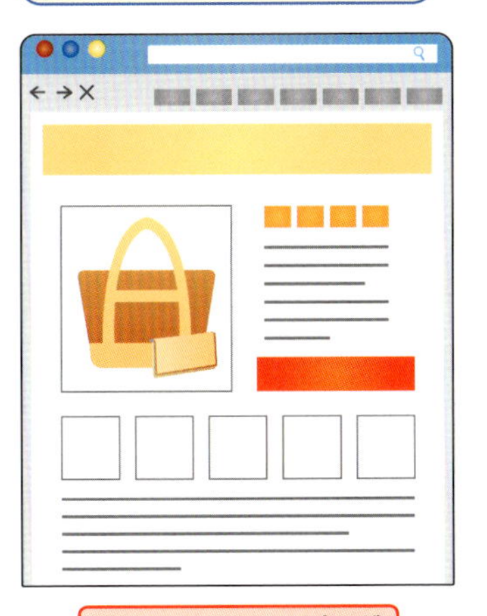

オンラインショッピング

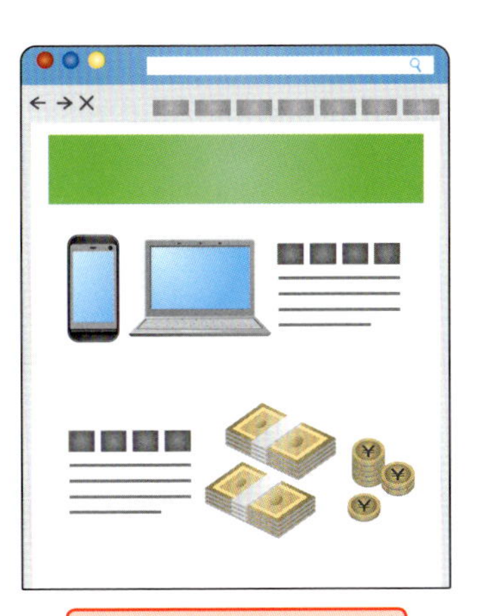

インターネットバンキング

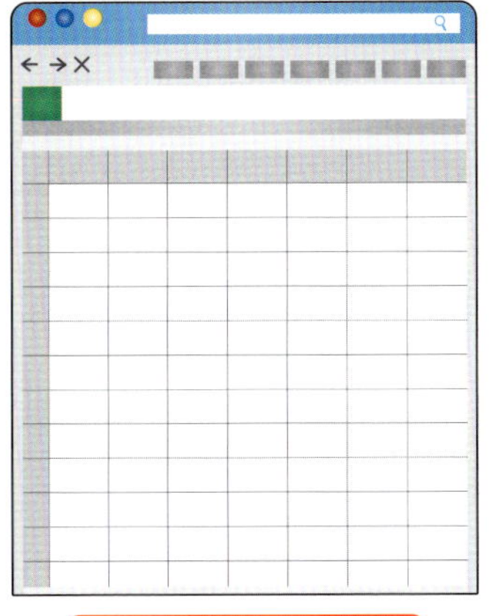

ワープロや表計算ソフト

ネイティブアプリケーションと比較しても遜色ない機能・サービスがWebブラウザから利用可能に

Keyword ネイティブアプリケーション

ネイティブアプリケーションとは、パソコンやスマートフォンなどで、その端末の機能のみで動作するアプリケーションの総称です。また、基本的にはネイティブアプリケーションとして動作するものの、Webサーバー側の機能も利用するハイブリッドアプリケーションもあります。

MEMO Chrome OS

Chrome OSは、Googleが開発したLinuxカーネルをベースとするオープンソースのOSです。ユーザーインターフェイスとしてWebブラウザのChromeを使用しており、アプリケーションはWebアプリケーションとして提供され、ユーザーデータはクラウドに保存されます。

MEMO 強力になっていくWebアプリケーション

かつては、サーバー／クライアントの処理速度や、インターネット接続の回線速度が十分でなかったため、Webアプリケーションは動作が重く、機能面やインターフェイスもネイティブアプリケーションと比較して劣っていました。しかし、処理速度や回線速度の向上、Webブラウザの高機能化などによって、処理速度や使い勝手、機能面でもネイティブアプリケーションと遜色ないWebアプリケーションが開発されています。

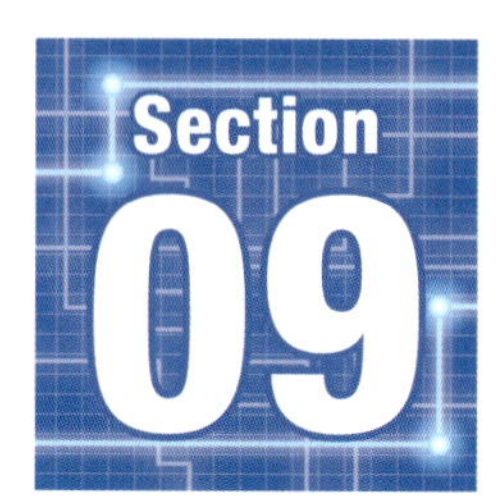

Webサーバーで使われるプログラミング言語とは?

覚えておきたいキーワード
- JavaScript
- サーバーサイドスクリプト
- クライアントサイドスクリプト

Webアプリケーションの実装には、さまざまなプログラミング言語が用いられています。本節では、Webアプリケーションの実装に使用されるプログラミング言語や、Webアプリケーションの実行方法について見ていきましょう。

① Webサーバーにおけるプログラミング言語とは?

第6章 Section 08で解説したWebアプリケーション（動的コンテンツ）は、HTMLやCSSだけでは作成できません。Webアプリケーションは、プログラミング言語によって記述・実行されています。

Webアプリケーションの作成には、さまざまなプログラミング言語が利用されていますが、その中でも代表的な存在といえるのが、JavaScript、PHP、Java、Pythonです。これらの言語は、Webアプリケーションの実行方法の違いによって使い分けられます。実行方法の違いについては次ページを参照してください。

近年は、Webアプリケーションを含むアプリケーションの開発に必要なライブラリやテンプレートがまとめられた開発環境であるアプリケーションフレームワークもよく使われています。

おもなWebプログラミング言語

JavaScript
- Webアプリケーション開発における主流のプログラミング言語
- Webアプリケーション開発のためのライブラリが充実

PHP
- 比較的習得が容易
- データベースとの連携に優れる

Java
- 機能や開発環境が充実
- エンタープライズ規模のWebアプリケーション開発にも対応

Python
- 比較的習得が容易
- ライブラリが充実しており、近年人気が高まっている

それぞれの言語に対応したアプリケーションフレームワーク

言語	アプリケーションフレームワーク
JavaScript	AngularJS、React.js、vue.js
PHP	CakePHP、Zend Framework
Python	Django

JavaScript

JavaScriptは、近年Webプログラミングに広く用いられているプログラミング言語です。コンパイル（プログラムを実行ファイルへ変換する操作）なしで実行可能なスクリプト言語で、Webプログラミングに役立つライブラリが非常に充実しているのが特徴です。JavaScriptにはさまざまな種類が存在しますが、ECMAScriptと呼ばれる標準化の作業が進められています。

PHP

PHPは、Webプログラミングのために作成されたプログラミング言語（スクリプト言語）です。習得の難易度が比較的低いことや、データベースとの連携（第6章Section 10参照）がしやすいこと、多くのWebサーバーで実行できることから、JavaScriptと同じく広く使用されています。

❷ サーバーサイドスクリプトとクライアントサイドスクリプト

前ページで述べたWebアプリケーションの実行方法の違いとは、Webアプリケーションを「Webサーバーで実行する」か、「クライアント（Webブラウザ）で実行する」かの違いです。Webサーバー側で実行されるWebアプリケーションをサーバーサイドスクリプト、Webブラウザ側で実行されるWebアプリケーションをクライアントサイドスクリプトと呼びます。

サーバーサイドスクリプトのメリットは、Webアプリケーションの処理をサーバー側で行うため、クライアントの処理系（OSなど）や処理能力に依存せず実行可能なことです。一方で、Webサーバー（あるいはアプリケーションサーバー）側の負荷が大きくなってしまいます。

クライアントサイドスクリプトのメリットは、Webサーバー側の負荷を抑えられることや、実行環境によってはサーバーサイドスクリプトよりもアプリケーションを高速に実行できることです。一方で、Webブラウザにアプリケーションを実行する能力が求められるなど、クライアント側の負荷は大きくなります。

したがって、用途やユーザーの傾向、Webサーバーの処理能力などに応じて、サーバーサイドとクライアントサイドのどちらを選ぶべきか、十分に検討する必要があるでしょう。

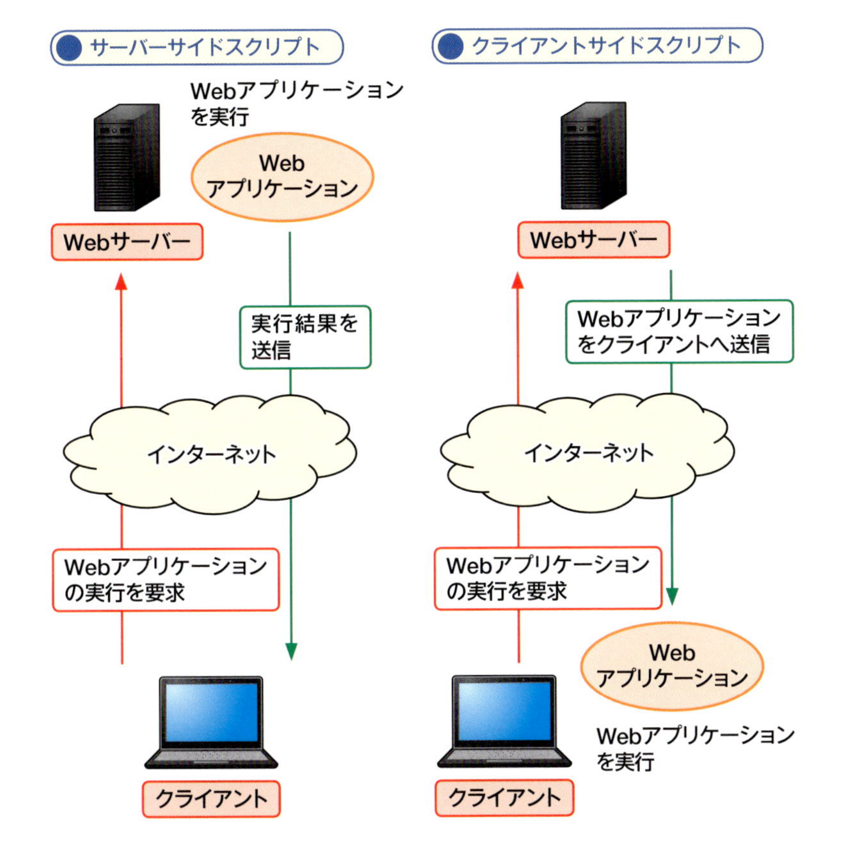

Keyword Java

Javaは、OSに依存せず利用できることを目標の1つに開発されたプログラミング言語です。エンタープライズ向けの高度なWebアプリケーションの開発にも利用可能な、充実した機能や開発環境が用意されているのが特徴です。Sun Microsystemsによって開発され、2010年1月に同社がOracleに買収されたことから、Javaの権利はOracleが保有しています。

Keyword Python

Pythonは、もともとWebプログラミングのために開発されたプログラミング言語ではありませんが、さまざまな用途に利用されており、比較的習得しやすいことから、近年はWebプログラミング言語としても人気です。とりわけ、機械学習関連のライブラリが充実しており、AIやビッグデータ関連に広く用いられています。

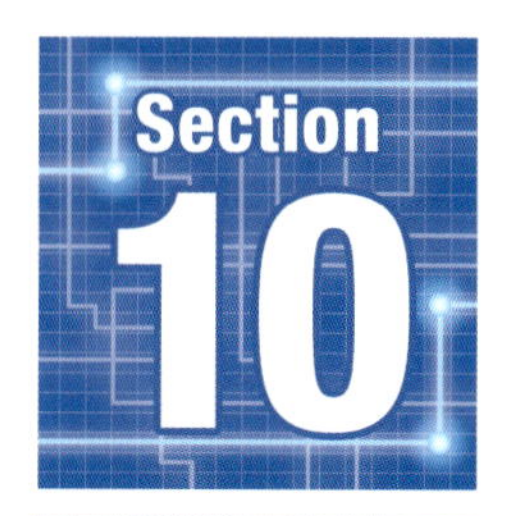

Webサーバーで使われるデータベースとは?

覚えておきたいキーワード
- SQL
- リレーショナルデータベース
- O/Rマッピング

Webサーバーで大量のデータを扱うなら、データベースとの連携が欠かせません。本節では、広く用いられているデータベース管理システムのしくみや、Webアプリケーションとデータベースを連携させる方法について解説します。

1 データベースへの問い合わせを行うSQL

一見するとあまり関係のなさそうなWebサーバーとデータベースですが、実際には多くのWebサーバーのバックエンドでデータベース管理システムが稼働しています。

データベース管理システムにはさまざまな方式がありますが、Webサーバーとの連携で一般的に用いられているのはリレーショナル方式です。リレーショナルデータベースは、関係モデルを利用し、表に似たテーブルという形式でデータを格納し、SQLと呼ばれる言語によってデータの操作を行います。

SQLでデータベース管理システムへの問い合わせ内容（クエリ）を記述し、データベース管理システムへ送信することで、指定した条件に合致するデータを取り出すことが可能です。ほかにも、データベースの定義（データを格納する「表」の定義や複数の表を関連付ける際の取り決めなど）や、トランザクション管理などを行うことができます。

リレーショナルデータベースとSQL

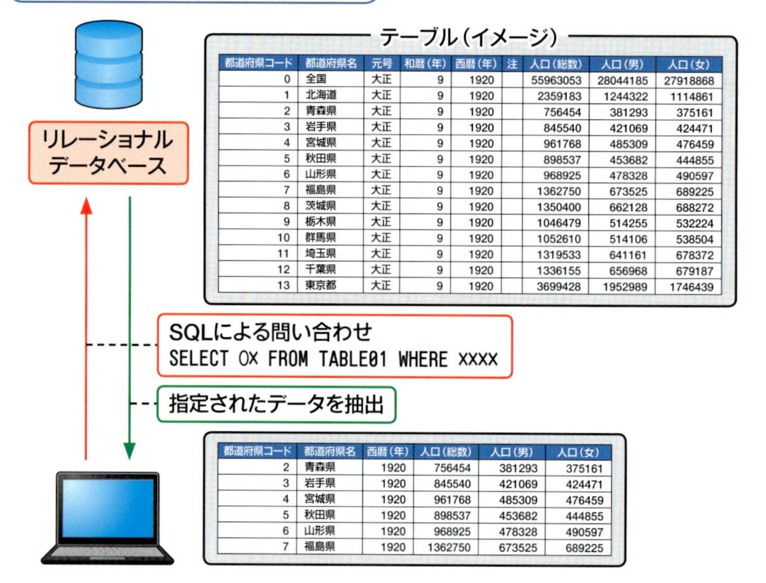

都道府県コード	都道府県名	元号	和暦(年)	西暦(年)	注	人口(総数)	人口(男)	人口(女)
0	全国	大正	9	1920		55963053	28044185	27918868
1	北海道	大正	9	1920		2359183	1244322	1114861
2	青森県	大正	9	1920		756454	381293	375161
3	岩手県	大正	9	1920		845540	421069	424471
4	宮城県	大正	9	1920		961768	485309	476459
5	秋田県	大正	9	1920		898537	453682	444855
6	山形県	大正	9	1920		968925	478328	490597
7	福島県	大正	9	1920		1362750	673525	689225
8	茨城県	大正	9	1920		1350400	662128	688272
9	栃木県	大正	9	1920		1046479	514255	532224
10	群馬県	大正	9	1920		1052610	514106	538504
11	埼玉県	大正	9	1920		1319533	641161	678372
12	千葉県	大正	9	1920		1336155	656968	679187
13	東京都	大正	9	1920		3699428	1952989	1746439

都道府県コード	都道府県名	西暦(年)	人口(総数)	人口(男)	人口(女)
2	青森県	1920	756454	381293	375161
3	岩手県	1920	845540	421069	424471
4	宮城県	1920	961768	485309	476459
5	秋田県	1920	898537	453682	444855
6	山形県	1920	968925	478328	490597
7	福島県	1920	1362750	673525	689225

SQL

SQLは、リレーショナルデータベースのデータ操作や定義を行うための、一種のプログラミング言語です(実際にはプログラミング言語ではなく、データベース言語に分類されます)。

トランザクション

トランザクションとは、データベース管理システムにおいてデータが二重に登録されたり、誤って削除されたりすることを防ぐために、一連の作業を1つの処理として実行することです。

② データベース管理システムとWebアプリケーションの連携

Webアプリケーションとデータベース管理システムとの連携で、もっともよく用いられているのがPHP（第6章Section 09参照）です。PHPは、Apacheのモジュール（あとから読み込みが可能なプログラムの部品）として動作するため、より高速な処理やサーバーの負荷低減が可能であり、MySQLやPostgreSQLをはじめ、さまざまなデータベース管理システムとの連携に対応しています。

Webアプリケーションとデータベース管理システムとのより高度な連携方法として普及しつつあるのがO/Rマッピング（オブジェクト関係マッピング、ORM）です。O/Rマッピングでは、オブジェクト指向プログラミング言語（オブジェクト指向の考え方や方法を採用したプログラミング言語）のオブジェクト（データの集まり）と、リレーショナルデータベースのレコード（リレーショナルデータベースに登録されているデータ）を対応させることで、レコードをオブジェクトとして直感的に扱えるようにして、データベース管理システムと連携するアプリケーションの作成を容易にします。

O/Rマッピングに用いられるO/Rマッパー（フレームワークやライブラリ）としては、Ruby on Railsに付属するActiveRecordライブラリや、Java向けのフレームワークであるHibernate、macOSやiOS向けのフレームワークであるCore Dataが有名です。

O/Rマッピング

リレーショナルデータベース内のテーブル

NAME	PLACE	PRICE
学習机	A倉庫	39800
テーブル（大）	店内展示スペース	50000
作業台（中）	D倉庫	43890

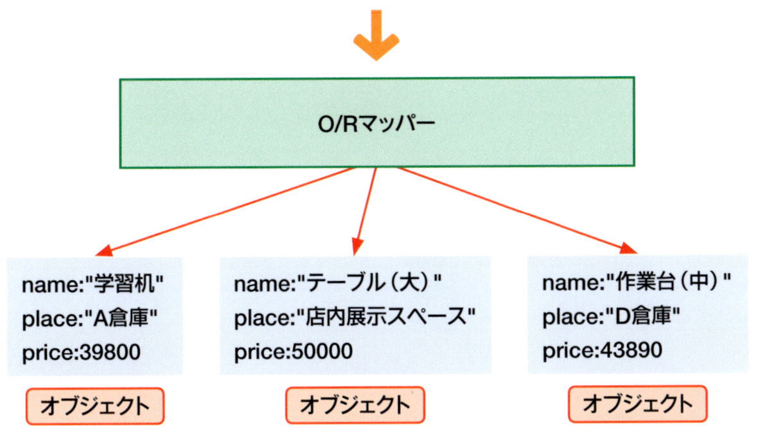

テーブルの各レコードをそれぞれオブジェクトに割り当てる

Keyword MySQL

MySQLは、オープンソースで公開されているデータベース管理システムです。オープンソースのデータベース管理システムとしては、もっとも高いシェアを誇っており、現在はOracleが商標権、著作権を保有しています。

Keyword PostgreSQL

PostgreSQLは、MySQLに次ぐ人気を持つ、オープンソースのデータベース管理システムです。MySQLと同様に、Webサーバーでよく利用されています。

Keyword Ruby on Rails

Rubyによって記述されているオープンソースのフレームワークです。Rubyは、まつもとゆきひろ氏が開発したオブジェクト指向プログラミング言語です。日本だけでなく、海外でも広く使われています。

Web サイトのアクセス解析

Web サイトのそれぞれのページがどれだけアクセスされているか、ユーザーがどの経路でページを閲覧しているかといった、Web サイトにおけるユーザーの行動を知ることは、Web ページの使い勝手を向上させていくのにとても役立つ情報です。アクセス解析は、ユーザーが Web サイトにおいてどのような行動をしているかを把握するために行います。

アクセス解析のもっとも基本的な手法はアクセスログ（第 6 章 Section 03 参照）の解析でしょう。ただし、アクセスログそのものは可読性があまり高くないため、実際にはアクセスログを読み込んで分析するツールを用いるのが一般的です。

より高度なアクセス解析の手法としては、Web ページへのアクセスがあった際に、ページに配置された JavaScript が解析サーバーに情報を送信する Web ビーコン型と、Web サーバーに配置された監視ツールがユーザーからのアクセスを監視するパケットキャプチャ型がよく知られています。

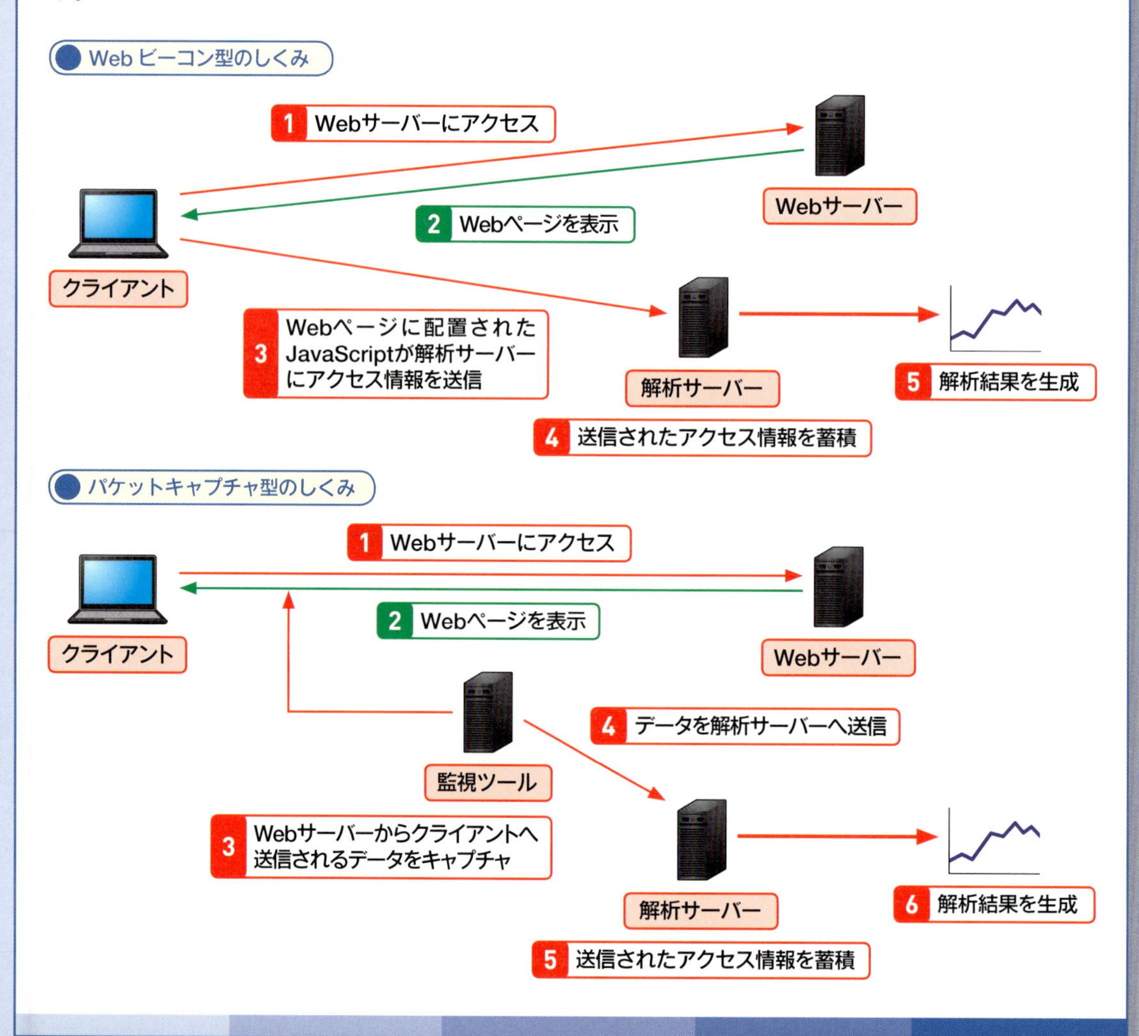

第7章 サーバーの運用

サーバーはどのように運用されている?

覚えておきたいキーワード
- サーバーの運用サイクル
- サーバーの更改
- システムの構成

サーバーは、調達・導入・運用・廃棄というサイクルで機器を入れ替えながら運用されています。LANなどでサーバーとクライアントを接続したシステム全体は、サーバー管理者やネットワーク管理者によって管理されています。

1 サーバーの運用サイクルとは？

ここからはサーバーがどのように運用されているかについて詳しく見ていきます。

サーバーは、24時間常にクライアントからのリクエストに応じられるように運用されています。しかし、機械にはそれぞれ寿命があります。1台のサーバーをずっと停止させることなく使用し続けることはできません。よって、1つのシステムは、サーバーを調達・導入・運用・廃棄するというサイクルをくり返すことで運用されることになります。稼働しているサーバーが完全に停止する前に次のサーバーに移ることによって、システムが完全に停止することがないようにしています。サーバーの機器を入れ替えることをサーバーの更改といいます。

MEMO サーバーの準備にかかる時間

サーバーを調達する際には、業者に注文してからどれくらいでサーバーが利用可能になるかも考慮しておく必要があります。クラウドサーバーなら申し込みのあとすぐに利用できますが、購入の場合は納品までにたいてい1週間以上かかります。レンタルサーバーの場合は、選択したスペックやサービス内容によって要する時間が異なります。

サーバーの運用サイクル

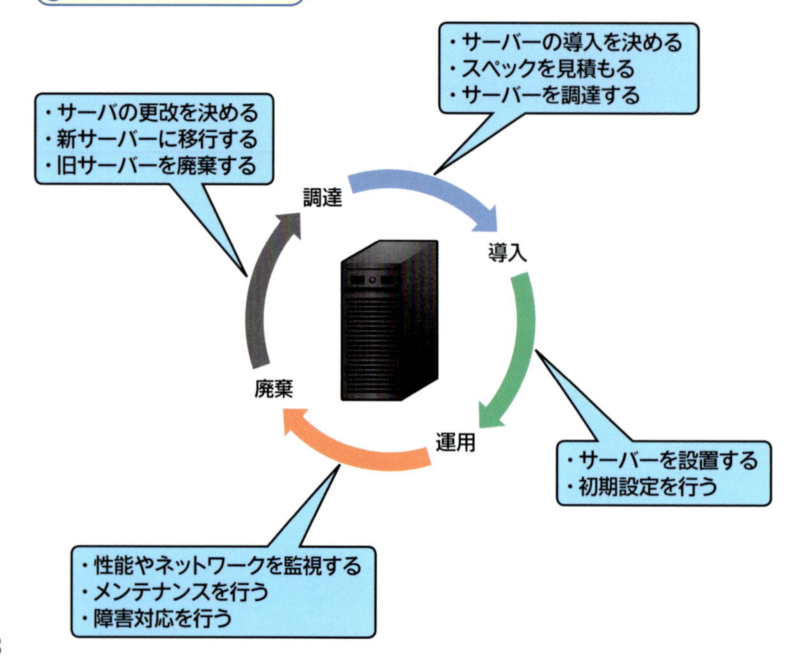

② 運用されているシステムの構成とは？

一般的な企業の中に構築されるシステムは、インターネットに接続した社内LANとユーザーが使用するクライアントのパソコン、必要な機能に合わせて用意された複数のサーバーによって構成されています。

サーバーを管理するのはサーバー管理者、LANを管理するのはネットワーク管理者です。クライアントのパソコンを管理するのはそれぞれのユーザーである場合が多いですが、パソコンがネットワークやサーバーにアクセスするには、そのための権限が必要となります。それらの権限を各パソコンに割り当てて管理するのはサーバー管理者やネットワーク管理者の仕事となります。サーバー管理者とネットワーク管理者によってシステムは支えられているのです。

MEMO システムの管理者

企業の規模によっては、サーバー管理者やネットワーク管理者が複数人いる場合や、逆に1人の管理者がサーバーもネットワークも担当している場合もあります。

● サーバー管理者とユーザー

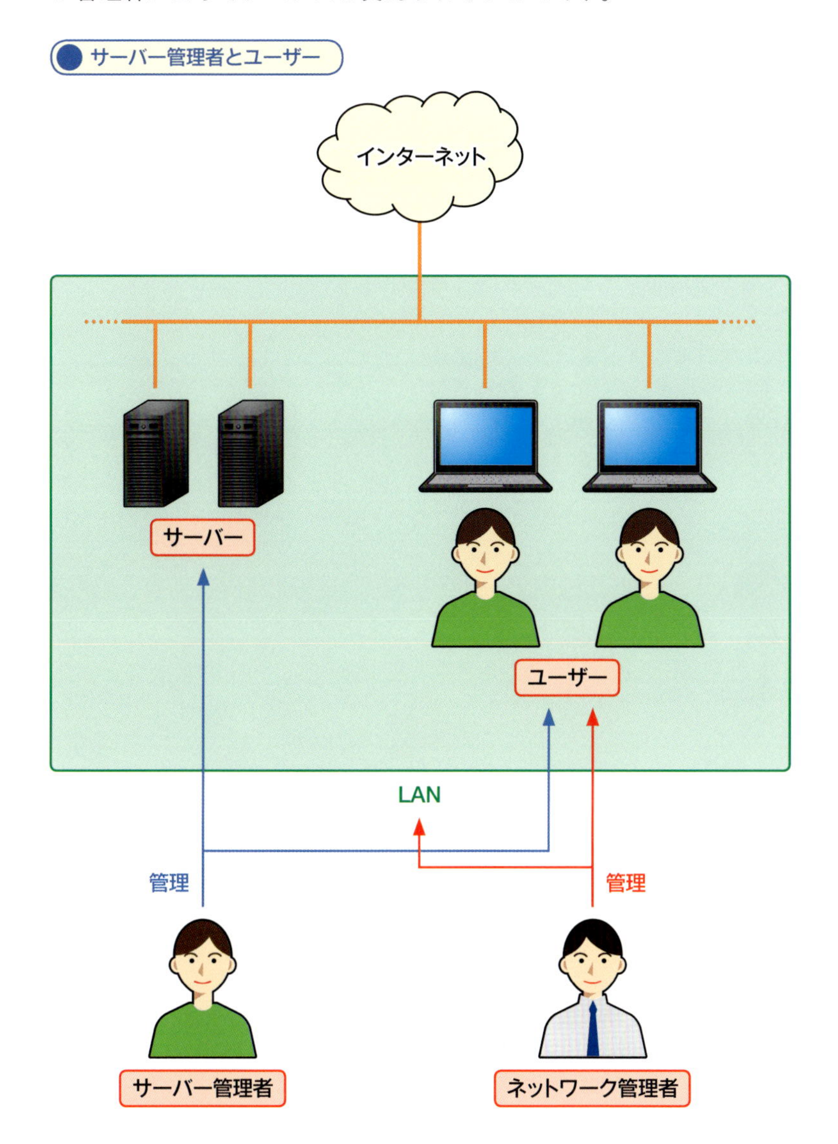

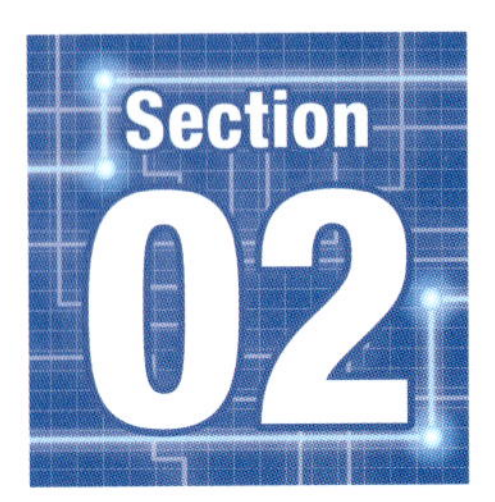

サーバー管理に必要なコストは?

覚えておきたいキーワード
- 人件費
- 設備費
- 業務上の損害

サーバー管理に必要なコストは、人件費と設備費に大きく分かれます。通常運用時にも相応のコストがかかりますが、障害発生時には、想定外のコストがかさむうえに、業務上の損害も発生してしまいます。

1 サーバー管理で通常運用時にかかるコストとは?

サーバーの運用をコストの面から見てみましょう。サーバーを運用するにはそれなりの費用がかかります。費用は、人件費と設備費に大きく分けることができます。

人件費を必要とするのは、サーバーとネットワークの管理業務です。これらの管理では、24時間365日安定して機能を提供することが求められ、時には夜間や休日の作業も発生するため、人件費は高額になります。また、これらの作業には知識と技術が要求されるので、そういったスキルを持つ人物を雇おうとすると費用はさらに上乗せされます。

一方、設備費というのは、サーバー本体やサーバーにインストールするOSの購入など、サーバーを使用するのに必要となるもろもろの設備に要する費用です。費用が発生するのは、最初に購入する一度きりの場合と、月額など定期的なものになる場合があります。

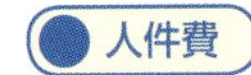

●設備費

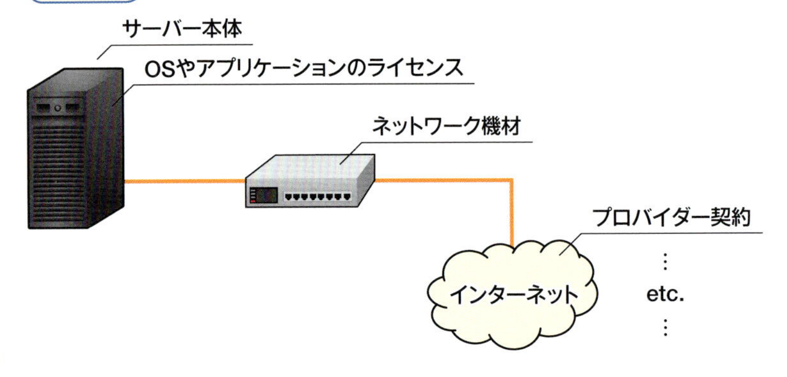

MEMO サーバー運用の知識とスキル

サーバー管理者に必要な知識やスキルについては、第7章Section 03で解説しています。

② 障害発生時にかかるコストと損害とは？

サーバーに障害が発生した場合には、通常のコストのほかにも費用がかさむことがあります。障害対応には人手が必要ですから、まず人件費がかかりますし、障害の原因が機材の故障などであった場合には、修理代や新規購入の費用がかかります。

しかしこれらの費用よりも大きな問題となるのは、サーバーの障害で発生する業務上の損害です。サーバーは、多くのユーザーがさまざまな作業に利用するものですから、障害によってサーバーがダウンするとそれらの作業がすべてストップしてしまいます。本来順調に進められるはずの業務が止まるということは、それによって得られる利益を失うだけでなく、顧客からの信頼を失うことにもなりかねません。そうなると今後の売り上げの機会までも大きく損なうことになるのです。

MEMO 障害が及ぼす影響

サーバーに障害が発生した場合には、直接的にかかってくる費用以上に大きな損害が発生するものです。サーバー管理者は、この点をきちんと認識して業務にあたる必要があります。

●障害発生時のコスト

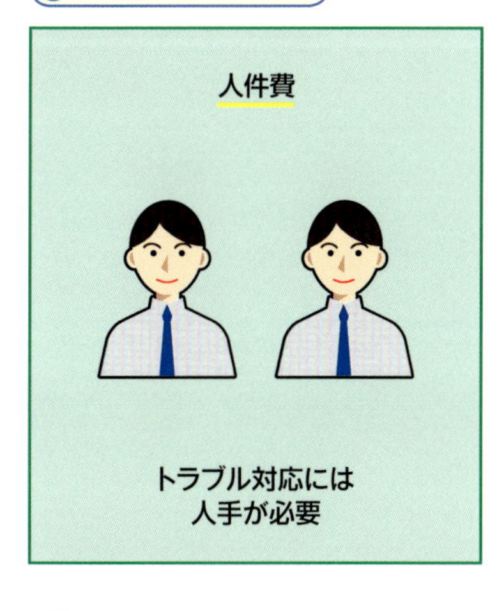

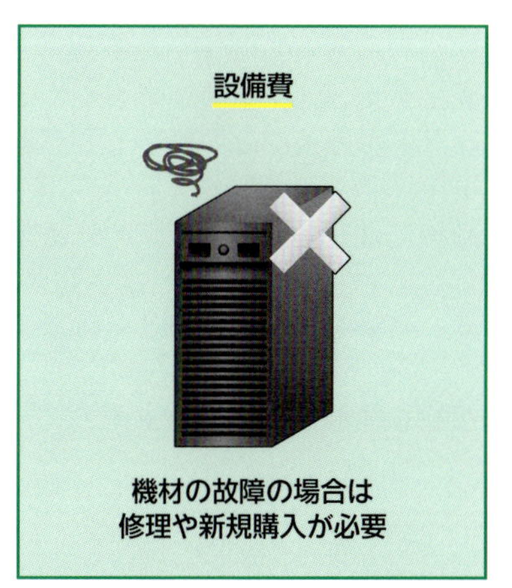

●障害発生時の損害

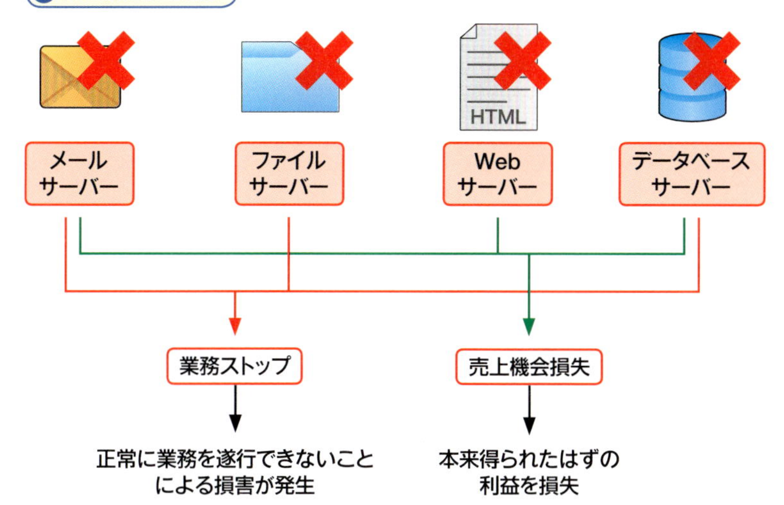

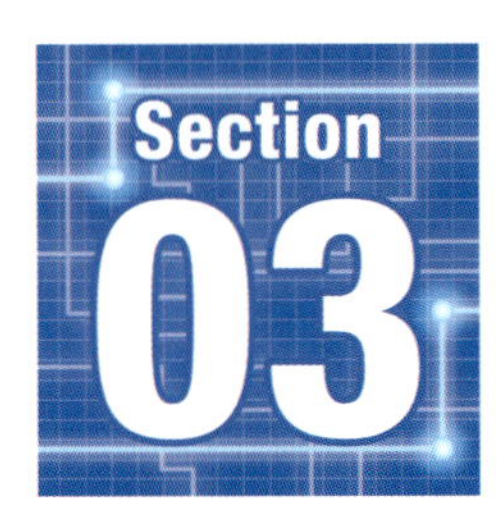

サーバー管理者に必要なものとは?

覚えておきたいキーワード
- プログラミング
- 個人情報保護法
- 不正アクセス禁止法

サーバー管理者には知識と資質が必要とされます。コンピューターなどの知識がなければサーバー管理業務を間違いなく遂行することはできません。またサーバー管理者には、関連する法律や規定を理解して誠実に業務にあたることも求められます。

1 サーバー管理者に必要な知識とは?

サーバーを運用するにあたって、サーバー管理者には何が求められるのでしょうか。まずは、知識です。

サーバーの働きやしくみに関する知識はもっとも重要です。また、サーバーをハードウェアとソフトウェアの両面から管理するため、これらについてもよく理解し、実際に設定やメンテナンスができなくてはなりません。加えて、作業の効率化などのためにプログラミングの知識も求められます。

サーバーをあらゆる脅威から守るためには、セキュリティの知識も要求されます。ネットワークのしくみについても理解していなければ、インターネットを経由した攻撃からサーバーを確実に守ることはできません。

このように、サーバー管理者には広範な知識が求められます。

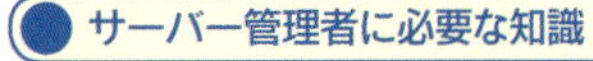

サーバー管理者

ハードウェアの知識	サーバーに適したスペックと構成、障害発生時の原因特定と対応
ソフトウェアの知識	サーバーに適したOSとアプリケーション、それらに必要な設定
サーバーの知識	サーバーの機能としくみ、信頼性など要件の理解
ネットワークの知識	サーバーに適したネットワーク構成とプロトコル
セキュリティの知識	サーバーが抱えるリスクの理解とそれらへの対策
プログラミングの知識	管理用のシェルスクリプトやWindows PowerShellの作成・変更・実行

Keyword シェルスクリプト

OSのCUIに入力するためのプログラミング言語をシェルスクリプトといいます。くり返し行いたい処理は、コマンドを組み合わせてシェルスクリプトにひとまとめに記述しておくことができ、以降はそれを呼び出すだけで簡単に実行できるようになります。作業をミスなく、効率よく実行するために欠かせないものです。

Keyword Windows PowerShell

Windows PowerShellとは、Windows上で利用できるCUI、もしくはそこで利用できるシェルスクリプトのことです。

② サーバー管理者に必要な資質とは？

知識と合わせてサーバー管理者に大切なのは、法律や規定を理解・遵守し、誠実に業務を遂行できる資質です。

サーバー管理者は、仕事の性質上、企業の重要なシステムや情報が集まるサーバーを自由に扱うことができます。多数のユーザーに影響のあるシステムの設定を勝手に変更したり、ユーザーのメールのやりとりや個人的な情報を見たりということが容易にできるのです。だからこそサーバー管理者には、軽はずみにシステムや情報に触れることなく、真面目かつ慎重にサーバーを扱うよう努めることが求められます。

また、サーバー管理者は、業務に関わるさまざまな法律や企業倫理、社内規定を理解しておく必要があります。これらを遵守することは当然ですが、万が一、業務上の過失やトラブルがあった場合にも、サーバー管理者としてどのような対応ができるのかなどをわかっていれば、自分の身や会社を守ることにつながります。

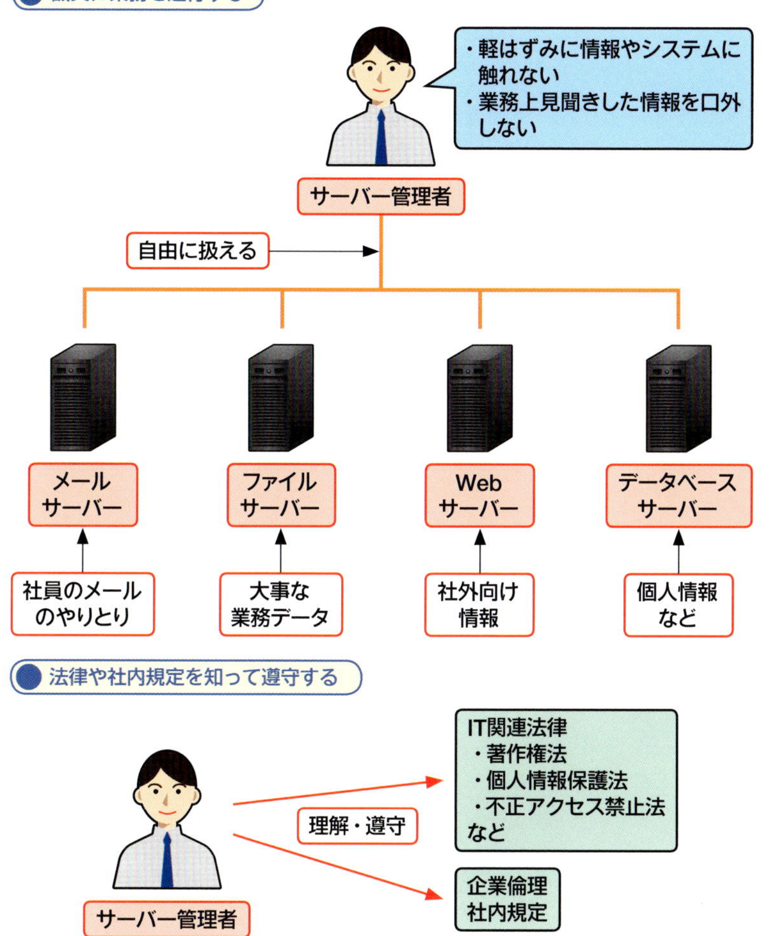

Keyword 不正アクセス禁止法

不正アクセス禁止法とは、他人のIDやパスワードを不正に入手したり、サーバーを攻撃したりして、本来アクセス権限のないコンピューター資源にアクセスする行為を禁じる法律です。また、正当な理由なしに、IDやパスワードといった認証情報をシステムの管理者や利用者以外に知らせる行為も禁じられています。

Section 04 サーバー管理者の仕事とは？

覚えておきたいキーワード
- 日常業務
- 非日常業務
- 障害対応の手順

サーバー管理者の仕事を一言で表すと「サーバーを常に利用できる状態に保つこと」といえます。そのためには日常業務を確実にこなし、障害が発生した場合には的確に状況を判断してシステムの復旧に努めなくてはなりません。

1 サーバーを常に利用できる状態に保つ

サーバー管理者の仕事とはどういうものなのでしょうか。ポイントとなるのは、「サーバーを常に利用できる状態に保つ」ということです。「常に」というのは文字どおり、「24時間365日いっときも停止させることなく」ということを意味します。サーバーが停止してしまったら、多くのユーザーの作業に影響が出てしまいますから、この責任は重大です。サーバー管理者の仕事は、サーバーを正常に利用できることに責任を持つことなのです。

サーバー管理者はその責任を果たすために必要なさまざまな作業を一手に引き受けます。その作業は、サーバーを構築して終わりではありません。サーバーが正常に稼働しているか常に監視したり、もしもの場合に備えた対策を施したり、すべきことは多岐に渡ります。

MEMO サーバー管理者の人数

サーバーの規模や目的にもよりますが、サーバーを常に利用できるようにするため、サーバー管理者を複数人置くこともあります。

サーバーは常に利用可能にする

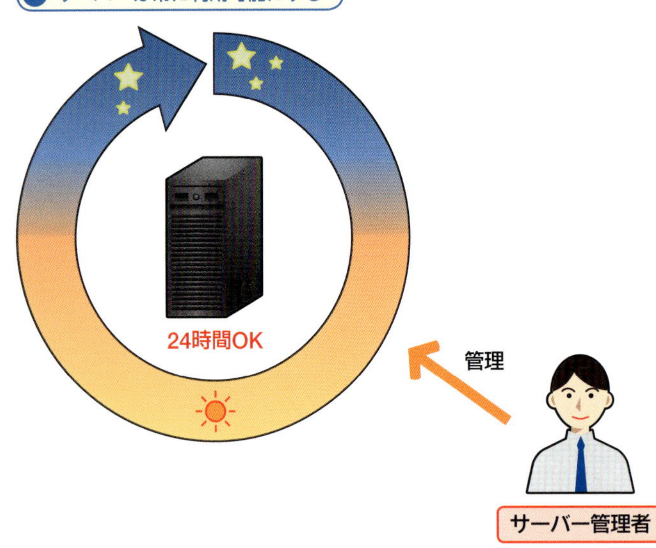

サーバー管理者は、24時間いつでもサーバーを利用できるように責任を持って管理する

② 日常業務と非日常業務とは？

サーバー管理者の仕事を整理すると、日常業務と非日常業務に分類することができます。日常業務は、事前に予定を立てられる業務です。非日常業務は、事前に予定の立てられない突発的な業務です。

日常業務にはおもに、構成管理・監視・障害対策・セキュリティ対策・ユーザー支援があります。構成管理では、サーバーの構築や設定など、サーバーを用意するにあたってどのように構成するかを考え、管理します。監視では、用意したサーバーが正常に稼働し、性能を発揮できているかを一定時間ごとにチェックします。障害対策とセキュリティ対策では、サーバーに発生しうる問題を事前に想定し、対策を行います。ユーザー支援では、ユーザーがサーバーを円滑に利用できるように技術的なアドバイスを与えたりします。

非日常業務は、障害対応と言い換えることもできます。サーバーの障害は突発的に起こりますが、慌てることなく冷静に対応する必要があります。障害対応の手順はおおよそ①状況確認、②暫定対応、③本格対応、④システム復旧、⑤再発防止となります。

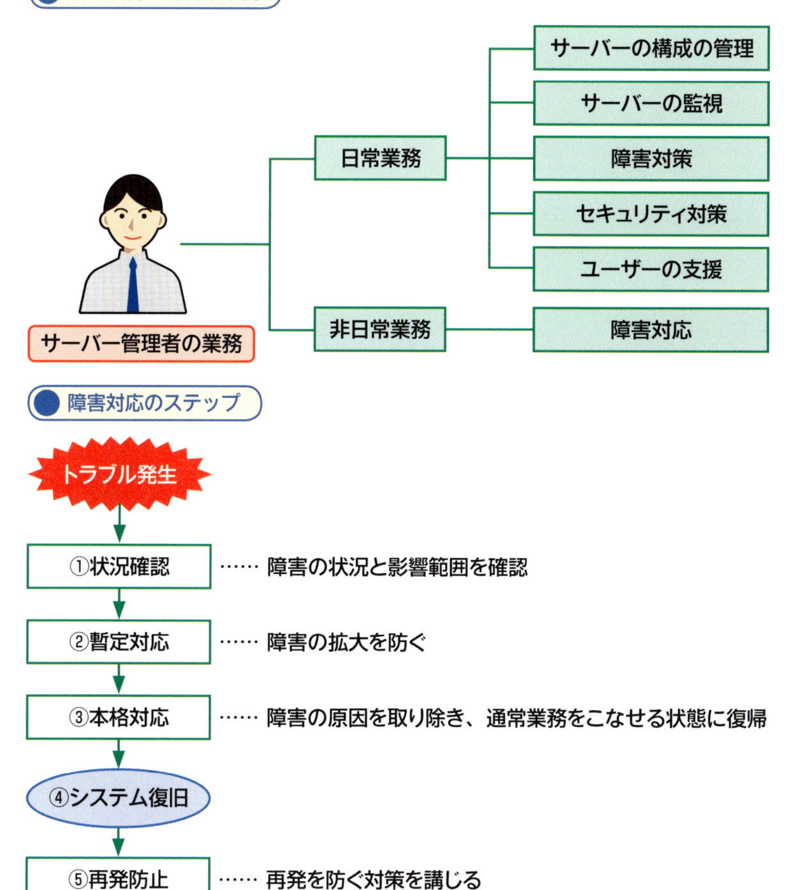

Hint ユーザー支援

サーバーを利用するためにクライアント側で必要な設定がある場合には、ユーザーが確実にそれを行えるように指示を出しましょう。サーバーの利用に関する問い合わせに対応するのもサーバー管理者の仕事です。

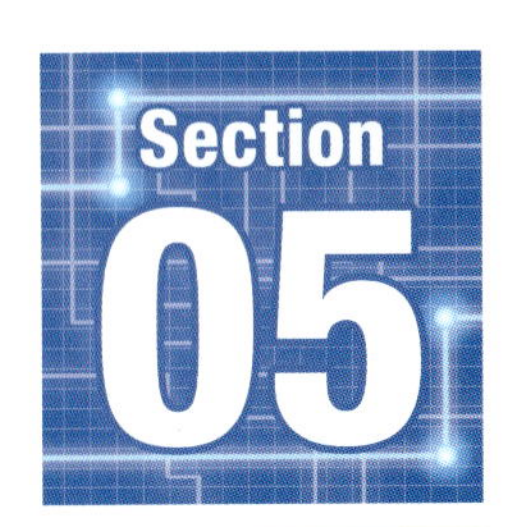

サーバーの監視とは?

覚えておきたいキーワード
- サーバー監視情報
- プロセス
- ジョブ

サーバーの監視には2つの効果があります。障害の発生をすばやく検知できることと、障害発生時に監視情報から原因などを特定できることです。監視すべき項目には、死活や性能、ネットワーク、プロセスなどがあります。

1 サーバーの監視のメリットとは?

サーバーの監視は、サーバー管理者の大事な仕事です。サーバーの監視をすることによって得られるメリットは２つあります。

まず１つめは、障害の発生をいち早く察知できるというものです。サーバーの障害は何の前触れもなく発生するわけではありません。障害が顕在化する前には、性能やネットワークに小さな異常が見られます。サーバーを監視していれば、そういった異常に気付き、障害が大きくなる前に対処できます。監視項目にしきい値を設定し、それを越えた場合にサーバー管理者にアラートがいくようにすれば確実です。

２つめは、障害発生時にサーバーの監視情報から障害の原因や影響範囲を特定できるというものです。サーバーに障害が発生した場合、まず状況を的確に把握する必要があります。その際、サーバーの状態を客観的に記録している監視情報は、重要な判断材料となります。

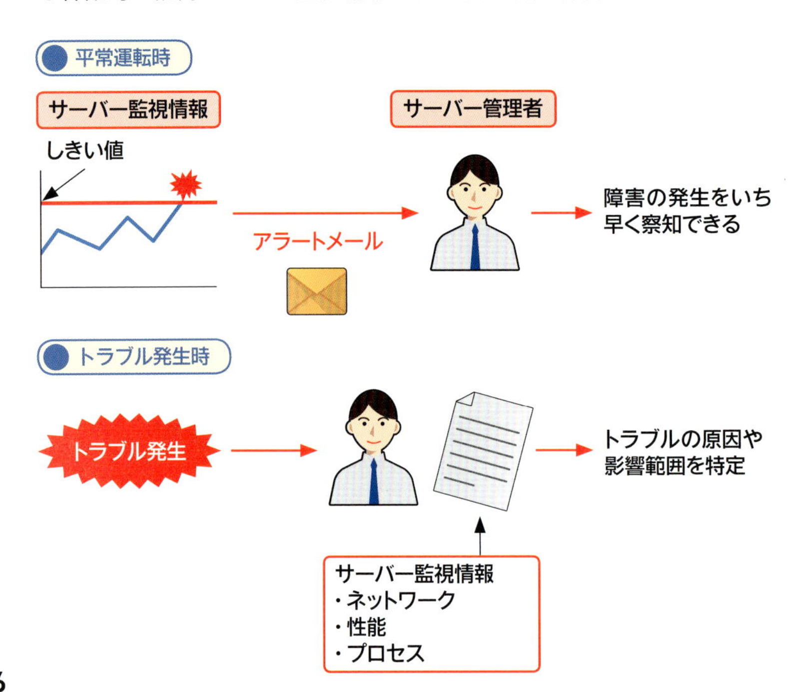

Keyword プロセスとジョブ

人がコンピューターに与える作業の単位をジョブといい、プロセスはジョブを分割したものになります。コンピューターはプロセス単位で処理を進めます。

② 監視項目と監視ソフトウェアとは？

監視する項目には、死活・性能・ネットワーク・プロセスなどがあります。死活監視ではサーバーが稼働しているかどうかを、性能監視では稼働しているサーバーが実際にどの程度の性能を発揮できているかを、ネットワーク監視ではサーバーが正常にクライアントと通信できているかを、プロセス監視ではサーバーがプロセスを順調にさばけているかを、それぞれ監視します。

サーバーの監視には、監視ソフトウェアを用いることが多いです。監視ソフトウェアは、監視対象のサーバーについてリアルタイムで監視を行い、問題発生時には管理者にアラート通知をします。監視用のサーバーにインストールして使用します。監視のしかたには、エージェントレス型と専用エージェント型があります。エージェントとは、監視対象のサーバーにインストールし、サーバーの内部から監視を行うためのソフトウェアです。エージェントを必要とする専用エージェント型はより細かな監視ができます。エージェントを必要としないエージェントレス型は、エージェントをインストールできないサーバーの監視に向いています。

Keyword スループットとレスポンスタイム

実際の監視で記録する情報としては、スループットやレスポンスタイムなどがあります。スループットは一定の時間あたりに処理できる量を意味します。レスポンスタイムは、サーバーになんらかの指示を出してから応答があるまでの時間を指します。

● エージェントレス型

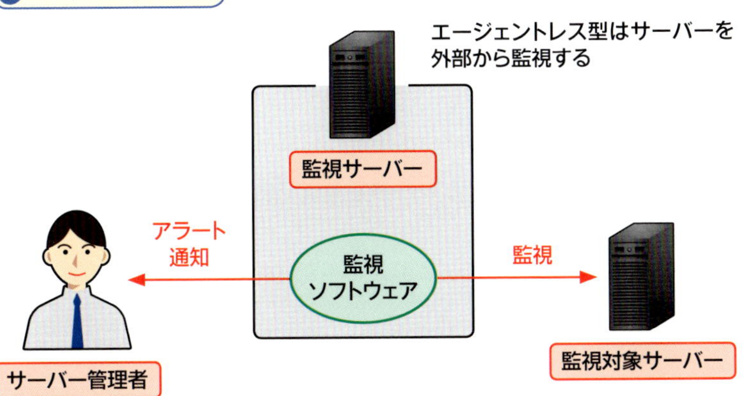

● 専用エージェント型

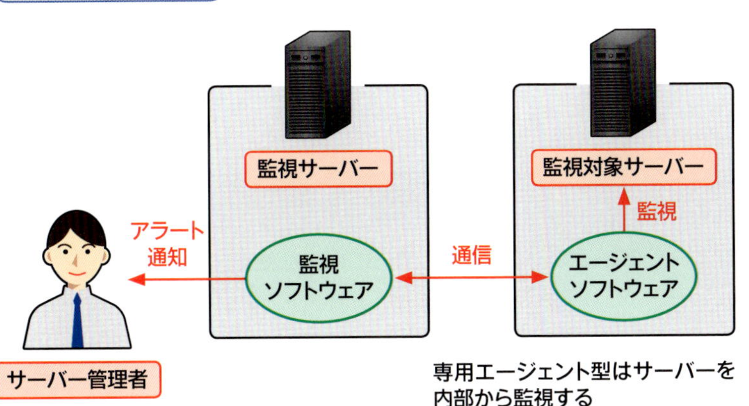

Hint 代表的な監視ソフトウェア

Hinemos、Zabbixなどが、代表的な監視ソフトウェアとして挙げられます。エージェントレス型と専用エージェント型のどちらにも対応できるソフトウェアが多いです。

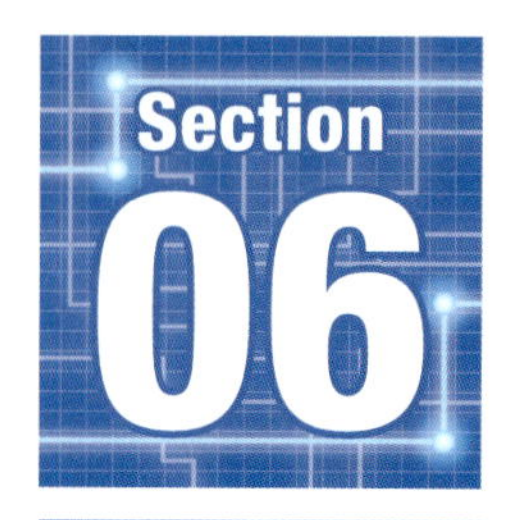

サーバーの障害対策とは?

覚えておきたいキーワード
- フォールトアボイダンス
- フォールトトレランス
- 単一障害点

サーバーの障害対策には重要な考え方が2つあります。フォールトアボイダンスとフォールトトレランスです。フォールトトレランスの実践には、アクティブスタンバイやアクティブアクティブなどの方法があります。

1 フォールトアボイダンスとフォールトトレランスとは？

サーバーの障害対策を行う際には、フォールトアボイダンスとフォールトトレランスという考え方が大切です。

フォールトアボイダンスとは、使用する部品を MTBF の値がよいものにするなどして、サーバーに障害が起きる確率そのものを下げようとする考え方です。しかし、部品などの品質を高めるには限界があるため、フォールトトレランスなどと組み合わせて実践する必要があります。

フォールトトレランスとは、冗長化などによって、サーバーのどこかに障害が発生しても全体としては正常な機能を維持させようとする考え方です。フォールトトレランスを実践するには、単一障害点をなくすことが重要です。単一障害点とは、その 1 か所に障害が発生するだけでサーバー全体が正常に機能しなくなるような部分をいいます。

フォールトアボイダンスの例

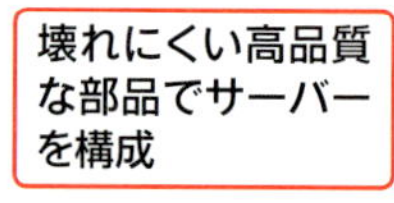

壊れにくい高品質な部品でサーバーを構成

フォールトトレランスの例

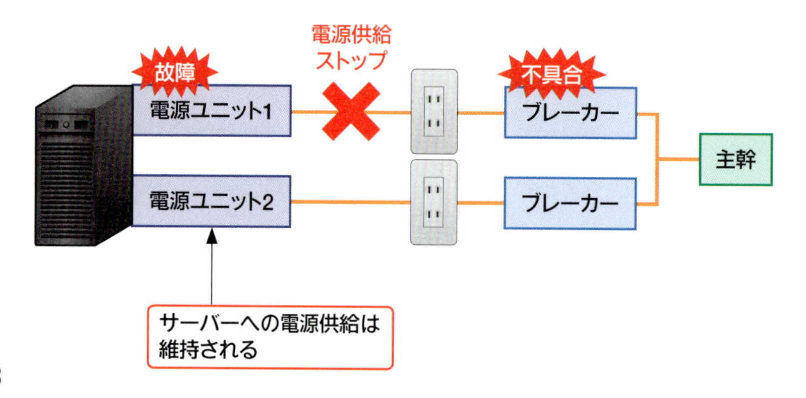

フェールセーフ

システムに障害が起きてやむを得ず停止することになった場合に、安全な状態に自動的に移行してから停止するように設計することで、被害を最小限に食い止めようとする考え方をフェールセーフといいます。

フェールソフト

システムに障害が起きた際に被害が拡大しにくいような構成にすることで、システム全体が停止することを防ごうとする考え方をフェールソフトといいます。

フールプルーフ

人間のミスは防ぎきれないものなので、誤操作をしてしまった場合にも致命的な障害につながらないような設計にしようという考え方をフールプルーフといいます。

② サーバーを冗長化するには？

フォールトトレランスによってサーバーの障害対策を行う場合、外せないのは、サーバーそのものの冗長化です。どんな機械もいつかは壊れるものですから、ある日突然サーバーが動かなくなることがないとも限りません。そういったときにもサーバーの機能を提供し続けられるように、サーバーを冗長化します。

サーバーの冗長化では、同じ機能を持たせたサーバーを複数台用意します。用意したサーバーをすべて稼働させるのか、一部だけを稼働させるのかによって、構成のしかたが変わります。

一部のサーバーだけを稼働させて残りを待機させる構成をアクティブスタンバイといいます。この構成では、稼働サーバーに障害が起きると待機サーバーが処理を引き継ぎます。待機サーバーをどういった状態で待機させるかによって引き継ぎにかかる時間が変わります。

すべてのサーバーを稼働させる構成をアクティブアクティブといいます。この構成では、稼働サーバーの1つに障害が起きると、残りのサーバーだけで処理を続行します。稼働サーバーの間で処理を分散できるため、作業負荷の集中を防げるというメリットもあります。

● アクティブスタンバイ

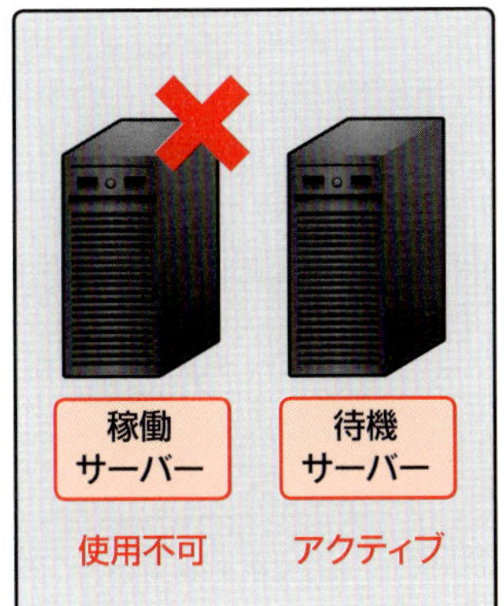

● アクティブアクティブ

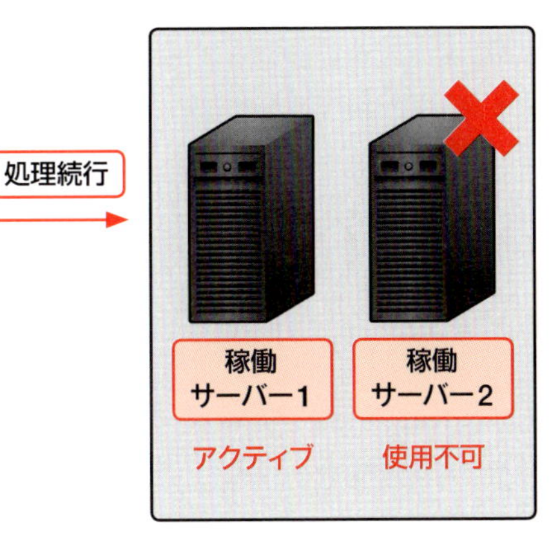

Hint ホットスタンバイ

ホットスタンバイとは、起動した待機サーバーを稼働サーバーと同じ状態で待機させておく方法です。障害が起こった際に稼働サーバーからすぐさま処理を引き継ぐことができます。

Hint コールドスタンバイ

コールドスタンバイとは、待機サーバーをふだんは停止させておき、障害が起こってから起動する方法です。稼働サーバーから処理を引き継ぐのに時間がかかります。

Hint ウォームスタンバイ

ウォームスタンバイとは、ホットスタンバイとコールドスタンバイの中間的な位置づけにある方法です。待機サーバーを起動状態で待機させますが、必要なソフトウェアを起動していないなど、処理を瞬時に引き継げる状態ではありません。厳密にどのような状態で待機させるという定義はなく、扱いはシステムによって異なります。

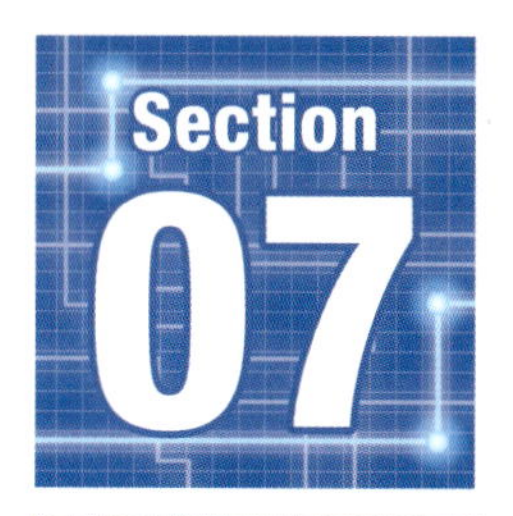

データの障害対策とは？

覚えておきたいキーワード
- 物理障害
- 論理障害
- バックアップ

データの障害には、データを保存している機器そのものが壊れてしまう物理障害と、データだけが壊れてしまう論理障害があります。ミラーリングやバックアップという方法で対策しておくことが大切です。

1 物理障害と論理障害とは？

データの障害対策は重要です。CPUなどの障害はサーバーがしばらく停止する程度で済みますが、データの障害はサーバーに保存されている情報という財産が失われます。きちんと対策しなければなりません。

データの障害対策を行うには、物理障害と論理障害を理解する必要があります。物理障害とは、データを保存しているストレージが物理的に故障して、データの読み書きに障害がある状態です。機器を水に濡らした場合や落として壊した場合、部品に不具合がある場合などです。論理障害とは、機器自体には何の不具合もないのに、保存されているデータが壊れている状態です。ストレージ内のデータは本来、どのデータがどこにあるのかコンピューターが判断できるように整理されています。それが何らかの要因でデータの所在がわからない状態になったときなどに論理障害となります。

ストレージの物理障害

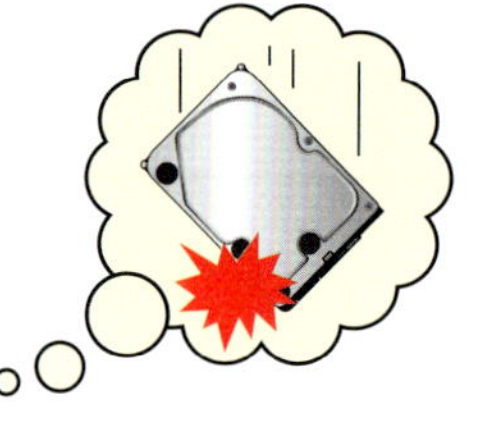

物理障害ではストレージの機器そのものが故障している

ストレージの論理障害

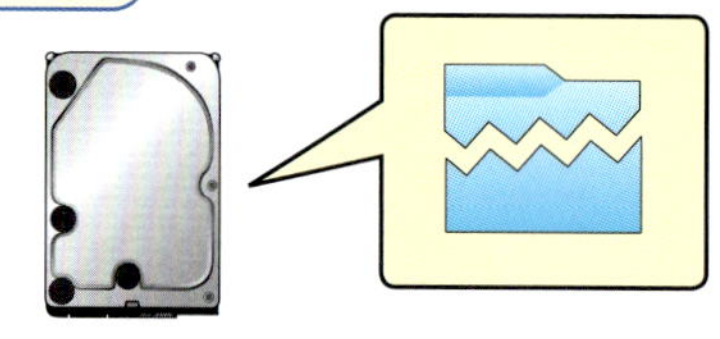

論理障害ではストレージの機器自体には問題がないのにデータが利用できない状態となっている

MEMO 誤操作も論理障害

機器は故障していないのに、必要なデータが損なわれているという意味では、誤操作によるファイルの削除なども論理障害の1つとみなすことができます。誤操作によってファイルを削除した場合でも、内部的にはデータが削除されておらず、復元可能なことがあります。

MEMO 障害発生時のデータの復元

障害が起きたからといって、必ずしもデータが失われるわけではありません。通常のやり方でデータを読み出せないだけで、ストレージ内のデータは無事なこともあります。その場合には、専門の業者に依頼するなどしてデータの復元が可能です。ただし、不具合を放置して使用を続ければ、障害が拡大して復元不可能になることが多いです。異常を感じた際には、すぐに対処するのがよいでしょう。

② ミラーリングとバックアップとは？

データの障害対策の方法には、ミラーリングとバックアップがあります。それぞれに長所と短所があるため、両方を組み合わせることによって信頼性を高められます。

ミラーリングとは、複数のストレージを用意して、それらにまったく同じデータを同時に記録していく方法です。1つのストレージに障害が発生して、データの読み出しが不可能になった場合でも、残ったストレージで処理を続行できます。ただしデータが破損すると、破損がすべてのストレージに反映されるため、論理障害に対しては効果がありません。

バックアップとは、サーバーのストレージに保存されているデータを定期的に別のストレージに複製しておく方法です。稼働系のストレージに障害が発生した場合には、複製したデータをもとにしてデータを復元できます。復旧に手間を要しますが、論理障害に対しても効力があります。論理障害が発生したときには障害が発生する直前のデータを取り戻す必要があるため、適度な頻度でバックアップを作成し、数回分のバックアップをさかのぼれるようにしておきます。

Hint RAID

ミラーリングは第2章Section 05で説明しているRAIDによって実現できます。

ミラーリング

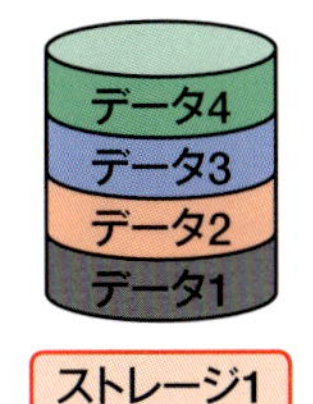

ストレージ1

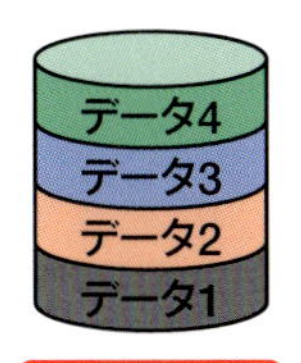

ストレージ2

ミラーリングでは複数のストレージにまったく同一のデータを同時に記録する

バックアップ

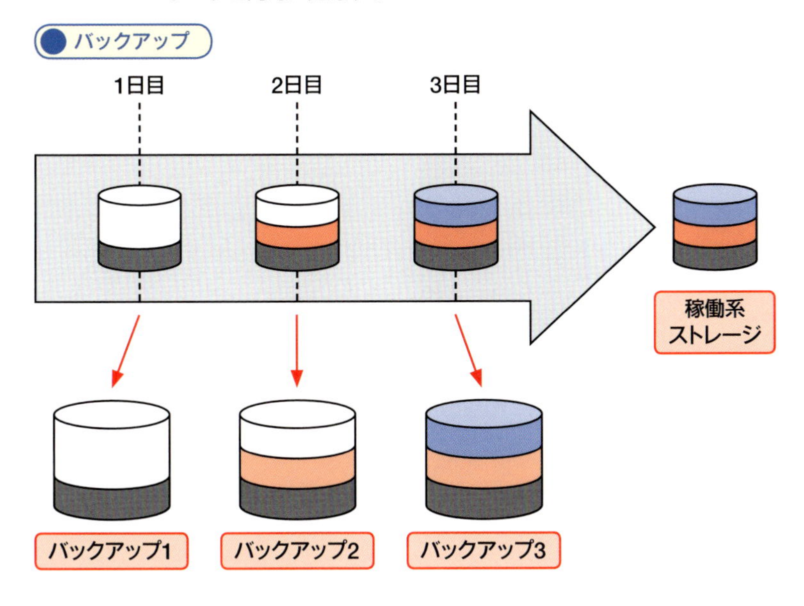

MEMO バックアップをどこに保存するか

バックアップの保存先としては、ストレージやクラウドサービス、リムーバルメディアなどが考えられます。保存するデータの重要性や使用頻度、保存期間を考慮して選択します。

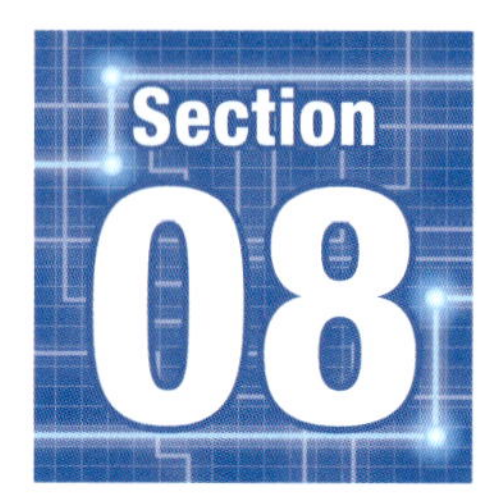
Section
08

サーバーの災害対策とは?

覚えておきたいキーワード
- UPS
- 瞬停
- 遠隔地バックアップ

サーバーを雷などによる停電から守るには、UPS（無停電電源装置）を使用します。UPSによってサーバーを安全に停止できるようになります。また予備サーバーやデータのバックアップを遠隔地に用意することで、大規模な災害に備えることができます。

1 サーバーの停電対策とは？

機器やデータの障害だけでなく地震や雷などの災害でもサーバーが使用できなくなる危険があります。これらへの対策も欠かせません。

サーバーでまず注意すべきなのは停電です。停電が起きると電力の供給が断たれ、サーバーは終了の準備ができずに電源が落ちます。こうなると作業中のデータが失われたり破損したりします。これを防ぐには UPS が有効です。電源とサーバーの間に接続して使用する UPS は、サーバーに供給する電力を一定に保つ機能があります。蓄電もでき、蓄えた電力を停電の際に供給します。ただし、蓄電量には限界があるため、安全に電源を落とす時間を稼ぐのがおもな用途です。UPS だけでサーバーを稼働させ続けることはできません。

落雷の際に起こる瞬停や過電流もサーバーの故障の原因となりますが、UPS によってこれらからもサーバーを守ることができます。

Keyword

瞬停と過電流

瞬停は、電源からの電力供給が瞬間的に途絶える現象のことです。完全には停電しませんが、電流が乱れるため、誤作動の原因になります。過電流は逆に電源からの電力供給が瞬間的に高まり、大きな電流が機器に流れ込む現象です。電源ユニットなどの故障の原因になります。

UPSとは？

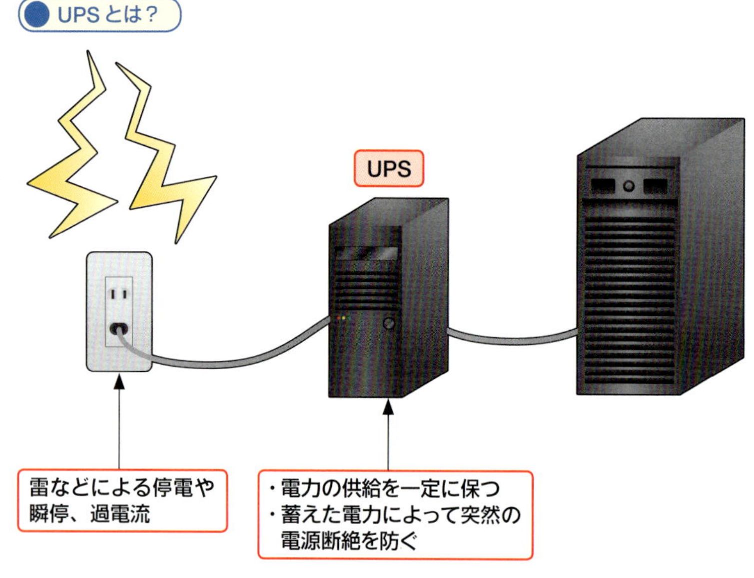
UPS
雷などによる停電や
瞬停、過電流
・電力の供給を一定に保つ
・蓄えた電力によって突然の
電源断絶を防ぐ

UPSを接続することで瞬停、過電流による不具合や停電による電源断絶を防げる。発電機ではないため、あくまでも安全に電源を落とすためのもの

MEMO

自家発電装置

自家発電装置があれば、停電時にも電力供給を受けることができます。多くのサーバーを収容するデータセンターでは、停電対策として自家発電装置を施設が少なくありません。

② 大規模災害に備えるには？

サーバーを冗長化し、データをバックアップしていても、それらを稼働サーバーと同じ場所で管理していたのでは、大規模災害への対策にはなりません。地震や火災で建物が損壊すれば稼働サーバーも予備サーバーも同時に損傷を受けますし、大規模停電となれば予備サーバーがあったところでサーバーに供給する電力が得られません。

こういった大規模災害に備えるには、予備サーバーやデータのバックアップを遠隔地に用意することが重要です。稼働サーバーから離れた土地にこれらを用意すれば、稼働サーバーを含む建物や地域が大規模な災害に見舞われたとしても、離れた土地で予備サーバーやバックアップをもとにシステムを復旧し、運用することができます。

対策をより確実にするなら、予備サーバーやバックアップを置く場所は、稼働サーバーからできる限り離れた土地であることが望ましいです。2011年に起きた東日本大震災では、宮城県沖を震源とする地震の影響で首都圏でも計画停電が実施されました。このように大きな災害が起きた場合でもシステムを運用し続けるためには、全国や世界規模で予備サーバーやバックアップの配置を考慮する必要があります。

Hint 遠隔地バックアップ

離れた地域に支社などがあるなら、そこに予備サーバーやデータのバックアップを置くのも1つの手です。都合のよい場所を確保しづらい場合でも、クラウドサービスを利用すれば、遠隔地バックアップは可能です。クラウドサービスでは、事業者がサーバーを設置している地域の中から好きな地域を選択して利用できるため、世界規模でバックアップを分散させることもできます。

● 予備サーバーやバックアップは遠隔地に置く

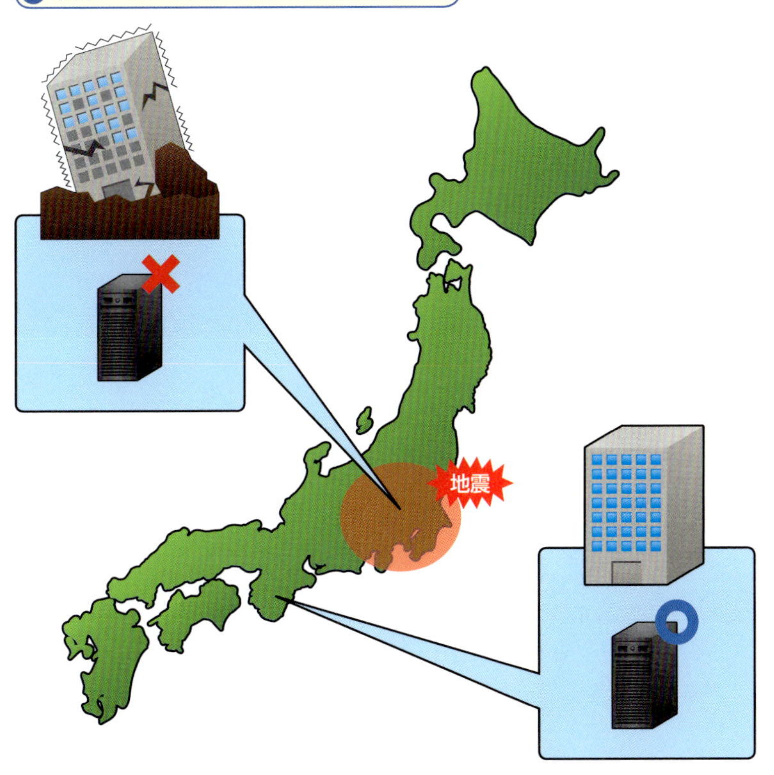

離れた土地に予備サーバーやバックアップを置くことで、
大規模災害が起きたときにもシステムの運用を続行できる

バックアップの考え方

システムやデータをバックアップしておけば、もしもの事態が起きても最悪の状況を回避することができます。けれども、ただバックアップしただけで安心していてはいけません。実際に障害が起きたとき、そのバックアップからシステムをきちんと復旧させることができるでしょうか。手順を頭の中にイメージできるから大丈夫と思っていても、実際にやろうとしてみると思いもよらないところでつまずいたり時間がかかったりするものです。システムの復旧が遅れれば、それだけ長い時間業務を停止させることになり、損害も大きくなります。バックアップしただけで満足せずに、スムーズに復旧できるようにしておくことも重要な障害対策といえるでしょう。

バックアップからシステムを復旧させることをリストアといいます。障害発生時にスムーズなリストアを行うためには、日頃から「障害が発生して復旧が必要になった」ときを想定し、復旧訓練を定期的に行っておくことが大切です。とはいえ、本番環境で訓練するわけにはいきませんので、仮想環境を利用するなどして訓練用の環境を用意して実施するようにしてください。ちょっとした手順でも可能な限り実際に手を動かして確認するようにしましょう。確認した内容は手順書にまとめ、サーバー管理の担当を別の人に引き継ぐことになっても困らないようにしておきます。

復旧訓練のほかにも、バックアップを考える際の注意点はいろいろあります。ネットワークを経由してバックアップデータを送受信する場合は、データ転送速度があまり速くありませんから、データの転送量を考えてバックアップの範囲や頻度を決める必要があります。また、機密情報のデータをバックアップすれば、そのバックアップも当然機密情報ということになります。取り扱いには注意するようにしましょう。

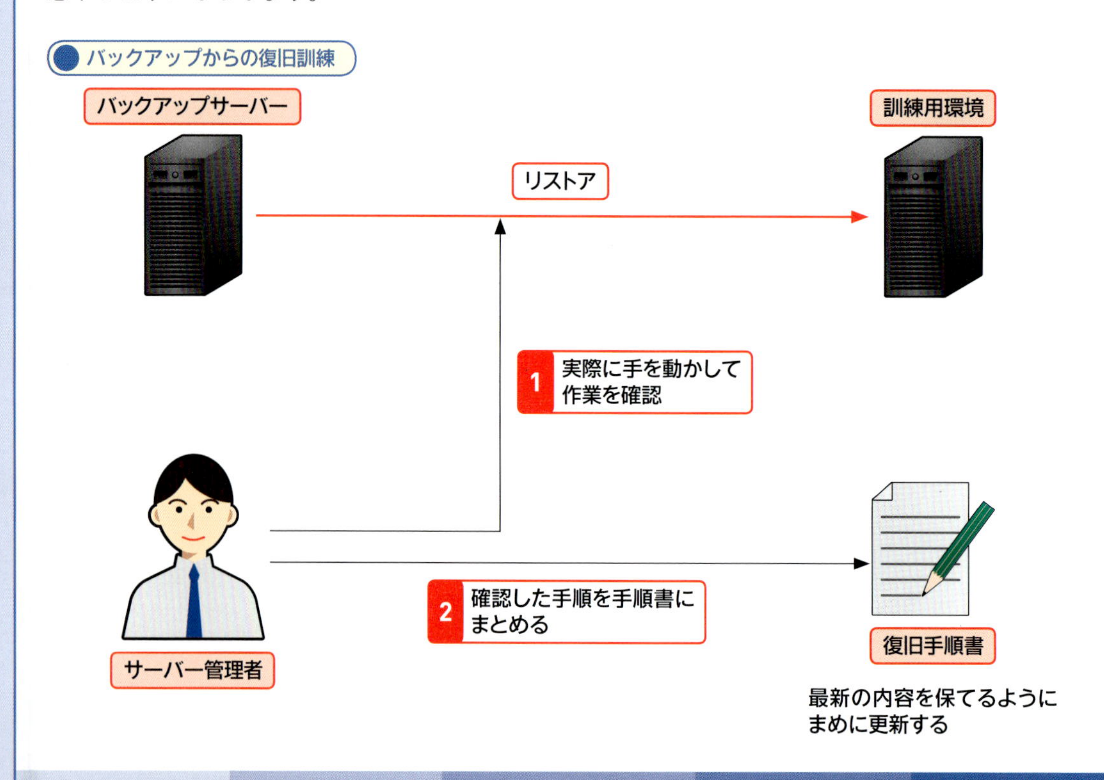

第8章 サーバーとセキュリティ

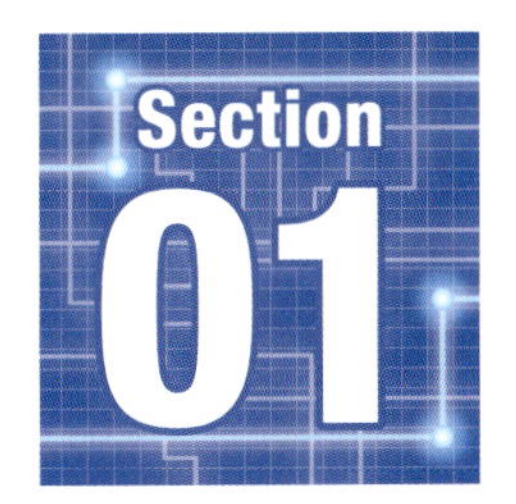

サーバーのセキュリティ対策とは?

覚えておきたいキーワード
- 機密性
- 完全性
- 可用性

サーバーの設定ができたら、次はセキュリティ対策を考えましょう。大量のデータが蓄積されているサーバーには、セキュリティ対策が不可欠です。本節では、サーバーのセキュリティを担保するために必要な要素を解説します。

1 情報セキュリティのCIAとは?

情報セキュリティのCIAとは、機密性（Confidentiality）、完全性（Integrity）、可用性（Availability）の3つを指します。サーバーのセキュリティ対策においては、これら3つがしっかり保たれるような運用体制を作っていくことが大切になってきます。

サーバーには、機密性の高いものを含む大量のデータが蓄積されています。そのため、データの完全性を保てるよう、クライアントよりもさらに注意深くセキュリティを固める必要があります。しかし、セキュリティを高めることを意識しすぎて、実際に運用していくうえで現実的でない（=可用性に欠ける）対策をとってしまっては本末転倒です。サーバーの運用においては、利便性とセキュリティのバランスを見極めることが大切です。

● 情報セキュリティのCIA

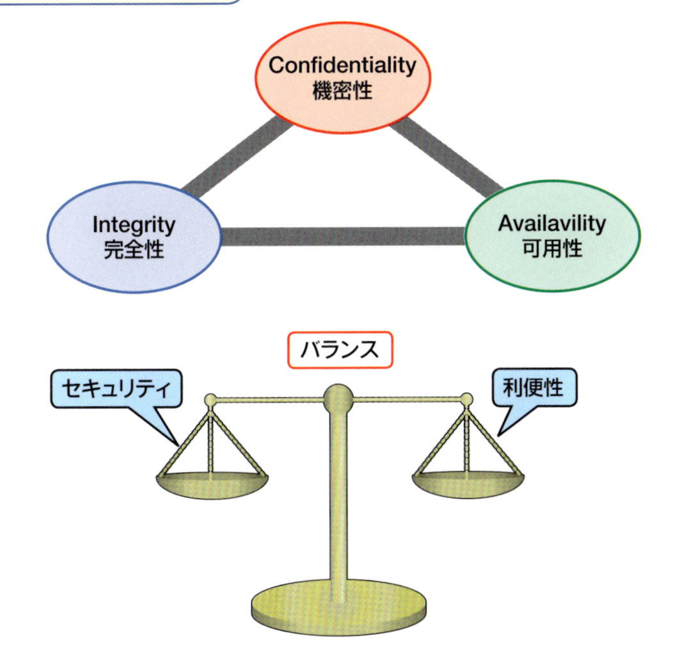

機密性

機密性とは、アクセスすることを認められた人だけが該当の場所にアクセスできるようにすることです。

完全性

完全性とは、情報が改ざんされたり、誤っていたりせず、正確な状態であることを意味します。

可用性

可用性とは、必要な情報にすぐにアクセスできるような状態であることを意味します。

② セキュリティポリシーとは？

セキュリティポリシーとは、企業や組織における情報セキュリティ対策の指針のことをいいます。情報セキュリティを維持するために、誰が何をどのように遵守するかを、組織ごとの基準で策定します。

たとえば、A社では顧客の個人情報を含む多くの情報資産をサーバーに保管しているため、セキュリティ管理は徹底しなければならないと考えています。このような、組織全体としてのセキュリティ対策に対する基本的な考え方を基本方針といいます。

また、A社ではその基本方針を実現するために、対策委員会の設置や社員の教育など、具体的に何をすればよいかを定めています。これを対策基準といいます。また、基本方針と対策基準をもとに、個人のレベルで誰が何を遵守すればよいのかをさらに細かく定めたものを実施手順といいます。セキュリティポリシーは、このように基本方針、対策基準、実施手順の3つから成り立っています。

MEMO セキュリティポリシーの公開

企業や組織などで策定されたセキュリティポリシーは、Webページで公開されている場合もあります。

● セキュリティポリシー

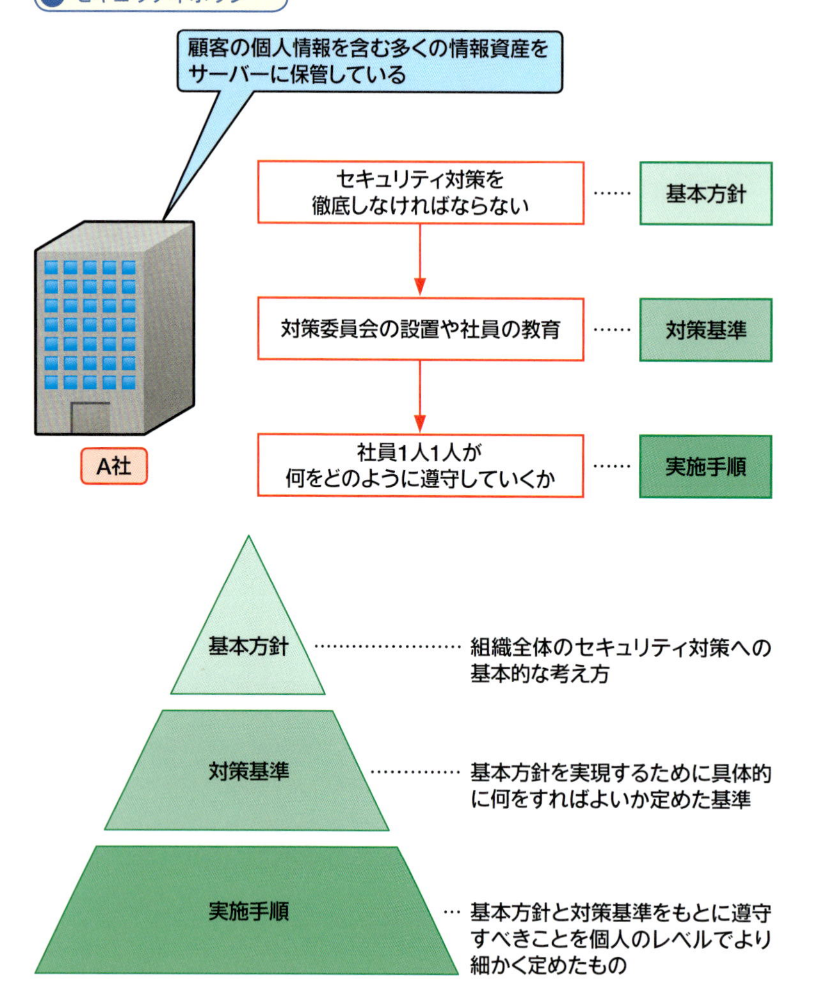

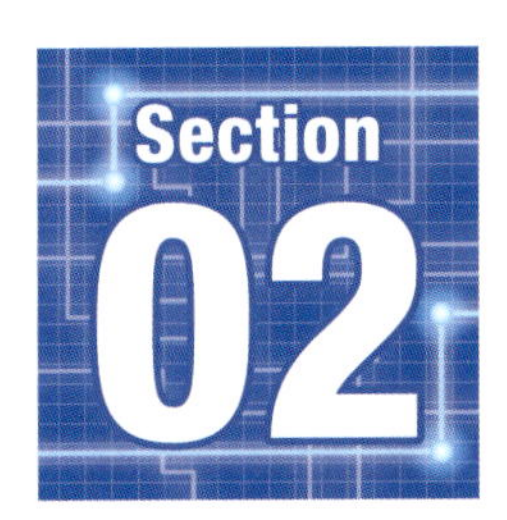

サーバーの保全とは?

覚えておきたいキーワード
- ソーシャルエンジニアリング
- 冗長化
- ディザスタリカバリ構成

サーバーを保全するには、脅威となりうる事象にどのようなものがあるのかを理解しておく必要があります。本節では、サーバーのセキュリティ対策と災害対策について解説します。

1 サーバー運用におけるセキュリティ面の脅威

サーバーを管理するうえで、セキュリティの面で脅威となりうる事象が、大きく分けて3つ存在します。

1つめは、機器そのものの故障などの物理的な問題です。地震や火災など予測できない災害による被害も物理的な脅威に含まれます。

2つめは、データの盗難や紛失、内部不正など、人によって引き起こされる人的な問題です。近年ではソーシャルエンジニアリングといって、ネットワークを介さずに人為的な隙に付け込んで機密情報を盗み出す、いわゆる信用詐欺のような問題も起こっています。

3つめは、ソフトウェアやプロトコルの設計や、不適切な設定・運用に起因する脆弱性によってもたらされる技術的な問題です。とくにインターネットに公開されるサーバーは、セキュリティホールをついたサイバー攻撃など、さまざまな脅威にさらされます。

Keyword ソーシャルエンジニアリング

ソーシャルエンジニアリングとは、ネットワークを介さずに、人為的な隙に付け込んでパスワードなどの機密情報を盗み出すことをいいます。具体的な方法としては、パスワードを入力している画面を背後から盗み見る、シュレッダーをかけずに廃棄された紙ゴミの中から個人情報の記載のある紙を取り出す、あるいは関係者になりすまして電話で直接個人情報を聞き出す、などが考えられます。

サーバーに降りかかるさまざまな脅威

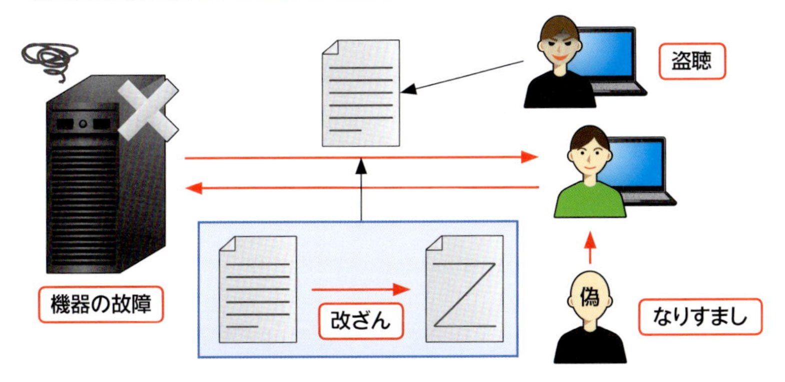

脅威	具体例
物理的脅威	地震、火災、洪水などの自然災害、機器の故障
人的脅威	データの盗難、紛失、内部不正、ソーシャルエンジニアリング
技術的脅威	SQLインジェクション、クロスサイトスクリプティング、権限昇格

② サーバーの災害対策

地震や火災、洪水や落雷などの予測のつかない自然災害によって、サーバーを保管している施設そのものが被害を受けてしまう可能性も考えなくてはなりません。

災害の発生そのものを防ぐことはできないため、災害の被害を受けてもシステムに影響が出ないようなしくみを作っておくことが大切です。具体的な方法の1つとして、ディザスタリカバリ構成によってサーバーを冗長化しておくことが挙げられます。また、クラウドにバックアップを取っておくことも有効な対策といえます。

あるいは、災害が発生してしまった場合に、施設への被害を最小限に食い止めるための対策を立てておくことも大切です。地震への対策としてはラックマウントを固定すること、火災への対策としては煙感知器や不活性ガス消火設備を設置しておくことなどが挙げられます。

ディザスタリカバリ構成

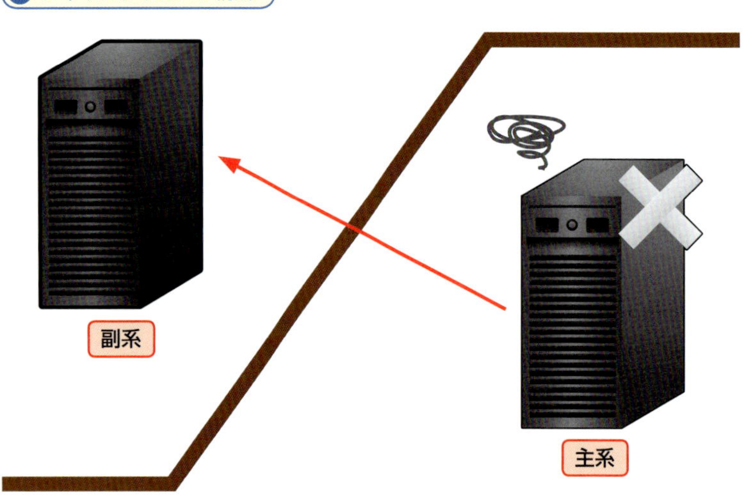

主系のサーバーが何かしらの原因で止まってしまっても予備である副系が機能するためシステムが止まらずに済む

地震への対策

ラックマウントの固定

火災への対策

煙感知器

不活性ガス消火設備

MEMO その他の災害対策

サーバーの災害対策としては、そのほかにUPSや遠隔地バックアップなどがあります。詳しくは、第7章Section 08で解説しています。

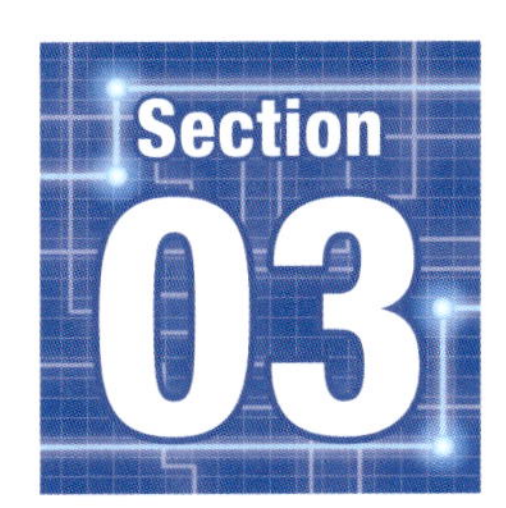

サーバーの物理的脅威への対策とは?

覚えておきたいキーワード
- 物理的脅威
- 施錠
- 入退室管理

サーバーに降りかかる恐れのある脅威のうち、サーバー機器そのものに物理的な被害が及ぶような脅威を物理的脅威といいます。本節では、物理的な攻撃に対する対策について説明します。

1 物理的脅威とは?

サーバーは物ですので、ネットワーク越しの攻撃だけでなく、人の手による物理的な攻撃を受けてしまう可能性があります。たとえば、サーバーを管理している部屋に人が侵入して、サーバーそのものを壊されたりしてしまうようなことです。こうした直接的な被害を出す可能性がある脅威のことを物理的脅威といいます。

攻撃でなくとも、たとえば経年劣化によってサーバーの機器そのものが故障してしまうことも、物理的脅威に含まれます。また、第8章Section 02で説明した地震や火災、洪水などの災害も物理的脅威といえます。

こうしたさまざまな物理的脅威に備えて、日頃から対策を立てておくことが必要です。

サーバーの物理的脅威

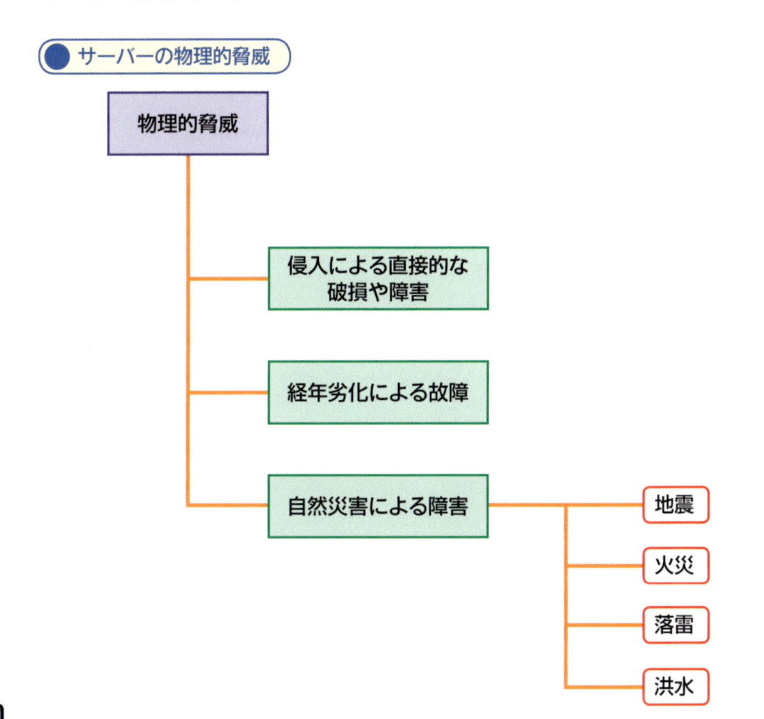

MEMO 人的脅威との違い

データの盗難や内部不正といった、人によって引き起こされる脅威は人的脅威に分類されます。内部不正については、第8章Section 04で解説しています。

② 物理的脅威への対策

物理的脅威に対してサーバー管理者が行うべき対策としては、身近なところでサーバールームの入退室管理があります。

人の侵入による物理的被害を防ぐため、企業などではふだんからサーバールームを含めた社内のセキュリティ区画における入退室の管理を徹底しておく必要があります。具体的な対策方法としては、まず施錠をしっかりしておくこと、サーバーを堅牢な建物に収容することが有効です。また、ICカードや生体認証を利用してセキュリティ区画に入室できる人員を制限すること、監視カメラを設置すること、入退室の時間を履歴として記録しておくことなどもセキュリティ対策として有効であるといえます。

MEMO そのほかの物理的脅威への対策

サーバーの故障や自然災害による障害の対策については、第7章Section 06～08や第8章Section 02で解説しています。

侵入への対策

・施錠はしっかり行う
・堅牢な建物に収容する
・入退室時間を記録する

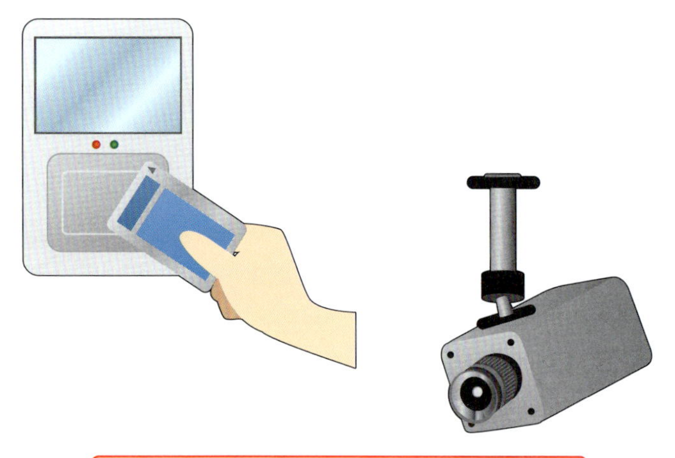

・防犯カメラや生体認証、ICカードなどを利用する
・区画ごと、社員ごとに社内へのアクセスを制限する

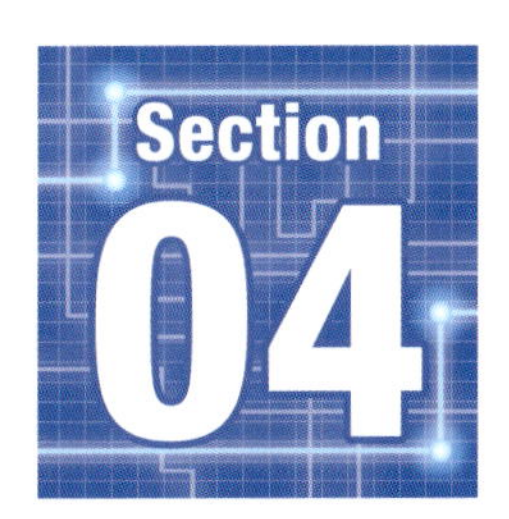

サーバーの人的脅威への対策とは？

覚えておきたいキーワード
- 不正のトライアングル
- 情報セキュリティ教育
- 内部不正防止ガイドライン

セキュリティの問題で意外と多いのが、社内の人間あるいは元社員による内部不正です。内部不正を防ぐためには、その原因となる「人」に注目して対策を立てることが必要です。

1 不正のトライアングルとは？

不正のトライアングルとは、アメリカの犯罪学者 D.R. クレッシーが唱えた理論で、人間が不正を働くときの条件として機会・動機・正当化という３つの要因を挙げたものです。この３つの条件が揃ったとき、人はたとえそれが悪いことだと理解していても不正を働いてしまうことがあるといいます。

機会とは、不正を行うことのできる条件が揃っている状況です。また、動機とは、不正を行うに至る理由のことです。そして、正当化とは、「自分は悪くない」と思える理由をこじつけて、罪悪感を薄めたうえで不正行為を働くことをいいます。

これら３つの条件が揃わないよう、社内で情報セキュリティ教育を徹底することや、不正の起こらない環境作りをしていくことが大切です。

Hint　情報セキュリティ教育

情報セキュリティ教育は、役職や雇用形態にかかわらず、業務に携わるすべての人間が対象となります。

●不正のトライアングル

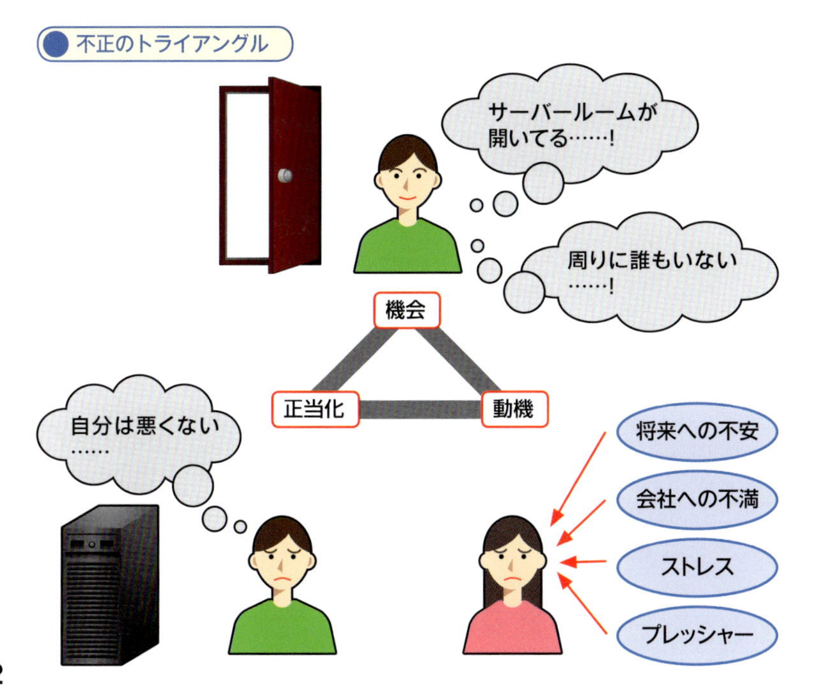

② 内部不正防止ガイドラインによる対策

企業や組織の内部の人間（内部者）が、情報漏洩などの不正行為に加担するケースが多くあります。内部不正防止ガイドラインとは、企業や組織の内部者が不正を行うことを防ぐために、独立行政法人情報処理推進機構（IPA）によって策定された指針のことです。

基本的な対策としては、社内の重要な情報にアクセスできる人間を限定すること、個人で所有するスマートフォンやUSBメモリなどの社内への持ち込みを制限すること、重要な情報へのアクセスや操作の履歴などを定期的にチェックすることなどが挙げられています。

また、不正を行う原因としては、給与や人事など処遇面の不満が多いようです。そうした不満が生じない職場環境を形成するために、公正な人事評価や定期的なヒアリングを行っていくことも、内部不正への対策として有効だといえるでしょう。

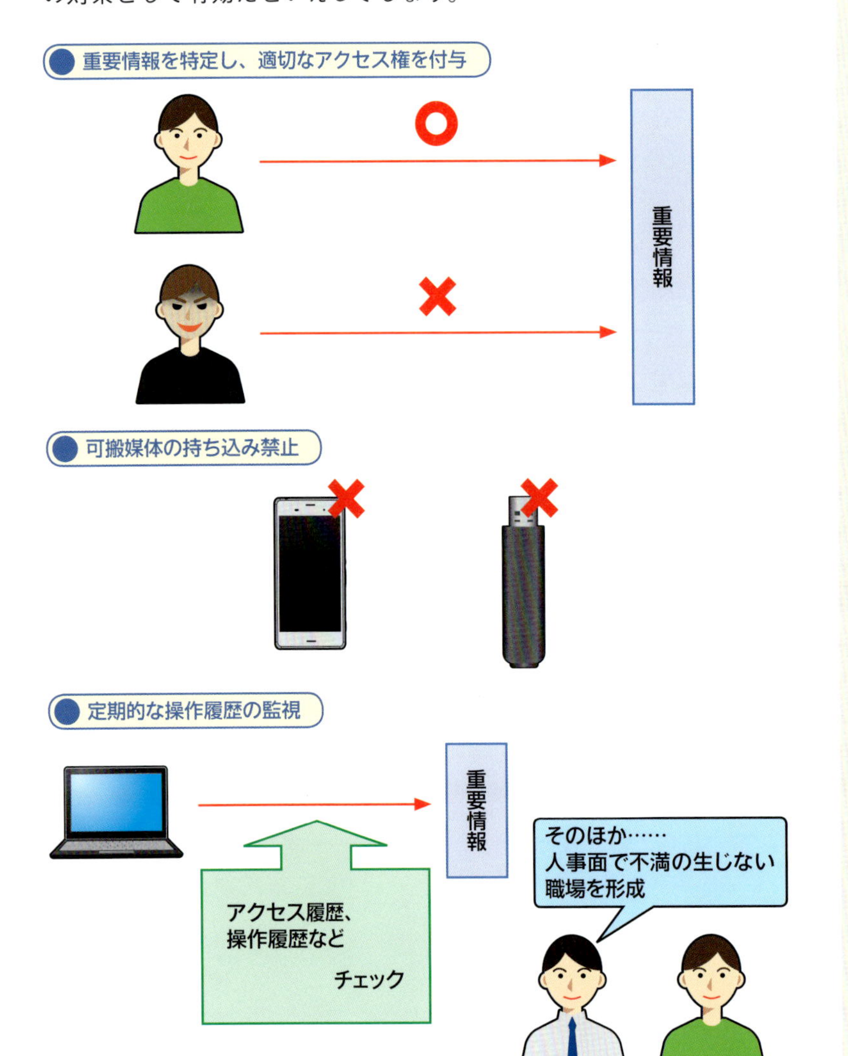

Keyword IPA

IPAとは、独立行政法人情報処理推進機構(Information-technology Promotion Agency, Japan) の略称です。セキュリティ対策の普及啓発事業や脆弱性対策促進事業、また、国家試験である情報処理技術者試験の主催など、情報セキュリティ対策の実現とIT人材の育成を目指して多角的な取り組みを行っています。

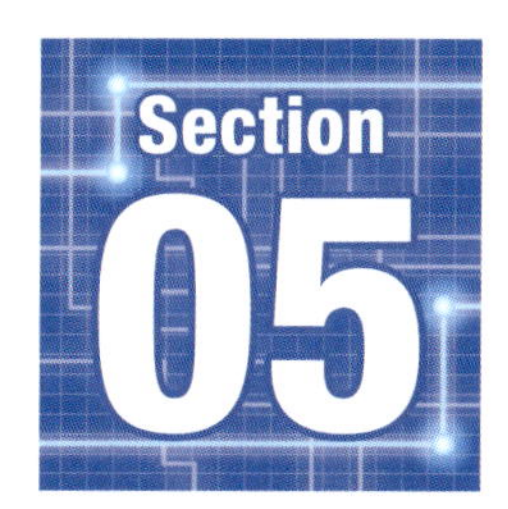

サーバーの技術的脅威への対策とは？

覚えておきたいキーワード
- 権限昇格
- SQLインジェクション
- クロスサイトスクリプティング

人的脅威、物理的脅威のほかに、サイバー攻撃や不正アクセスのように、ネットワークを介して攻撃を行う技術的脅威があります。本節では、サーバーを運営していくにあたって脅威となりうるさまざまな攻撃について解説します。

1 サイバー攻撃の種類

サイバー攻撃とは、サーバーやコンピューターのシステムにネットワークを通じて介入し、データを盗んだり、破壊や改ざんを行ったりする攻撃のことをいいます。サーバーへの脅威となりうる代表的な攻撃としては、権限昇格、クロスサイトスクリプティング、SQLインジェクションなどが挙げられます。

権限昇格とは、管理者のように上位の権限をもともと持っていない一般のユーザーの権限を不正に昇格し、通常ではできない操作を行ってデータを改ざんするなど、管理者の権限を悪用する攻撃です。クロスサイトスクリプティングとは、ユーザーが動的なWebページを閲覧した際に、不正なスクリプトが実行され、ユーザーとサーバーがともに被害を受けてしまう攻撃です。SQLインジェクションは、アプリケーションが予想していないようなSQL文を送信することで、データベースに介入して不正な操作を行う攻撃です。

脆弱性

脆弱性とは、プログラムのセキュリティ上の欠陥のことです。セキュリティホールともいいます。

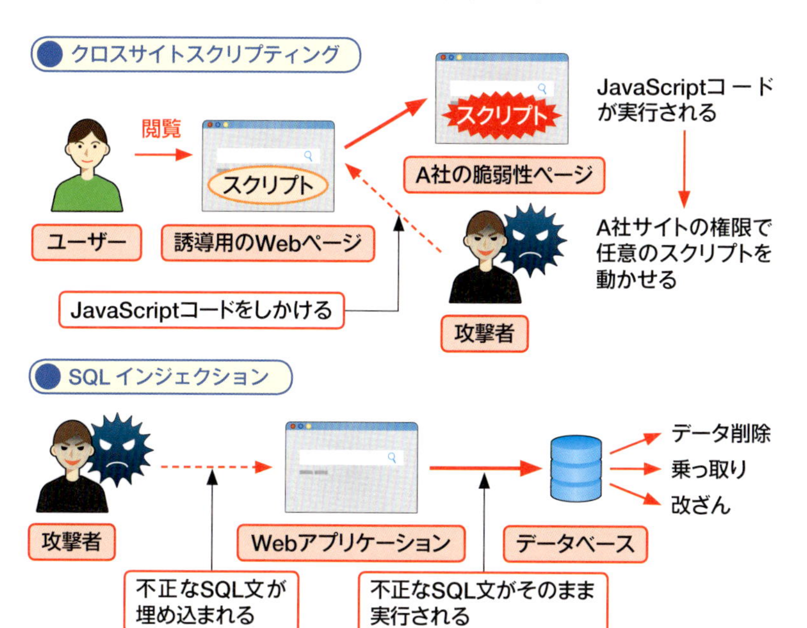

② サイバー攻撃への対策

脆弱性に対しては、パッチという修正プログラムが配布されます。パッチを適用して脆弱性を修正することで、権限昇格のようなエクスプロイト攻撃を未然に防ぐことができます。また、OSのアップデートをこまめに行うことも大切です。OSのアップデートというと新機能の追加をイメージする方も多いかもしれませんが、脆弱性の修正も大切なアップデート内容の1つです。

クロスサイトスクリプティングやSQLインジェクションに対しては、入力値のエスケープ処理が有効です。入力された文字列の意味を打ち消すエスケープ処理を行うことで、不正なスクリプトが実行されてしまうことを防ぐことができます。

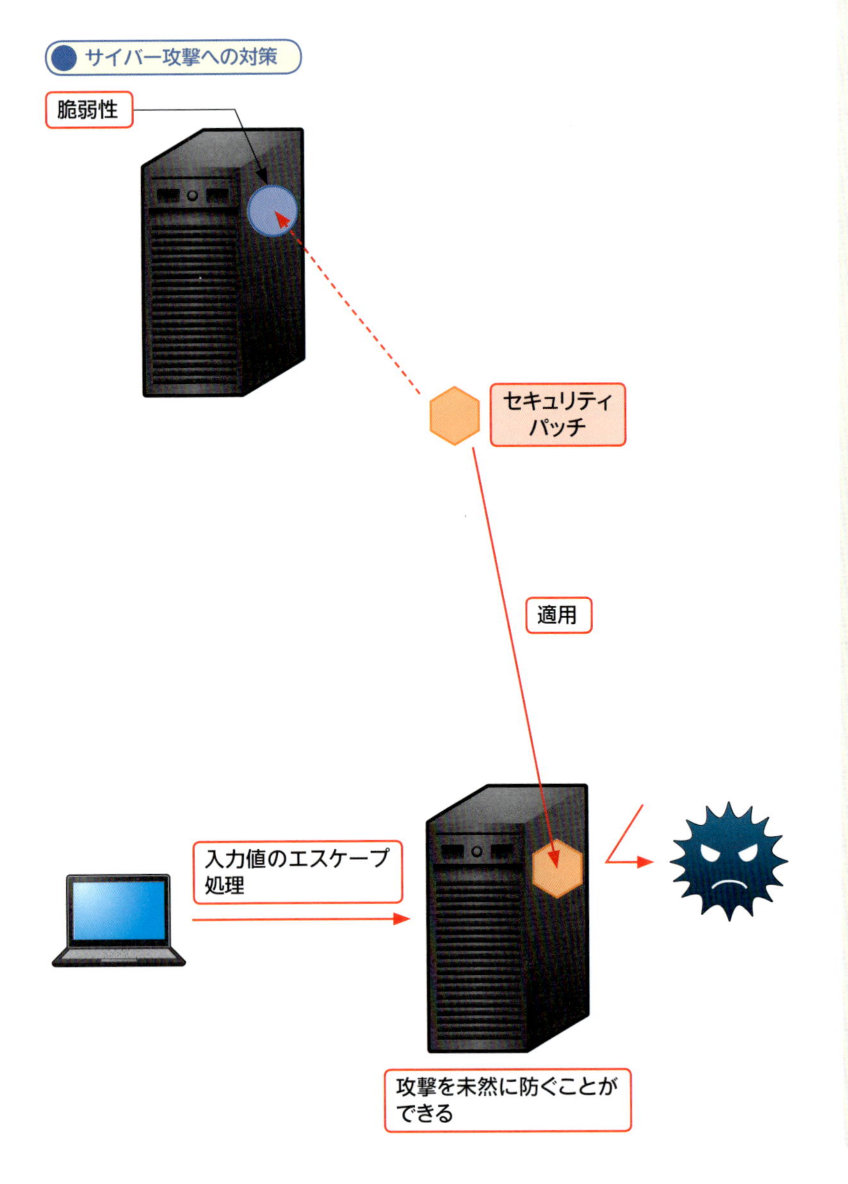

Keyword エクスプロイト

エクスプロイトとは、コンピューターの脆弱性を狙った攻撃のことです。DoS攻撃や権限昇格がこれにあたります。

Keyword エスケープ処理

エスケープ処理とは、特殊記号を別の文字列に置き換えることによって入力された文字列の意味が通らないようにし、不正なスクリプトが実行されることを防ぐ処理のことをいいます。

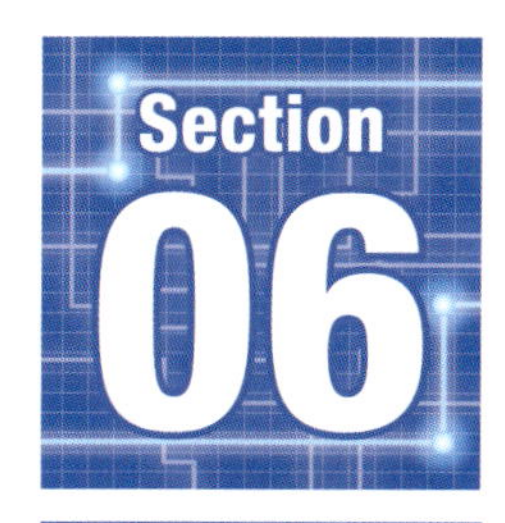

ファイアウォールとは?

覚えておきたいキーワード
- ファイアウォール
- プロキシサーバー
- DMZ

ファイアウォールとは、外部からの不正な侵入を防ぐためのしくみです。また、内部ネットワークと外部ネットワークの両者から隔離され、外部に公開するサーバーを置いている区域をDMZといいます。

1 ファイアウォールとは？

ファイアウォールは､｢防火壁｣という意味ですが､情報セキュリティの用語としては不正アクセスを防ぐためのシステムのことを指します。内部ネットワークと外部ネットワークの間に設置され、外部からの不正な侵入からコンピューターを守ります。

ファイアウォールは、パケットのヘッダ情報のみをチェックするパケットフィルタリング型と、アプリケーションレベルでデータの中身までチェックするアプリケーションレベルゲートウェイ型という2種類が主流です。アプリケーションゲートウェイは、内部ネットワークの代理としてアクセスを行うこともできるため、プロキシサーバーとも呼ばれます。プロキシサーバーには、一度表示したページの情報を記憶しておき、次回社内で同じページが呼び出されたときにはより早く表示することのできるキャッシュ機能もあります。

MEMO 内部からの不正も防げる

ファイアウォールは外部からの不正侵入だけでなく、内部から外部へのデータ流出といった不正も防ぐことができます。

ファイアウォールのしくみ

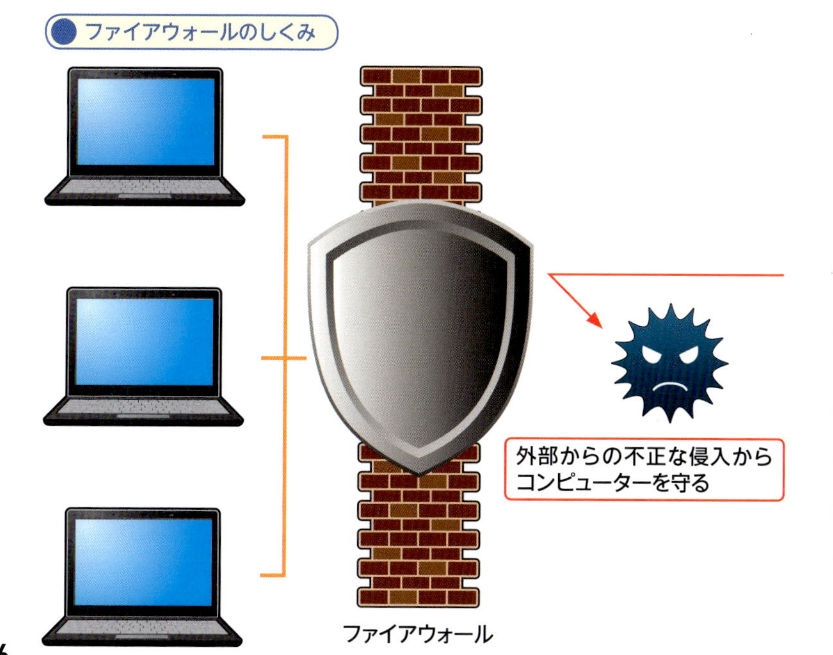

② DMZとは？

サーバーを外部に安全に公開するために、内部ネットワークと外部ネットワークの両者から隔離されている領域をDMZといいます。具体的には、内部ネットワーク用のファイアウォールと、外部ネットワーク用のファイアウォールの間に位置しています。DMZはDe-Militarized Zoneの略で、もともとは軍事用語の「非武装地帯」を指す言葉です。イメージとしては「戦場（ここでは外部ネットワーク）一歩手前の最前線」が近いです。Webサーバーやメールサーバーなど、やむをえず外部に公開しなければならないサーバーをDMZに配置することで、もしDMZにあるサーバーが攻撃を受けても、後方の内部ネットワークにまで被害が及ぶのを防ぐことができます。

DMZのしくみ

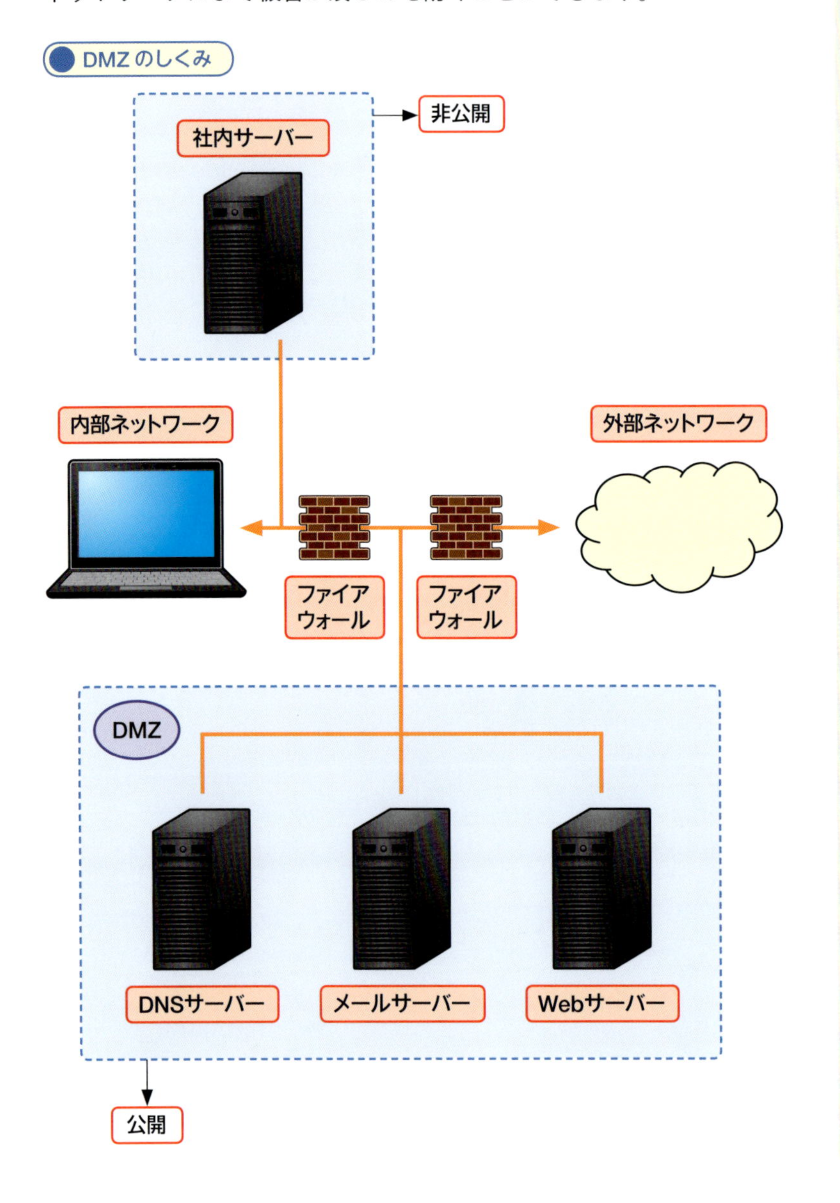

Keyword プロキシサーバー

プロキシサーバーは、一般的には内部ネットワークと外部ネットワークの間に位置するDMZに置かれることが多いです。代理で通信を行う機能、キャッシュ機能のほか、社内から社外へのアクセスを監視して有害サイトの閲覧を防ぐ機能もあります。

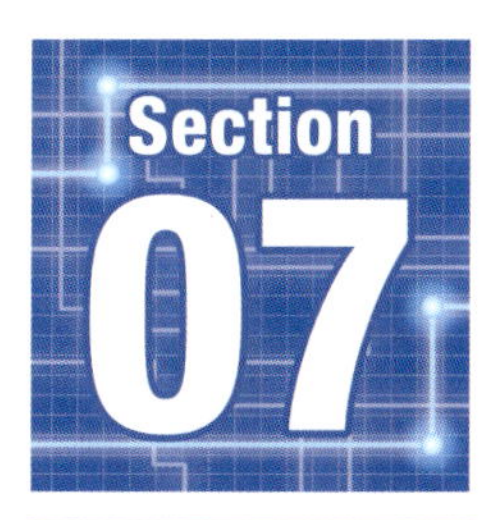
Section
07

不正アクセスを検知するには？

覚えておきたいキーワード
- IDS
- IPS
- WAF

ファイアウォールでは防ぎきれない攻撃への対策として、不正アクセスを検知したら管理者に報告するIDSや自力で防御するIPSがあります。また、Webアプリケーションに特化したセキュリティであるWAFも有効です。

1 不正アクセスを検知するIDSとIPS

ファイアウォールは、外部からの不正な侵入を防ぐことができますが、そのトラフィックが悪意のあるものかどうかまでは読み取れません。そのため、たとえば大量のリクエストを一度に送信して攻撃対象を処理落ちさせるDDos攻撃などは、ファイアウォールでは防ぐことができません。このような、悪意のあるトラフィックを検知して、侵入を防ぐことができるシステムがIDSとIPSです。

IDSは侵入検知システムと呼ばれ、不正なアクセスがあった場合にそれを検知して管理者に報告します。IPSは侵入防止システムと呼ばれ、不正なアクセスを検知すると、管理者の指示がなくてもすぐに防御を始めることができます。たとえるならば、IDSは防犯カメラ、IPSは警備員のようなイメージです。

このように、IDSとIPSはファイアウォールでは防ぎきれない攻撃を防ぐことができます。IDSやIPSとファイアウォールを併用すると、より強固なセキュリティを築くことができます。

Keyword

トラフィック

トラフィックとは、インターネット通信において、ネットワーク上を流れるデータ量のことをいいます。

IDSとIPS

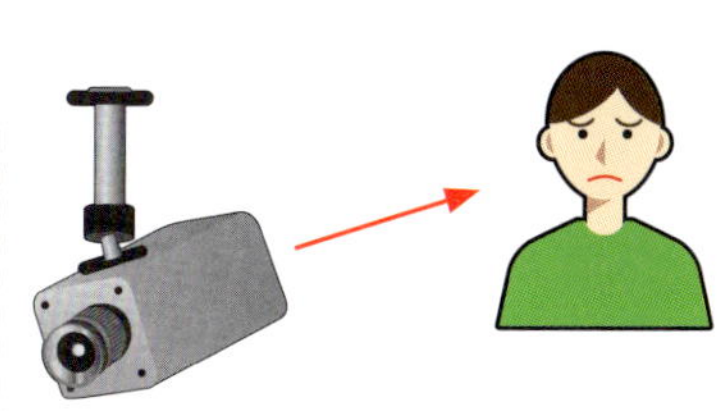

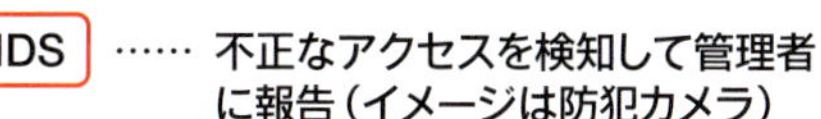
IDS …… 不正なアクセスを検知して管理者に報告（イメージは防犯カメラ）

IPS …… 不正なアクセスを検知して防御（イメージは警備員）

Keyword

DDos攻撃

DDos攻撃とは、複数のコンピューターからWebサーバーに一気に大量のリクエストを送信して、大きな負荷をかける攻撃のことです。

② Webアプリケーションの脆弱性への対策

ファイアウォールで防ぎきれない攻撃の1つに、Webアプリケーションの脆弱性を狙った攻撃があります。Webアプリケーションの脆弱性を狙った攻撃からサーバーを守る方法として、WAFが挙げられます。WAFは、Webページに特化した防御システムです。攻撃者による不審な動きを感知して、攻撃を受ける前に自動的に通信を遮断できるので、非常に利便性の高いシステムといえます。攻撃を受ける前に通信を遮断することができるため、ゼロデイ攻撃への対策としても有効です。以前は、導入コストの問題や運用のための専門的な知識の必要性から、限られた企業でしか普及していなかったのですが、近年では、コストパフォーマンスのよさから、クラウド型のWAFが広く普及しています。

MEMO ゼロデイ攻撃

ゼロデイ攻撃とは、脆弱性が見つかってから修正パッチが適用されるまでの期間を狙って行われる攻撃です。

● WAFのしくみ

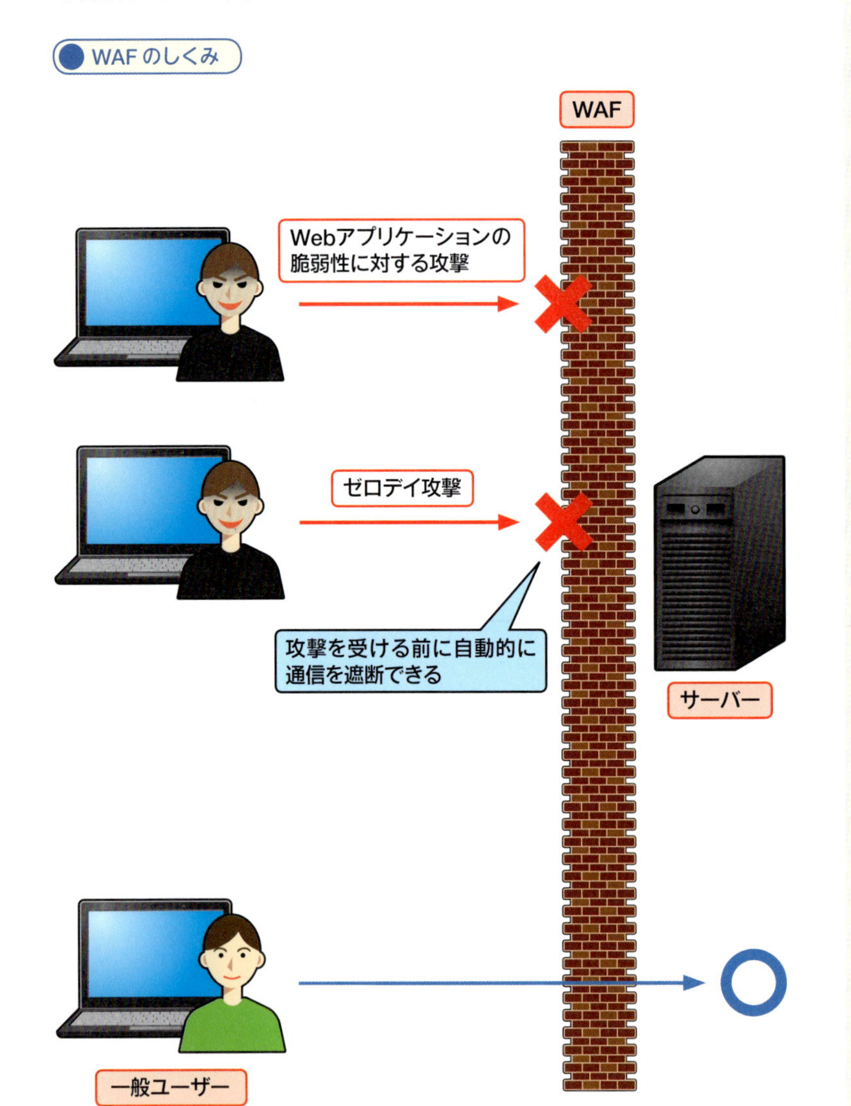

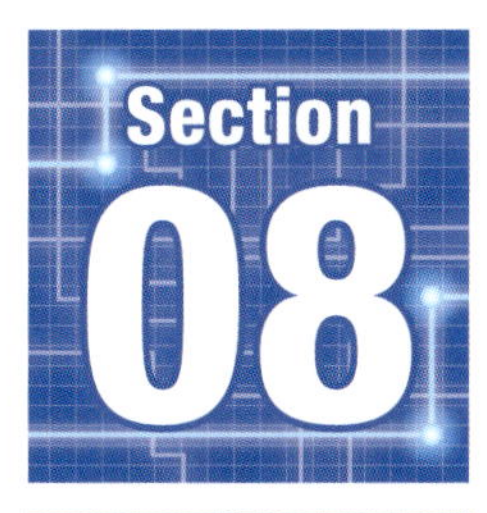

サーバーの暗号化技術とは?

覚えておきたいキーワード
- 共通鍵暗号方式
- 公開鍵暗号方式
- 常時SSL

WebサーバーとWebブラウザの間でデータの暗号化を行うためのしくみを、SSL/TLSといいます。近年では、すべてのWebページをSSL/TLS化しようという常時SSL化の動きが高まっています。

1 暗号化のしくみと方式

暗号化とは、第三者がデータの内容を読み取れないように、該当の文字列や記号の並びをほかの文字列や記号の並びに変換する処理のことをいいます。また、暗号化処理を行ったあとのデータをもとのデータに戻す処理のことを復号化といいます。暗号化の方式は、暗号化と復号化に共通の鍵を用いる共通鍵暗号方式、暗号化と復号化に別々の鍵を用いる公開鍵暗号方式があります。

また、WebサーバーとWebブラウザの間でデータの暗号化を行うためのしくみを、SSL/TLSといいます。SSL/TLSには共通鍵暗号方式と公開鍵暗号方式の両方が使われています。

暗号化のしくみ

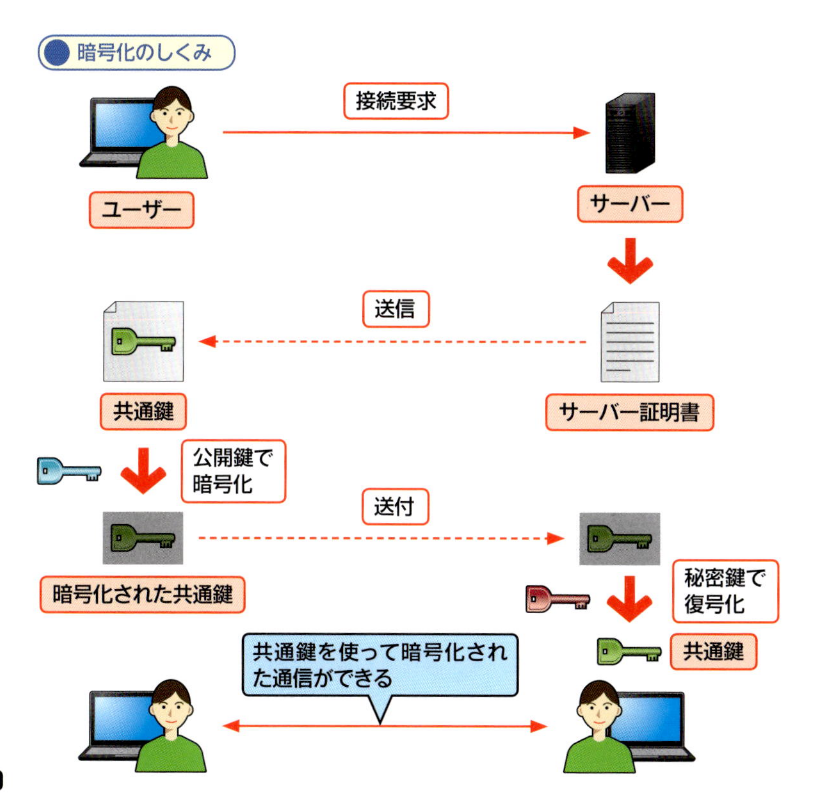

MEMO SSL/TLS

SSLには重大な脆弱性が発見されたため、2015年から使用が禁止されており、2019年現在実際に使われているのはTLS(現在のバージョンはTLS1.3)のみです。しかし、名称としてはSSLのほうが広く普及しているため、現在でも一般的にはSSL/TLSと表記されます。

② 常時SSLとは？

これまでは個人情報などの機密事項を入力するページのみをSSL/TLSで保護するのが一般的でしたが、近年ではWebサイト全体をSSLにする常時SSL化の動きが高まっています。SSL化されているサイトは、URLの先頭が「https」になっています。

常時SSLを採用するメリットとしては、セキュリティ面で安心感を与え、利用者からの信頼を得られることや、Webサイトが検索結果の上位に来ることなどが挙げられます。これからWebサイトを開設する際には、利用者が安心してWebサイトを閲覧できるよう、常時SSLの採用を推奨します。

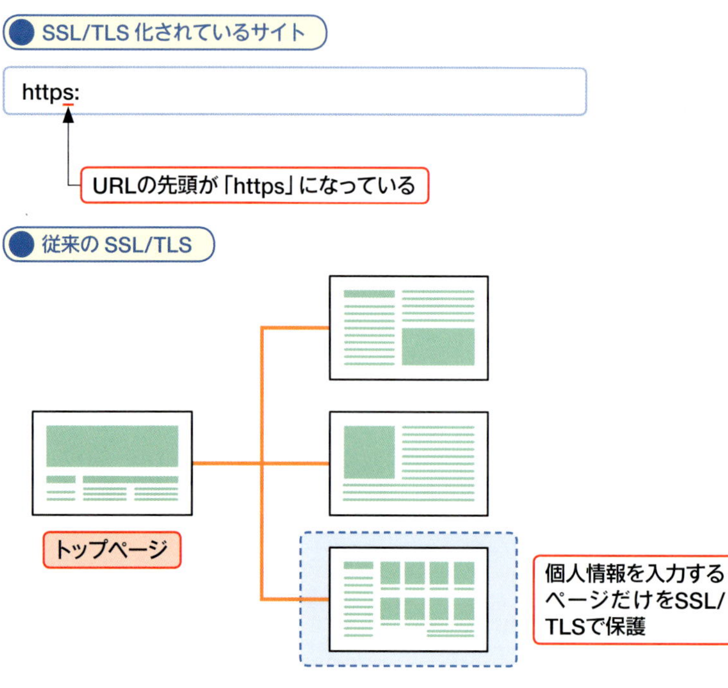

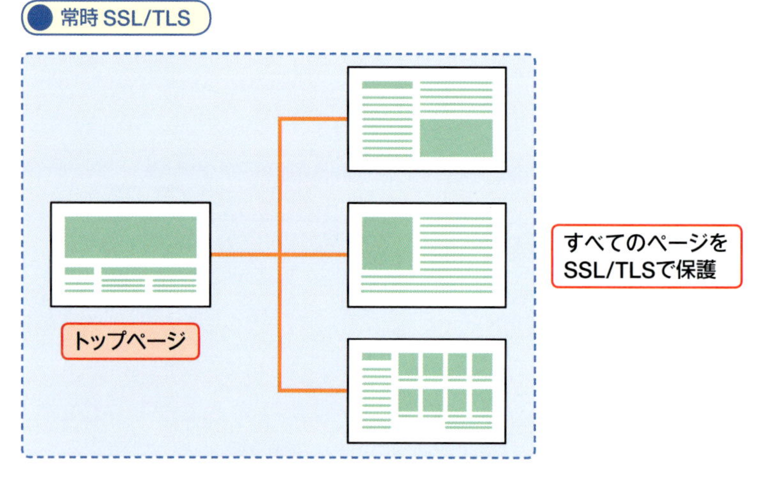

MEMO 保護されていない通信

Google Chromeでは、2018年7月以降、すべてのSSL化されていないWebサイトで「保護されていない通信」という警告を表示しています。将来的にはすべてのWebサイトが常時SSL化すると考えられています。

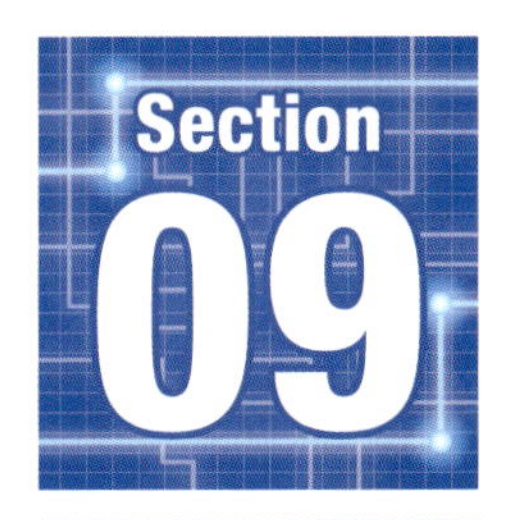

サーバー認証とは?

覚えておきたいキーワード
- 認証局
- デジタル署名
- ハッシュ値

たとえば、あるECサイトで買い物をするとき、販売元の会社は本当に存在するのか、そのECサイトの管理者は本物かなどを証明してくれるものがあると安心です。そういった情報を証明してくれるのが、SSL/TLS証明書です。

1 認証局による認証のしくみ

認証局とは、SSLサーバー証明書などのデジタル証明書を発行する機関です。認証局は、認証の申請者の身元を審査し、証明書を発行します。認証局の信頼性は、この証明書の連鎖で担保されます。信頼のある認証局が発行した証明書が、さらにほかの認証局の信頼を担保するような階層構造になっています。また、ほかの認証局に対して証明書を発行する認証局のうち、最上位に位置する認証局をルート認証局といいます。ルート認証局を最上位として、中間認証局、下位認証局の順に証明書が連鎖していき、一般利用者まで届きます。

認証局による認証のしくみ

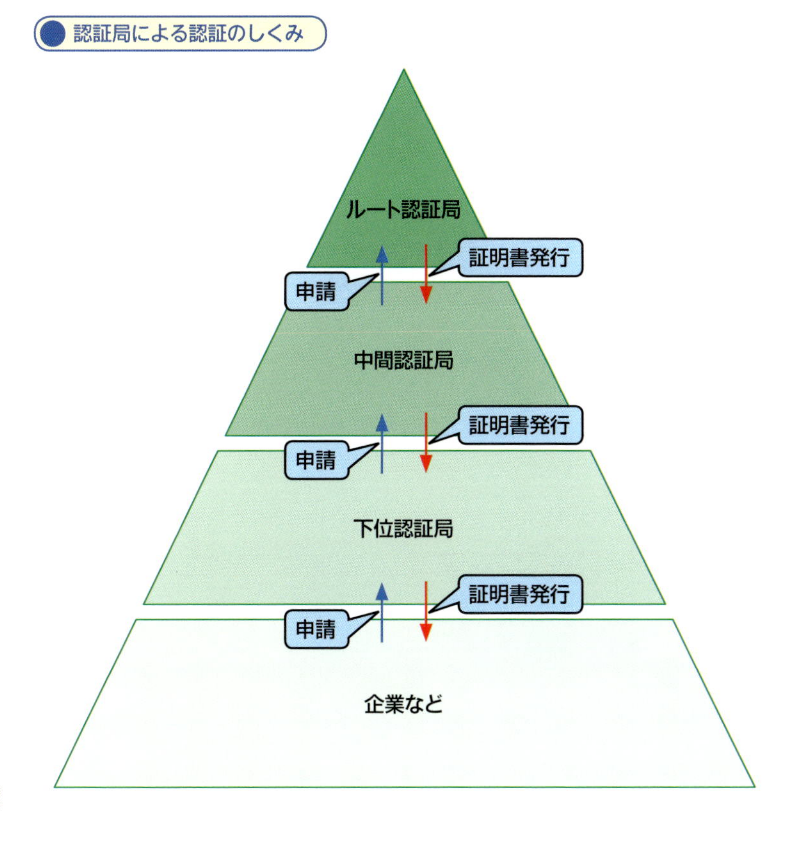

認証局

認証局とは、デジタル証明書を発行する機関のことです。承認を受けた個人や組織の実在性を証明します。

SSL/TLS証明書

SSL/TLS証明書とは、証明書を導入したWebサイトが本物であることを保証するものです。また、サーバーとクライアントの間で通信を暗号化して、データが盗聴されることを防ぎます。SSLサーバー証明書も同義です。

② デジタル署名

デジタル署名とは、データの送信元が間違いなく本人であるかどうか、あるいはデータが何者かによって改ざんされていないかなどを証明するためのものです。また、通販など支払いが発生するWebサイトで、サイトを利用した事実をあとからごまかすことができないようにする意味もあります。

認証局はデジタル証明書を発行し、クライアントに送信します。クライアントはそのデジタル証明書が本当に認証局から発行されたものであるかどうかを、認証局に問い合わせます。この照合の際に利用されるのが、デジタル署名です。発行されたデジタル証明書と認証局のデジタル署名のハッシュ値が一致すれば、デジタル証明書が認証局から発行されたものであると確認できます。

デジタル署名とハッシュ値

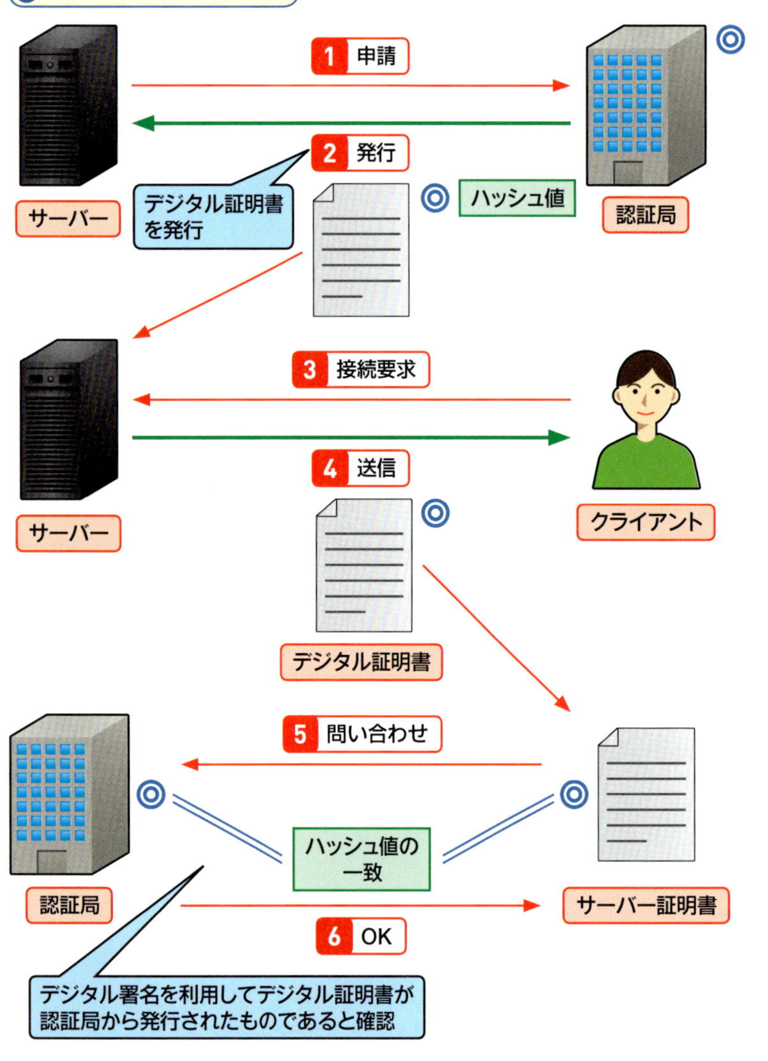

Keyword ハッシュ値

ハッシュ値とは、もとのデータと送られてきたデータを比較して、データが改変されていないか確かめるのに使われる固定長の値です。MD5、SHA-1などの規格がありますが、SHA-256が使われることが多いです。

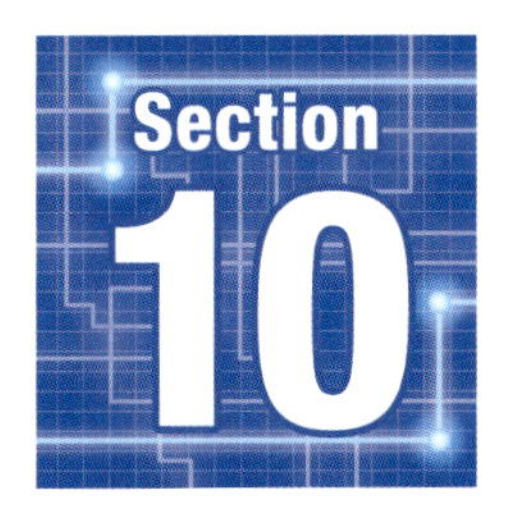

VPNとは?

覚えておきたいキーワード
- VPN
- IPsec
- トンネリング

社外との通信でセキュリティを確保する方法として、VPN接続があります。VPN接続を利用することで、通信の盗聴などを防ぐことができます。本節では、VPNとそのしくみについて解説します。

1 VPNとは?

VPNは、ネットワーク上に私的な閉じたネットワークを作る技術です。閉じたネットワークを作ることで、通信の過程でデータが盗聴されたり、持ち出されたりするのを防ぐことができます。VPNは、仮想私設網とも呼ばれています。

VPNには、そのセキュリティ性を担保するために、IPsecという技術が使われています。IPsecは、データをヘッダごと暗号化し、それを仮想的な通路を通じて運搬する技術です。IPsecは、アプリケーションを選ばず、すべての通信を暗号化することができます。

VPNでデータをやりとりする際には、カプセル化とトンネリングというしくみが使われています。カプセル化とは、とあるパケットにまったく別のヘッダ情報を付与することで、パケットを暗号化するしくみです。また、トンネリングとは、カプセル化したパケットを運ぶしくみのことをいいます。

MEMO VPNの利用例

VPNは、社内と社外の間で安全な通信を保つことができるため、海外出張や在宅での勤務など、リモートワークで利用されることが多くあります。

● カプセル化とトンネリング

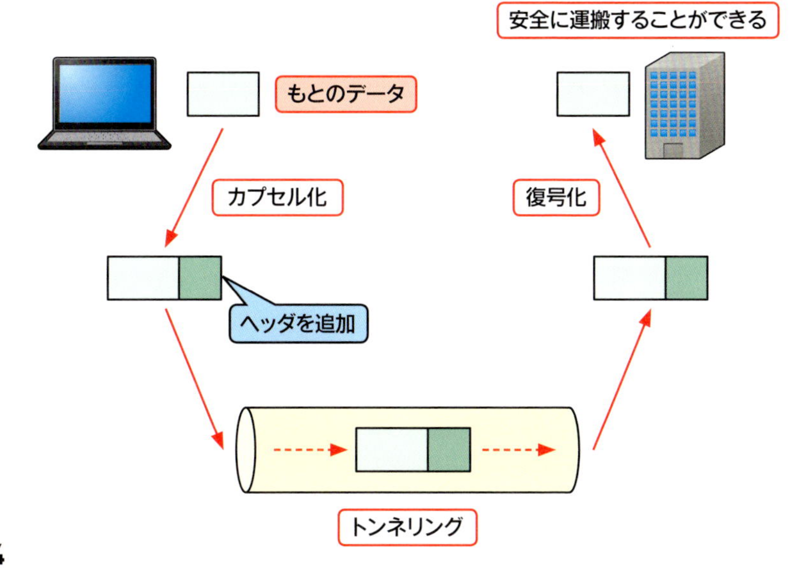

② インターネットVPNとIP-VPN

VPNには、インターネットVPNとIP-VPNの2種類があります。インターネットVPNは自宅や外出先から社内のLANを接続するのに利用されることが多く、専用回線を使わずインターネットを経由してVPN接続を行います。対して IP-VPN は、拠点LAN間を接続するケースが多く、また、通信事業者が所有する閉じた専用回線を使用するため、より強固にセキュリティが保たれた通信を行うことができます。

Keyword 閉域網

IP-VPNで使用されるような、通信事業者の閉じた専用回線のことを閉域網といいます。

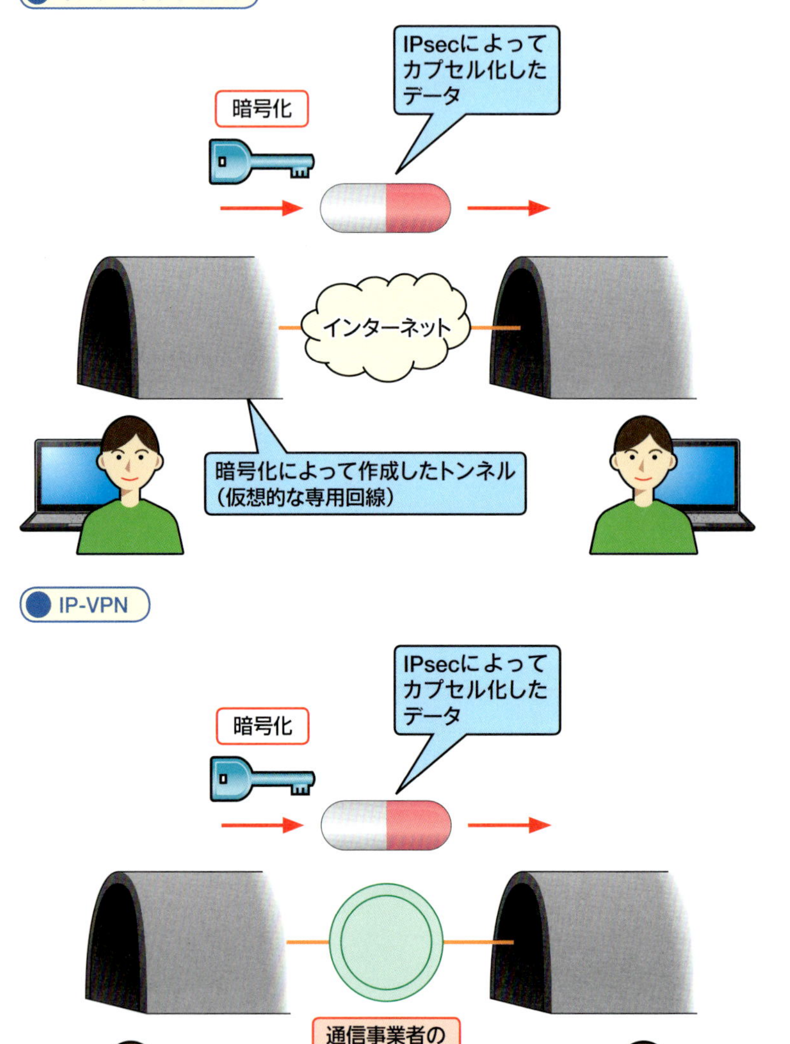

実際に情報セキュリティ被害にあったときは？

第８章ではサーバーのセキュリティ対策について学んできましたが、実際に情報セキュリティ被害にあったときは、どうすればいいのでしょうか。

犯罪の可能性があり、捜査を依頼する必要があると思われたら、警視庁のサイバー犯罪対策課や管轄警察署に相談することになるでしょう。第７章 Section 03 でも触れていますが、他人の ID やパスワードを不正に利用したり、サーバーを攻撃したりすることで、本来アクセスを許可されていないコンピューターに干渉することは、不正アクセス禁止法で禁じられています。

また、IPA では、脆弱性対策に関する情報を集めるために、情報セキュリティ被害関連の情報提供を受け付けています。法的に届出義務があるわけではないのですが、万が一そういった被害の当事者となった場合には、類似の被害の再発防止のために、警察のほかにも届出先があるということを覚えておくとよいでしょう。

実際に IPA のサイトを見てみると、「ウイルスの届出」「不正アクセスの届出」「脆弱性関連情報の届出」のように被害の種類で分かれた届出窓口のほかに、より一般的な情報セキュリティに関する技術面での相談を受け付けている「情報セキュリティ安心相談窓口」、標的型攻撃メールによる被害の相談を受け付けている「標的型サイバー攻撃の特別相談窓口」という相談窓口が設けられています。また、情報提供受付専用のメールアドレスも設定されています。場合によって使い分けるとよいでしょう。

IPA 情報提供受付窓口一覧

窓口の種類	届出の対象
ウイルスの届出	国内のウイルス感染被害
不正アクセスの届出	国内の不正アクセス被害
脆弱性関連情報の届出	ソフトウェア製品脆弱性関連情報、Webアプリケーション脆弱性関連情報
情報セキュリティ安心相談窓口	一般的な情報セキュリティ（おもにウイルスや不正アクセス）
標的型サイバー攻撃の特別相談窓口	標的型攻撃メール
情報提供受付（メールアドレス）	メール、Webサイト、インターネットサービスなど、利用者が不審を抱いたもの全般

参考：https://www.ipa.go.jp/security/outline/todoke-top-j.html

サーバーと仮想化

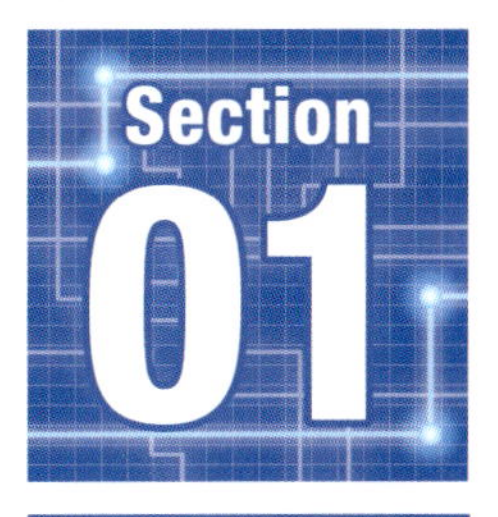

仮想化とは?

覚えておきたいキーワード
- 仮想化
- ストレージの仮想化
- ネットワークの仮想化

仮想化とは、コンピューターのリソースを物理的な構成と切り離し、仮想的な構成で扱えるようにする技術です。この技術を使うことで、ストレージやネットワークなどの可用性を高めることができます。

1 仮想化とは?

近年のサーバーの構築では、仮想化という技術を用いるのが一般的になっています。仮想化とは、ハードウェアに対して仮想的な構成を設定し、その構成のハードウェアが存在しているように見せかける技術です。

例としてストレージの仮想化を考えます。サーバーでは複数のHDDを組み合わせて大容量のストレージを用意したりしますが、物理的な構成をそのままコンピューター上で扱うと、データをどのHDDに保存するのかなどをいちいちユーザーが判断しなければならない手間があります。仮想化によって複数のHDDを1つとみなす設定をすれば、コンピューター上では大きなHDDが1つあるものとして扱えるようになります。ユーザー側で複数のHDDを使い分ける必要はありません。逆に仮想化によって1つのストレージを複数に分割して扱うこともできます。

RAID

第2章Section 05で説明したRAIDはストレージにおける仮想化の代表的な例といえます。ユーザーからは1つのストレージに見えていても、実際には複数のストレージにデータを分散して保存します。

● 複数のHDDを1つに統合

利用

● 1つのHDDを複数に分割

利用

利用

利用

② ネットワークの仮想化とは？

仮想化はネットワークにおいても用いられています。ネットワークの仮想化を行うと、実際に接続されているネットワーク機器の構成とは異なる仮想的なネットワーク構成を設定して、あたかもそれが存在しているかのようにネットワークを使用できます。

ストレージの仮想化と同様に、ネットワークの仮想化で行うのも基本的には物理リソースの分割と統合です。1つのスイッチに接続している物理的に1つのネットワークを複数に分割したり、別のスイッチに接続しているコンピューターと合わせて1つのネットワークに統合したりできます。

近年のネットワークの仮想化はここからさらに進化しており、流れてきたデータをスイッチがどのように扱うかをプログラミングによって制御できる技術も登場しています。

これらの技術は、ネットワークの構成を変更する際にネットワーク機器の接続を物理的に挿しかえる作業が不要となる利点があり、ネットワーク管理の手間を削減するのに役立っています。

ネットワークの仮想化

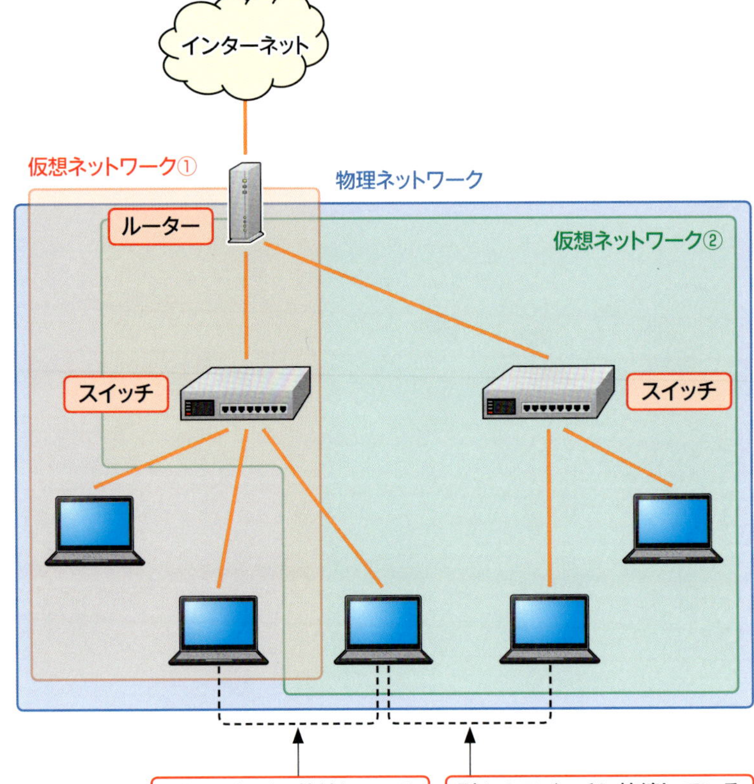

Keyword VLAN

ネットワークの仮想化を行う技術をVLANと呼びます。Virtual LANから来ている呼び方です。VLANはLANスイッチの機能によって実現されます。

Hint OpenFlow

Open Flowとは、プログラミングによって複雑なデータ転送やネットワーク構築を行える技術です。ネットワークを構成するOpenFlowスイッチというネットワーク機器の挙動をOpenFlowコントローラーという制御装置によって制御できます。

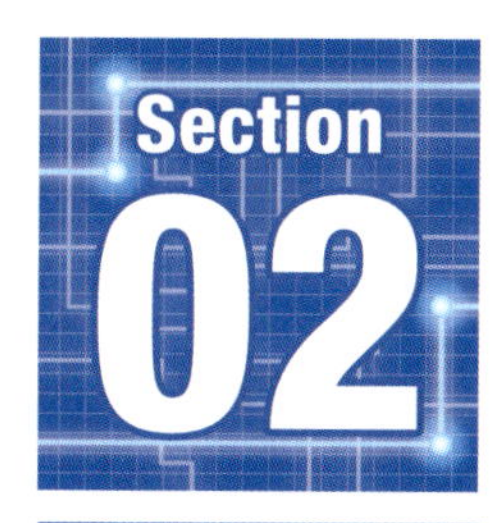

仮想マシンとは?

覚えておきたいキーワード
- 物理マシン
- 仮想マシン
- カプセル化

仮想マシンとは、仮想化によって構築される仮想的なコンピューターです。ストレージやネットワークの仮想化と同様に、実在するコンピューターの上に構築されますが、別のコンピューターへの移動やコピーも容易にできます。

① 仮想マシンとは？

ストレージやネットワークなどのハードウェアだけでなく、クライアントパソコンやサーバーなどコンピューターそのものを仮想化することもできます。実体を持つパソコンやサーバーなどの物理マシン上に、仮想的なハードウェアとソフトウェアを備えたマシン（コンピューター）を構築します。構築されるマシンを仮想マシンといいます。

仮想マシンは、ホストとなる物理マシンの持つリソースの一部を割り当てることによって作成されます。作成された仮想マシンは、普通の物理マシンと同様の働きができます。ネットワークで接続されたほかのコンピューターには、ホストマシンとは異なる１台のコンピューターとして認識され、物理マシンと同じように扱われます。ユーザーとして仮想マシンにアクセスすれば、物理マシンと同じように任意のソフトウェアを動かして作業することができます。

VPS

第1章Section 08で、レンタルサーバーの1つとして紹介したVPSにも仮想化技術が使われていると説明しました。その際に「仮想サーバー」と呼んだものが、ここでいう「仮想マシン」です。VPSは、レンタルサーバー事業者が用意した仮想マシンを専有して利用できるサービスです。

仮想マシン

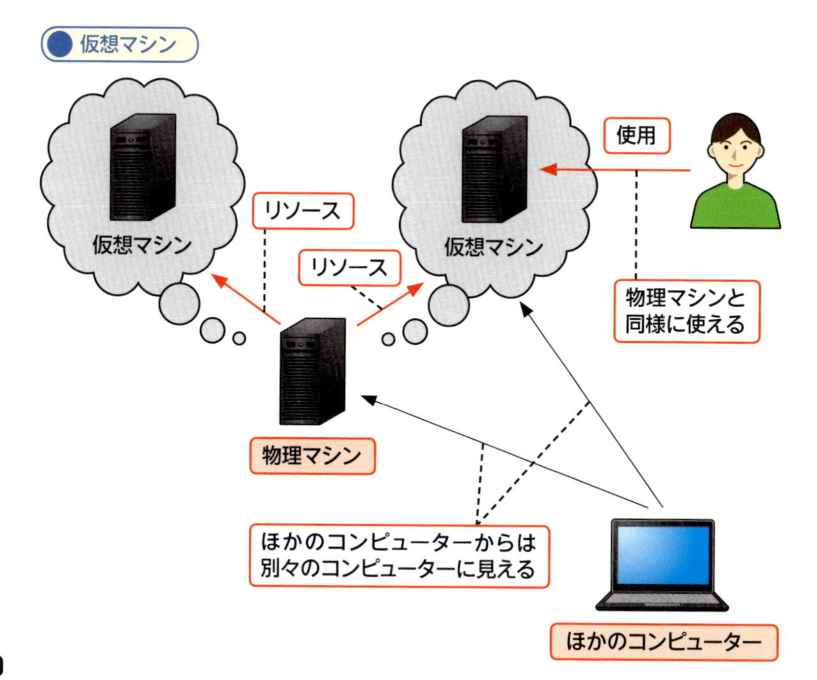

② カプセル化とは？

1つの物理マシンの上には複数の仮想マシンを構築することもできます。このとき、それぞれの仮想マシンの上ではそれぞれにインストールしたOSが独立に機能するため、互いの挙動に影響を与えることはありません。それぞれに異なるOSをインストールすることもできます。

仮想マシンの重要なポイントは、1つの仮想マシンに設定されているハードウェア構成や環境をひとまとめにして、通常のデータファイルと同様に扱えるということです。これはつまり、ある物理マシン上に構築された仮想マシンを、ほかの物理マシンにコピーしたり移動したりすることが自由に行えるということです。これをカプセル化といいます。これによって、物理マシンの乗り換えや仮想マシンの増築などが容易にできるようになります。

カプセル化

カプセル化は、第8章Section 10でも登場したように、仮想化技術以外の話題でも使われる言葉です。一般的な意味合いとしては、なんらかの関わりがあるデータの集合をひとまとめにし、複雑な内部の構造を意識することなく1つのオブジェクト（対象物）として扱えるようにすることと説明できます。

● カプセル化

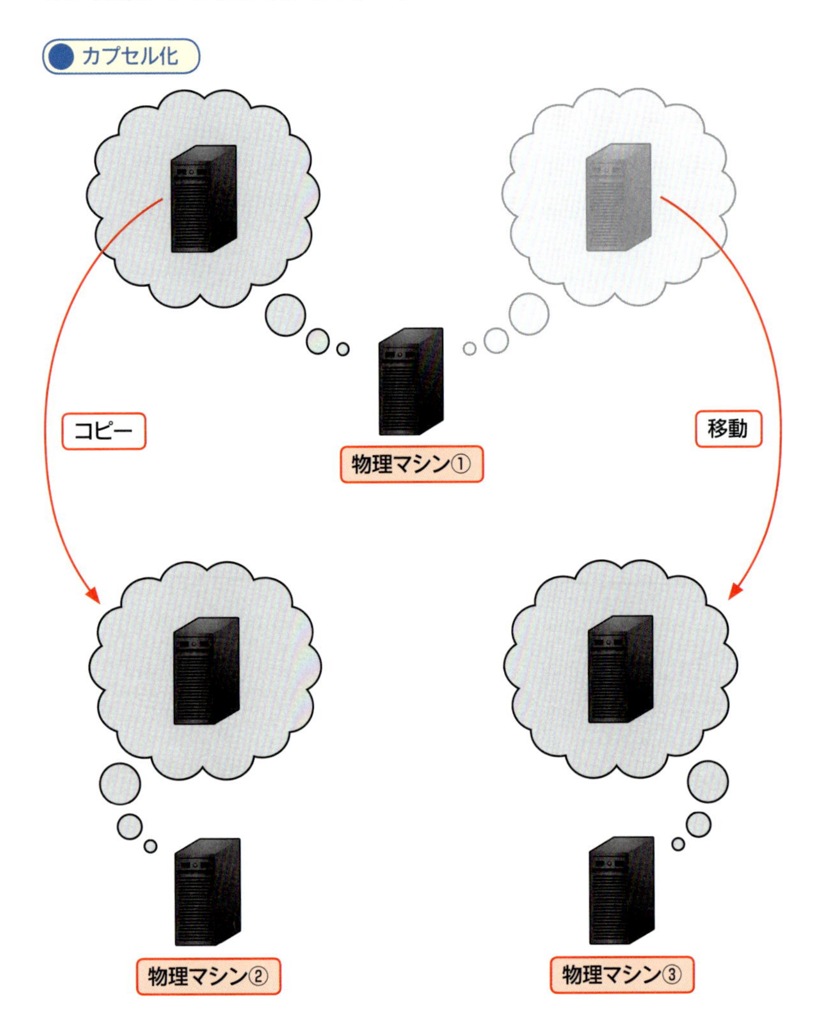

仮想マシンは通常のデータファイルと同じように
コピーしたり移動したりできる

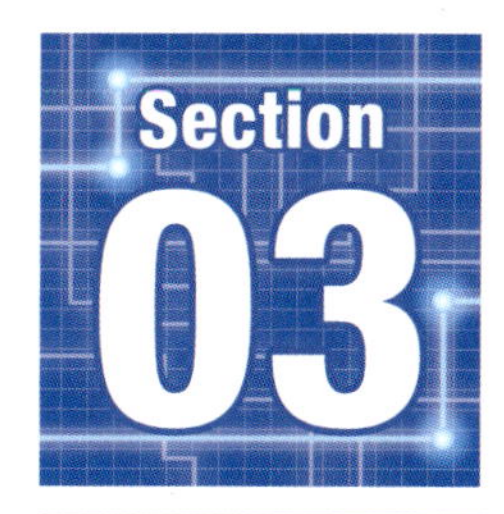

ハイパーバイザーとは?

覚えておきたいキーワード
- 仮想化のレイヤー
- ハイパーバイザー
- ホストOS型

仮想化と一口にいっても、さまざまな種類があります。仮想化が行われるレイヤーを理解することが大切です。仮想マシンの構築で利用されるハイパーバイザーというソフトウェアは、OSとハードウェアの間で仮想化を行います。

1 仮想化を行うレイヤーとは？

コンピューターの働きは、ユーザー・アプリケーション・OS・ハードウェアが相互にやりとりする構造で捉えられることを第2章 Section 07で説明しました。仮想化の技術は、この構造のどの層（レイヤー）で仮想化が行われるかによって分類することができます。たとえばストレージの仮想化は、ハードウェアのレイヤーで行われ、ストレージの物理的な構成をOSやユーザーから見えなくしています。仮想化とは、実際の物理構成を隠して架空の構成を設定し、それがあたかも存在しているかのように見せることですから、どの部分の物理構成を何から隠すかが仮想化技術を理解するポイントとなります。

仮想化のレイヤー

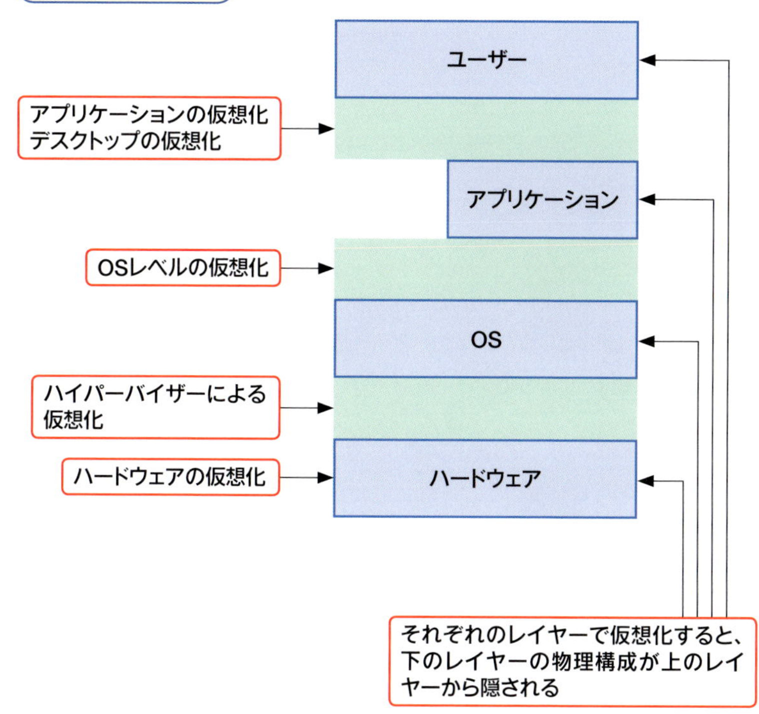

Hint 仮想化のレイヤー

図中のOSレベルの仮想化については第9章Section 04で、アプリケーションの仮想化とデスクトップの仮想化については第9章Section 05で詳しく解説します。ハイパーバイザーによる仮想化は仮想マシンのことです。次のページでしくみを詳しく解説しています。

Hint ハードウェアの仮想化

図中のハードウェアの仮想化は第9章Section 01で説明したストレージやネットワークの仮想化を指します。仮想マシンとは異なり、仮想化が行われるのはストレージやネットワーク機器といったハードウェアの一部分のみとなります。

② ハイパーバイザーとは？

仮想マシンでは、OS とハードウェアの間で仮想化が行われています。

仮想マシンが構築されている物理マシン上では、ホストマシンのOS と仮想マシンの OS を合わせると複数の OS が機能していることになりますが、基本的に 1 台の物理マシンで機能する OS は 1 つでなければなりません。OS が複数あると、それぞれの OS がハードウェアにばらばらの指示を出してしまい、ハードウェアが対応できないからです。

そのため仮想マシンが構築されている物理マシンでは、ハイパーバイザーという仮想化ソフトウェアが、それぞれの OS からの指示を整理してハードウェアに渡す役割を果たしています。ハイパーバイザーは、ハードウェアに対しては OS が 1 つだけであるように見せかけ、OS に対してはそれぞれが独自のハードウェアを持つように見せかけているのです。

ハイパーバイザー

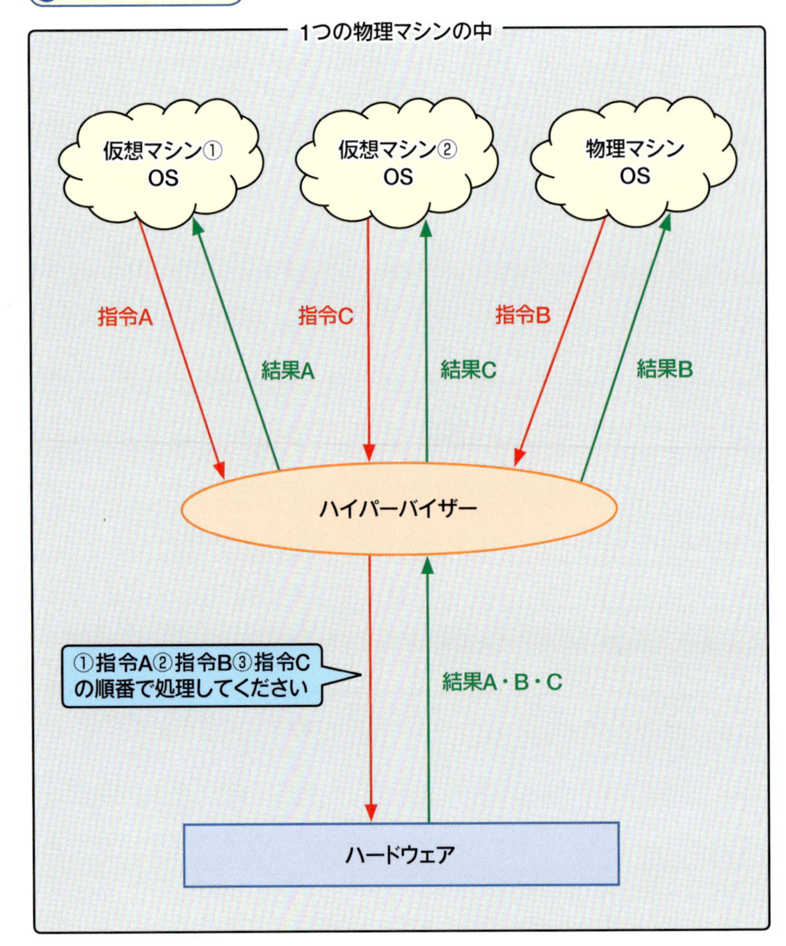

Hint ホストOS型

仮想マシンを実現するソフトウェアには、ハイパーバイザーのほかにホストOS型があります。このタイプの仮想化ソフトウェアは、物理マシンのOSにインストールされ、そのOS上で機能します。構築された仮想マシンは仮想化ソフトウェアのさらに上に乗る形です。仮想マシンを含むすべての処理は物理マシンのOSを経由してハードウェアに指示されます。第9章Section 04で紹介するOSレベルの仮想化と似ていますが、ホストOS型は、仮想マシンが独自のOSを持つ点で異なっています。

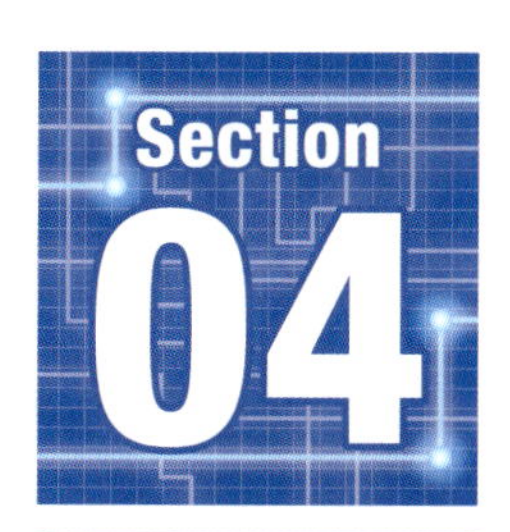

OSレベルの仮想化とは?

覚えておきたいキーワード
- OSレベルの仮想化
- 仮想環境
- コンテナ

OSとアプリケーションの間で仮想化を行うOSレベルの仮想化は、ハイパーバイザーを用いる仮想マシンよりも動作が軽いのが特徴です。一方で、ホストマシンと仮想環境のOSが同一でなければならないという制限があります。

1 OSレベルの仮想化とは?

OSとアプリケーションの間で仮想化を行う技術もあります。これをOSレベルの仮想化といいます。このタイプの仮想化では、OS上に独立したアプリケーションの実行環境を仮想的に作り出します。仮想的に作り出される実行環境のことをコンテナといいます。コンテナ上で動作しているアプリケーションは、実際はコンテナの外にあるその他のアプリケーションとOSを共有しているのですが、コンテナ上からはコンテナ単体でOSを使っているように見えます。コンテナ内のアプリケーションはコンテナの外からの影響を受けないため、独立した実行環境を用意したい場合に用いられる手法です。なお、コンテナの外からはコンテナ内も含めて全体の挙動を見ることができます。

OSレベルの仮想化

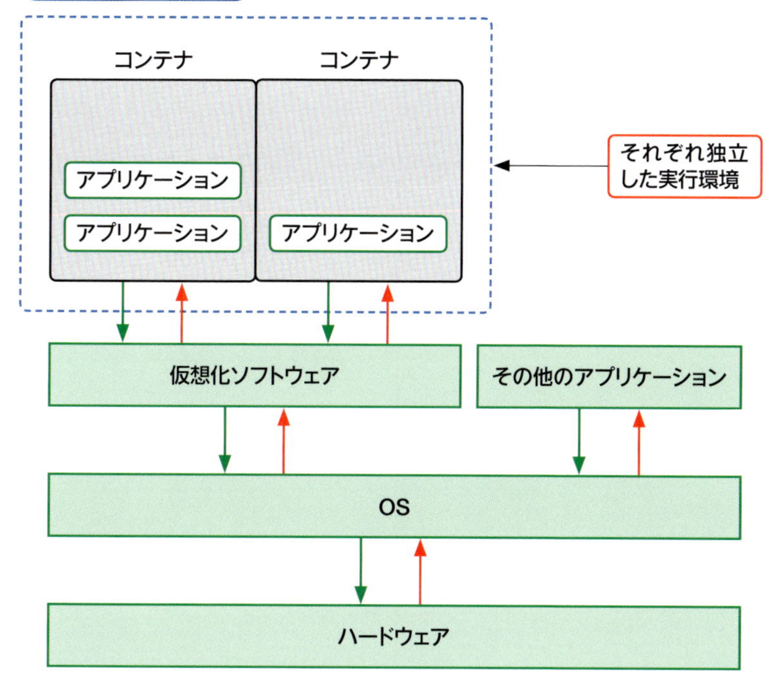

MEMO OSレベルの仮想化のソフトウェア

OSレベルの仮想化で使用されるソフトウェアとしてはDockerやKubernetesなどがあります。

② コンテナの特徴とは？

コンテナでは、ほかのコンテナやホストマシンとOSを共有するため、ホストマシンと異なるOSを使用することはできません。このように、コンテナには仮想マシンよりも多くの制限がありますが、その一方で仮想環境を構築するのに要する処理が仮想マシンよりも少ないため、動作が軽いという特徴があります。また、コンテナも仮想マシンと同様にカプセル化されているため、複製して別のマシンに同じ環境を構築したりすることが容易にできます。

Keyword 仮想環境

コンテナや仮想マシンといった仮想化技術を利用して作られたアプリケーションなどの実行環境のことを仮想環境と呼びます。

コンテナの特徴

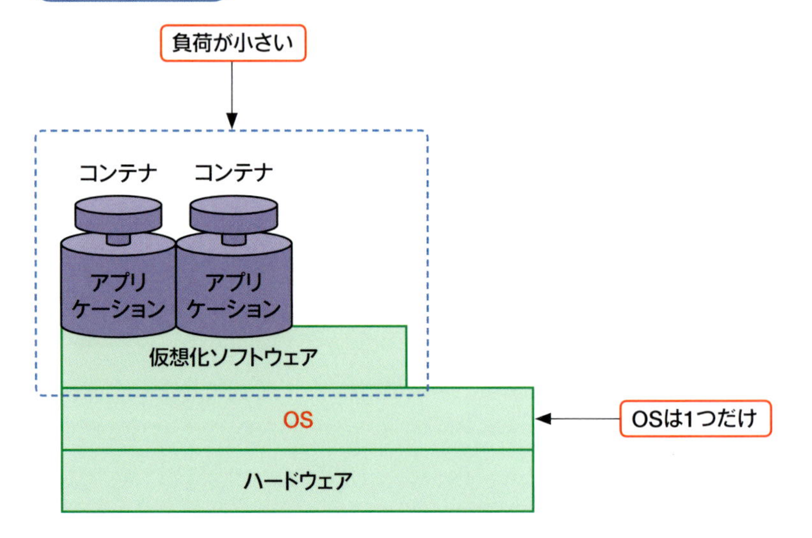

仮想マシンの特徴

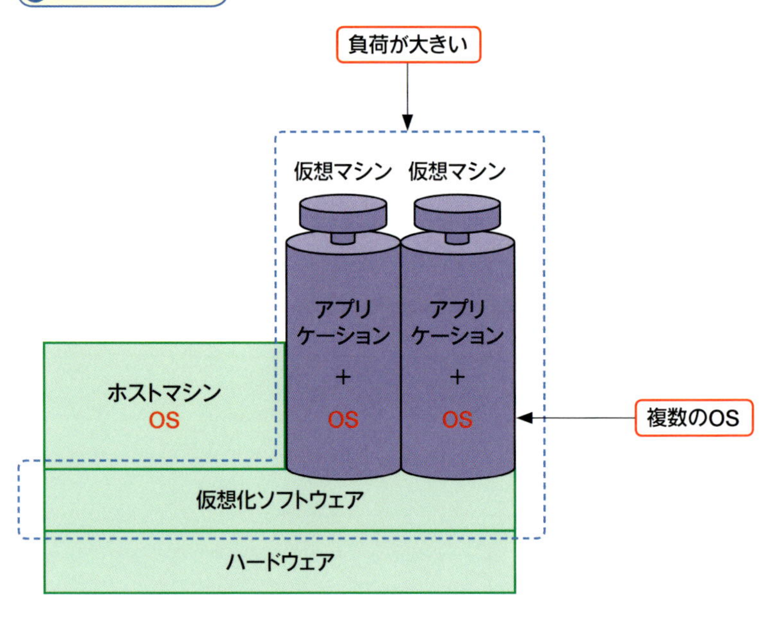

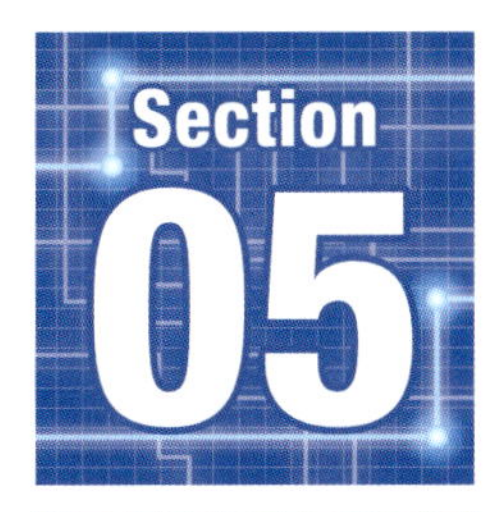

クライアントの仮想化とは?

覚えておきたいキーワード
- デスクトップ仮想化
- シンクライアント
- アプリケーション仮想化

クライアントの作業環境を仮想化によって提供することをクライアントの仮想化といいます。デスクトップ仮想化やアプリケーション仮想化などの種類があり、それによってサーバーが果たす役割も異なってきます。

1 デスクトップ仮想化とは？

サーバー上に作成した仮想マシンをクライアントの作業環境として提供することをデスクトップ仮想化といいます。この方法では、ユーザーはクライアントとなる端末からネットワークを通してサーバー上の仮想マシンにアクセスし、仮想マシンのデスクトップ上で業務に必要な作業を行います。データの処理はすべてサーバー上の仮想マシンが行うため、クライアント端末が行う処理は仮想マシンが出力した画面情報を表示し、ユーザーからの入力を仮想マシンに伝達するだけになります。よって、業務の重要なデータがクライアント端末に残らず、データの管理を厳重にできるというメリットがあります。また、業務システムのアップグレードなどをサーバー側で集中管理できるのも利点です。

デスクトップ仮想化

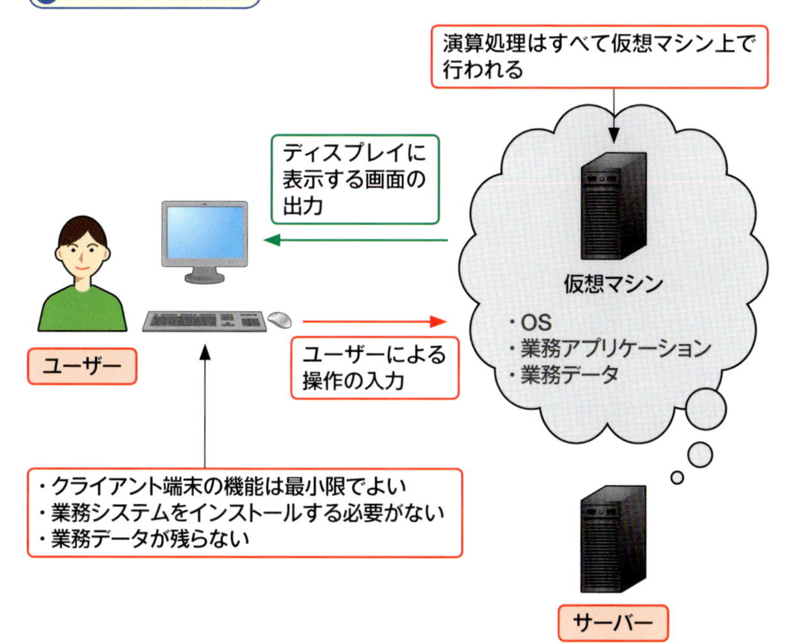

シンクライアント

デスクトップ仮想化を利用する場合、クライアント側の端末は画面情報の表示とユーザーの入力の伝達ができれば十分です。このように、クライアントに最低限の機能しか持たせず、サーバー側で処理の大半を担うシステムや、クライアント端末そのもののことをシンクライアントと呼びます。

VDI

ここで説明したようなデスクトップ仮想化のしくみをVDI（Virtual Desktop Infrastructure）と呼ぶこともあります。

② アプリケーション仮想化とは？

クライアントに対して用いられる仮想化の技術にはアプリケーション仮想化もあります。アプリケーション仮想化では、仮想化されたアプリケーションがサーバーからクライアントに配信されます。仮想化されたアプリケーションはOSと切り離されてカプセル化されているため、クライアントはアプリケーションをローカルのデスクトップ環境にインストールすることなく使用することができます。この方法では、クライアント端末のOSにアプリケーションが対応していない場合でもクライアントはアプリケーションを実行できるという利点があります。また、アプリケーションをサーバー側が集中管理できるため、デスクトップ仮想化と同様に、アップグレードなどの管理が容易になります。

● アプリケーション仮想化

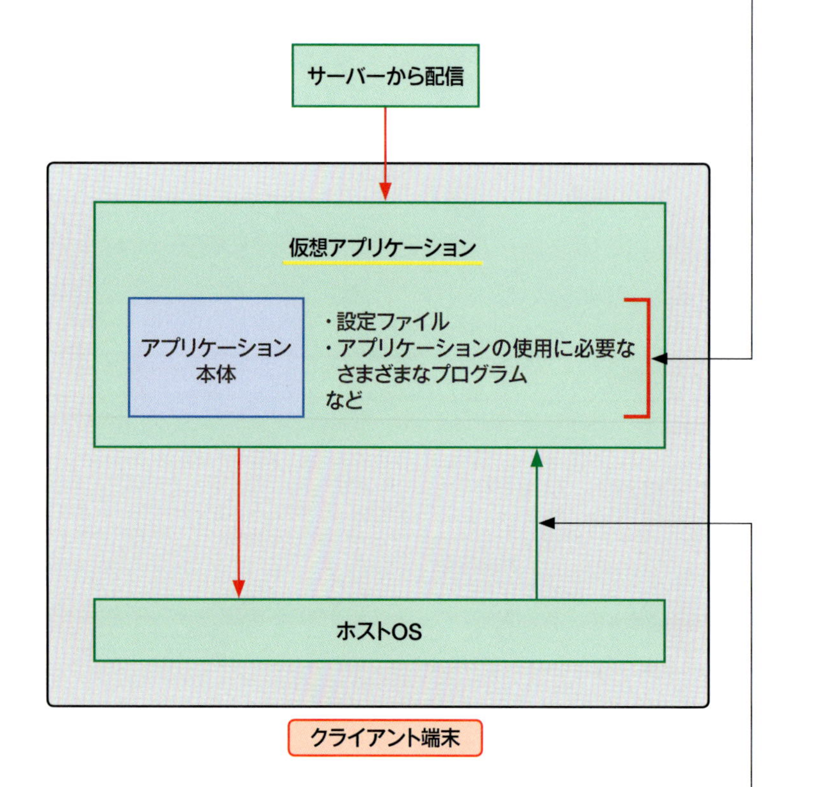

インストール

一般的にアプリケーションはダウンロードしただけでは利用できず、インストールが必要であることが知られています。多くのアプリケーションは、OSの提供する機能を利用できるようにするために、プログラムファイルをファイルシステムの所定の位置に保存したり、それぞれのOSの環境に合わせて設定ファイルの内容を書き換えたりしなければなりません。そういった処理がインストールの中では行われています。

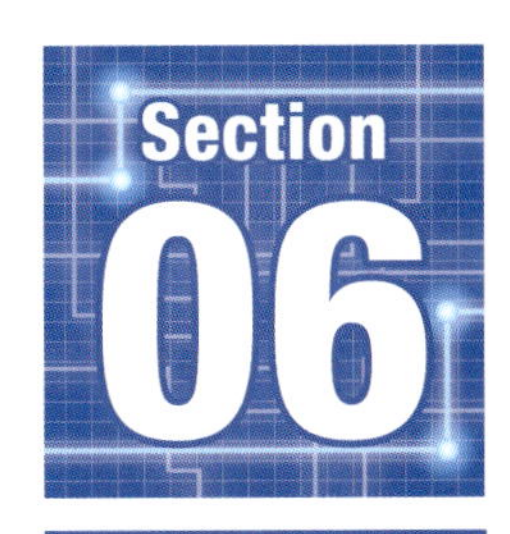

分散処理とは?

覚えておきたいキーワード
- 分散処理
- スループット
- オーバーヘッド

1つの計算処理を複数のタスクに分割し、複数のサーバーで分担して処理することを分散処理といいます。分散処理は、仮想化技術と組み合わせることで計算処理にあたるサーバーの数を柔軟に変更できるようになり、より効率よく運用できます。

1 分散処理とは？

負荷の高い計算処理を1台のサーバーで実施しようとすると、結果が得られるまでに時間がかかります。計算処理を小さなタスクに分割して複数のサーバーに分担させる分散処理を行えば、処理にかかる時間を短縮できます。分散処理は、計算処理にあたるサーバーを増やすことによってシステム全体のスループット（単位時間当たりの処理量）を大きくする手法です。

分散処理では、複数のサーバーにタスクを割り当てる前に計算処理をタスクに分割する作業がオーバーヘッドとして発生します。また、各サーバーがタスクを処理したあとには、各結果をまとめて最終結果を出す作業も必要となります。1台のサーバーで扱うには大きすぎる計算を処理する場合には、これらのオーバーヘッドを含めても十分な効果を見込めます。

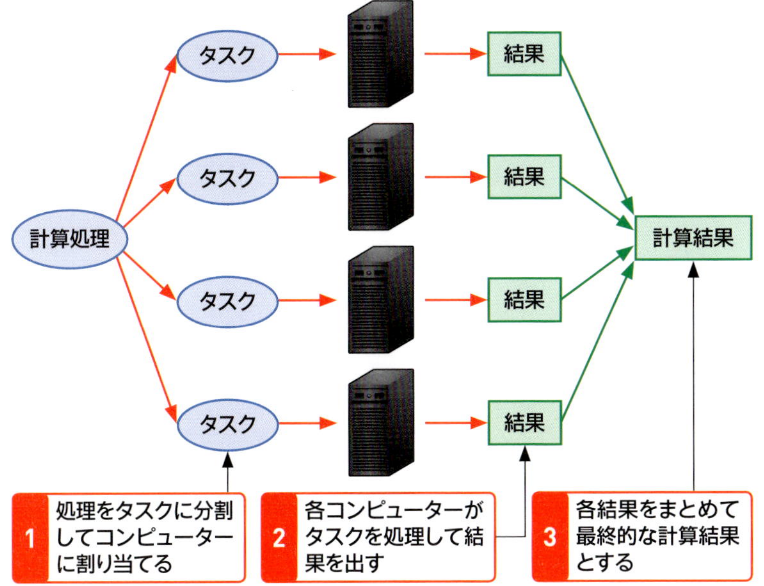

Keyword オーバーヘッド

オーバーヘッドとは、なんらかの処理をコンピューターで実行しようとする際に、目的とする処理に付随して必要となる余分な処理のことです。多くの場合は、処理を遅らせる要因という意味合いを含んで使われます。

② 分散処理と仮想化を組み合わせる

分散処理は、仮想化技術と組み合わせることによって効率よく実施できるようになります。

分散処理は、計算処理を小さなタスクに分割するため、サーバー1つ1つのスペックはそれほど必要としません。スペックの高いサーバーを使用するとリソースを余らせてかえって無駄になってしまいます。分散処理においては、サーバーの質よりも数が重要なのです。

仮想化技術を用いれば、低スペックのサーバーをかんたんにたくさん用意することができます。仮想マシンは、スペックや環境設定をひとまとめにして複製できるので、同じスペックのサーバーを単純な操作で大量に作成できます。十分なリソースを持った物理サーバーを用意して、その上に必要な数だけ仮想マシンを構築して分割したタスクを処理させれば、容易に分散処理を行えます。仮想マシンの数を必要に応じて増減すれば、システム全体の処理能力を自由に調節できます。

● 仮想化と分散処理を組み合わせる

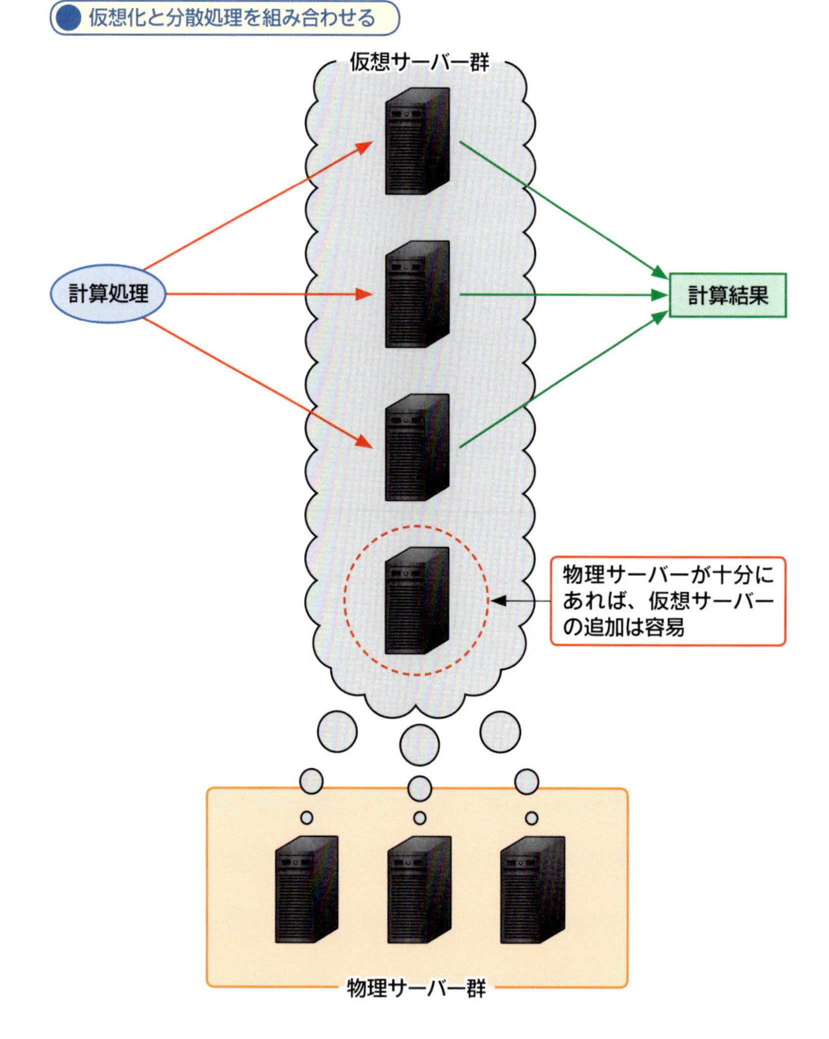

Keyword クラスター

同じ機能を提供するものとして用意されたサーバー群のことをクラスターと呼びます。また、クラスターを作ることをクラスタリングといいます。

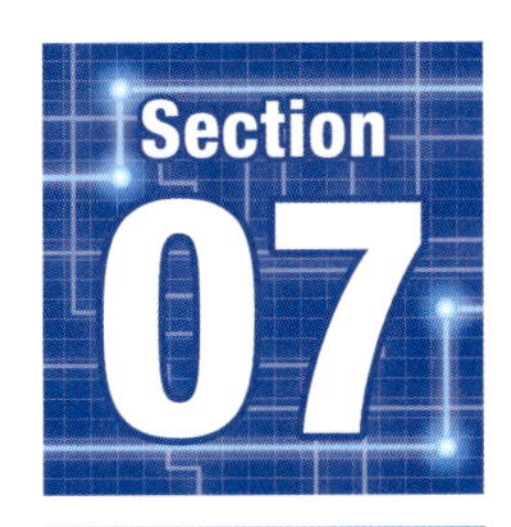

クラウドとは?

覚えておきたいキーワード
- クラウド
- クラウドコンピューティング
- クラウドサービス

クラウドという言葉には、雲(cloud)という意味と大群(crowd)という意味があります。クラウドとは、実体の見えない雲の向こうにある大量のコンピューターリソースを利用するサービス全般について使われる言葉です。

1 クラウドの言葉の意味とは?

近年になってコンピューターの世界でよく耳にするようになった言葉があります。クラウドです。正確にはクラウドコンピューティングといいます。この言葉は、使われ方がどことなく曖昧で、情報技術に詳しくない人たちにとっては理解しにくいものとなっているようです。クラウドとは何でしょうか。

クラウドは、英語で雲(cloud)のことです。クラウドを一言で説明すると、ネットワークの先にある大量のコンピューターリソースといえます。ネットワークで接続した先は直接見えませんから、実体が見えないという意味で雲という言葉が使われています。ネットワークの向こう側でサーバーが働いていることは第1章Section 02で説明したとおりですが、クラウドはそれが大規模になったものと考えることができます。

雲の中にはたくさんのコンピューターがある

クラウド = 雲(cloud)

クラウドは、実体の見えない雲の中にある
大量のコンピューターリソースのこと

MEMO **クラウドの用語**

かつては、クラウドを利用したコンピューターの利用形態を「クラウドコンピューティング」、クラウドを利用したWebサービスを「クラウドサービス」と呼び分けていましたが、近年ではそれらを総称して「クラウド」と呼ぶケースが増えています。

② クラウドを使ったサービスとは？

クラウドでは、ネットワークの向こう側で大量のコンピューターリソース、つまりサーバーが働いています。重要なのは、そのサーバー群に分散処理と仮想化の技術が使われていることです。そのためクラウドを利用したサービスは、大規模なリソースからそれぞれのユーザーに必要なリソースを柔軟に割り当てられるようになっています。

クラウドサービスの例を具体的に挙げてみます。たとえば、フリーのWebメールサービスは多くの人が利用していますが、これもクラウドサービスの1つです。これらのサービスでは、メールボックスの容量がユーザーの要求に応じて柔軟に変更できるようになっており、その背後ではリソースを提供するサーバーが大量に用意されています。同様に利用者の多いオンラインストレージサービスもクラウドサービスといえます。こちらも、ストレージのサイズをユーザーの要望に合わせて変更できるようになっています。

検索エンジンなどのサービスは、サーバーを大量に使用していたとしても、クラウドサービスとは呼ばれません。ユーザーに対するリソースの柔軟な割り当てなどの要素がないからです。

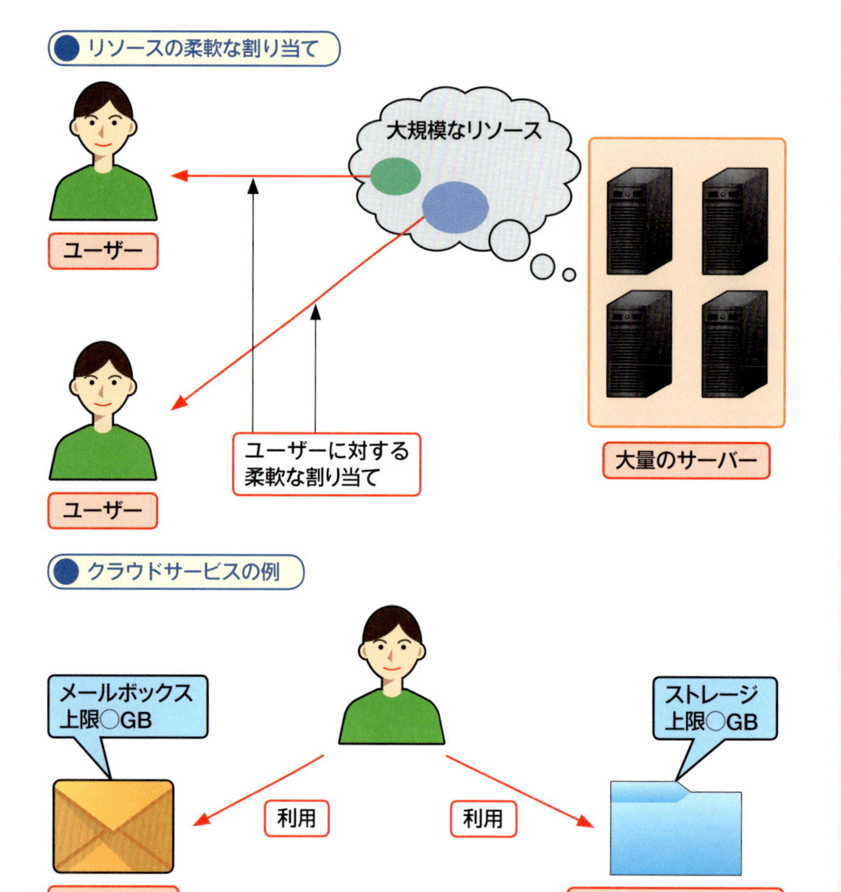

MEMO クラウドはサーバーの所在がわからない

サービスを提供するサーバーは必ずどこかに存在すると第1章Section 02で説明しました。それはクラウドサービスでも同様ですが、ほかのサービスと異なるのは、利用するサーバーがどこにあるのか特定できないという点です。サービスの内容によっては、国家レベルの単位で地域の指定が可能です。しかし、それ以上細かい位置はわかりません。それは、大量の物理サーバーを仮想化して分散処理を行っているため、その中のどれを使用しているのか技術的にも特定できないからです。

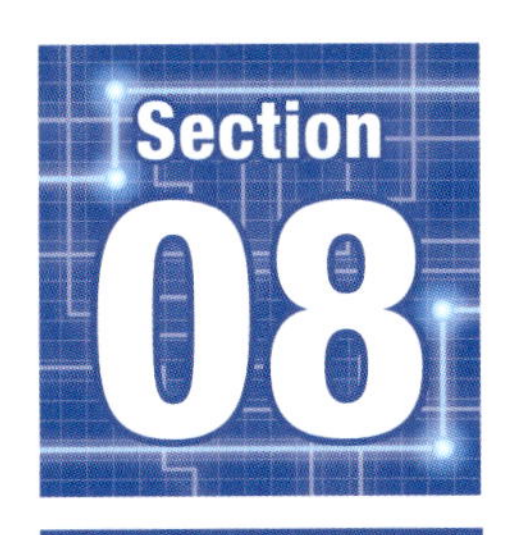

サーバーのクラウド化とは?

覚えておきたいキーワード
- クラウドサーバー
- オンプレミス
- クラウドサービスの種類

クラウドサービスには、SaaS(サース)・PaaS(パース)・IaaS(アイアース)などの種類があります。これらを利用してサーバーを構築するのがクラウドサーバーです。従来のようにサーバーを購入して社内で運用することをオンプレミスといいます。

1 クラウドサービスの種類とは?

クラウドサービスは、ユーザーに対してどのような形態のサービスを提供するかによっていくつかの種類に分かれます。クラウドサービスの種類として代表的なものは、SaaS・PaaS・IaaSの3つです。

SaaSは、アプリケーションをユーザーに提供するサービスです。Webメールやオンラインストレージもこれに該当します。利用したい機能を登録すればすぐに利用できる手軽さが特徴です。

IaaSは、仮想マシンをユーザーに提供します。仮想とはいえ、マシンをまるごと自由に使えるので、物理サーバーをそのままネットワーク上に移すような感覚で利用できます。

PaaSは、SaaSとIaaSの中間的な位置づけで、プログラムの実行環境をユーザーに提供します。

クラウドサービスの種類

クラウドサービス
SaaS
etc...
具体的なソフトウェアやアプリケーションを提供
PaaS
OS
etc...
プログラムの実行環境を提供
IaaS
必要なリソースを備えた仮想サーバーを提供

Hint SaaS、PaaS、IaaS

SaaS、PaaS、IaaSはそれぞれSoftware as a Service、Platform as a Service、Infrastructure as a Serviceの頭文字をとったものです。

② クラウドサーバーとは？

物理サーバーの代わりにクラウドサービスを利用して構築したサーバーをクラウドサーバーといいます。これに対して、従来のように物理サーバーを購入し、社内などに設置して直接管理・運用する形態をオンプレミスといいます。

オンプレミスでは、社内にある物理サーバーをサーバー管理者がハードウェアからソフトウェアまで管理、設定して、社内のユーザーが使用するという形になります。一方、クラウドサーバーでは、クラウドサービス事業者がインターネット経由で提供するサービスをサーバー管理者がサーバーとして利用できるように設定し、社内のユーザーが利用するという形になります。

サーバー管理者による設定がどの程度必要になるかは、利用するクラウドサービスによって異なります。クラウドサービスにはAmazonのAWS、GoogleのGCP、MicrosoftのAzureなどがあり、それぞれにさまざまなサービスを提供しています。機能や料金体系などを比較して、用途に適したものを選びます。

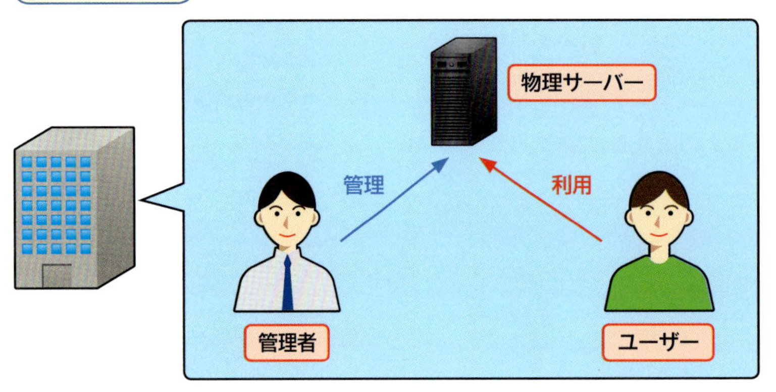

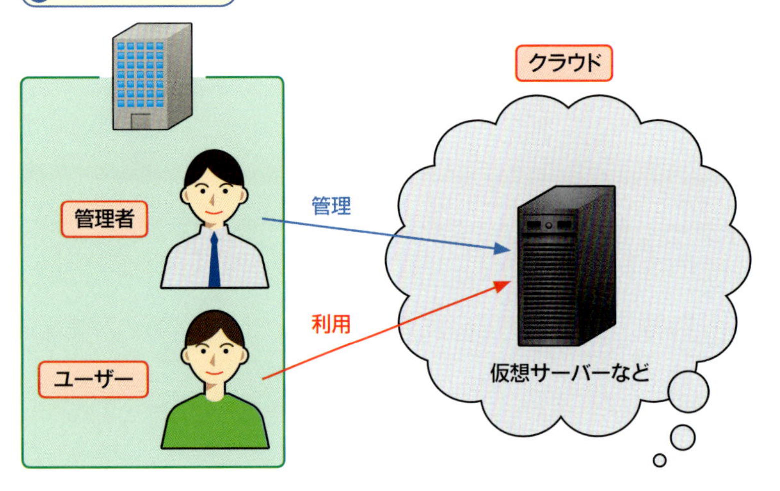

MEMO AWS

AWSは、現在もっとも利用されているAmazonのクラウドサービスです。幅広い用途に利用できる多彩なツールを提供しています。AWSという名称は、Amazon Web Serviceの頭文字をとったものです。

MEMO GCP

GCPの特徴は、Google検索をはじめとするGoogleのサービスと同等の高い安定性を持つインフラストラクチャーにあります。また、ビッグデータ用の製品であるBigQueryは大容量のデータを迅速に処理することができます。GCPという名称は、Google Cloud Platformの頭文字をとったものです。

MEMO Azure

AzureはMicrosoftのサービスで、オンプレミス環境とクラウド環境の連携にとくに力を入れており、ハイブリッドクラウドとして包括的に管理できるようなサービスを提供しています。AWSやGCPと同様に多彩なツールも用意されています。

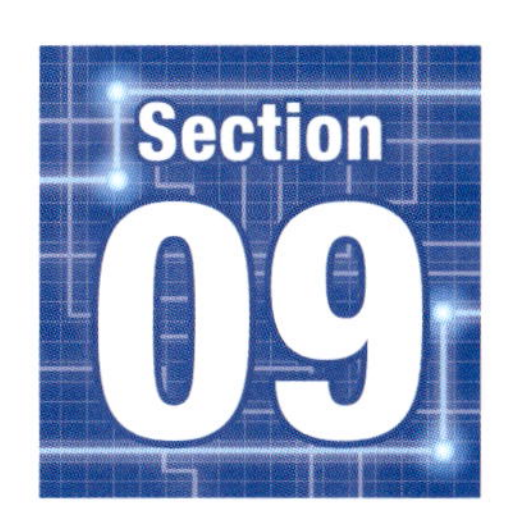

クラウドサーバーのメリットとは?

覚えておきたいキーワード
- クラウドサーバーの管理
- スペックの拡張
- ミドルウェア

クラウドサーバーを利用するメリットとしては、サーバー管理の負担が減ることなどが挙げられます。サーバーにアクセスが集中するときだけサーバーのスペックを柔軟に拡張できることもクラウドサーバーの大きな利点です。

1 サーバー管理の負担が軽減

クラウドサービスを利用してサーバーを構築すると、さまざまなメリットが得られます。その1つとして挙げられるのは、サーバー管理の負担が軽減されることです。

クラウドサーバーでは、ユーザー側のサーバー管理者が実際に稼働している物理サーバーを管理することはありません。それはクラウドサービス事業者の仕事です。オンプレミスサーバーではサーバー管理者がサーバー管理業務を一手に引き受けますが、クラウドサーバーではサーバー管理者とクラウドサービス事業者が分担する形となります。

どちらがどこまでを担当するのかは、利用するクラウドサービスの形態によって変わります。SaaSであれば、サーバー管理者はアプリケーションの設定に手を加えるだけで、残りはすべてクラウドサービス事業者に任せることができます。

● クラウドサーバーの管理

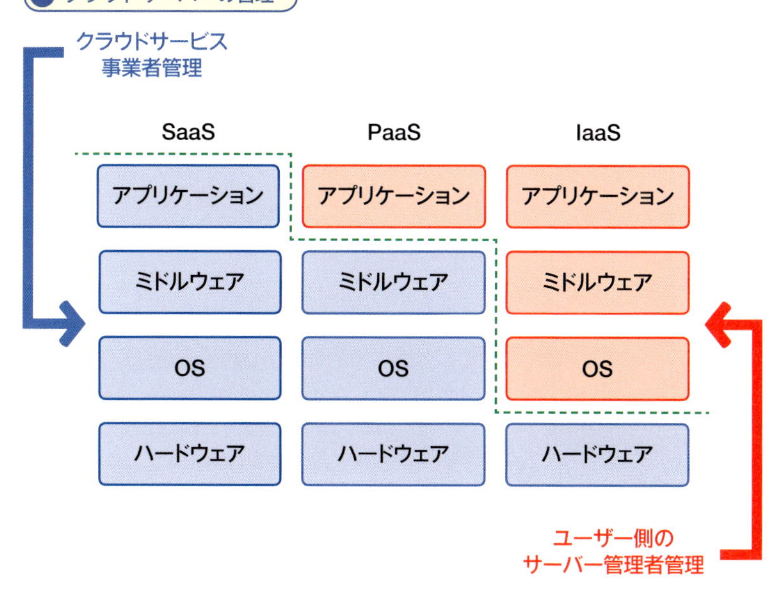

Keyword ミドルウェア

ミドルウェアとは、OSとアプリケーションの中間で機能するようなソフトウェアのことです。OSに実装するほど汎用的ではないけれども、特定の分野では不可欠となる機能を提供するものが多いです。その分野特有の機能をミドルウェアに集約することで、個々のアプリケーションにいちいち実装する手間がなくなります。

② サーバーのスペックや台数を柔軟に変更可能

クラウドサーバーのメリットには、サーバーのスペックや台数を柔軟に変更できるということも挙げられます。

オンプレミスサーバーでは、サーバーを購入する際に決定したスペックはあとから変更ができません。最初のスペックでずっと使用し続けなければなりませんから、スペックの決定は慎重に行われます。サーバーの台数を増やすのも容易ではなく、万が一予想を上回る負荷が集中した場合、サーバーがダウンする可能性もあります。

一方、クラウドサーバーでは、サーバーのスペックや台数をいつでも変更することができます。クラウドサーバーを利用し始めるときには、現在必要とされる分だけを用意すればいいのです。より多くのリソースが必要になったらスペックや台数を増やし、いらなくなったら減らすということが容易にできます。負荷の集中が予想されるときだけ一時的に処理能力を大きくすることもできます。

このように、クラウドサーバーでは、オンプレミスサーバーに比べて効率よくリソースを運用できます。

MEMO 自動スケーリングサービス

クラウドサーバーでは、事前にアクセスの集中を予測して指定した時間にサーバー台数を増やすことができるほか、サーバーの負荷が高まった際に自動で検知してサーバー台数を増やすというようなサービスを利用することもできます。

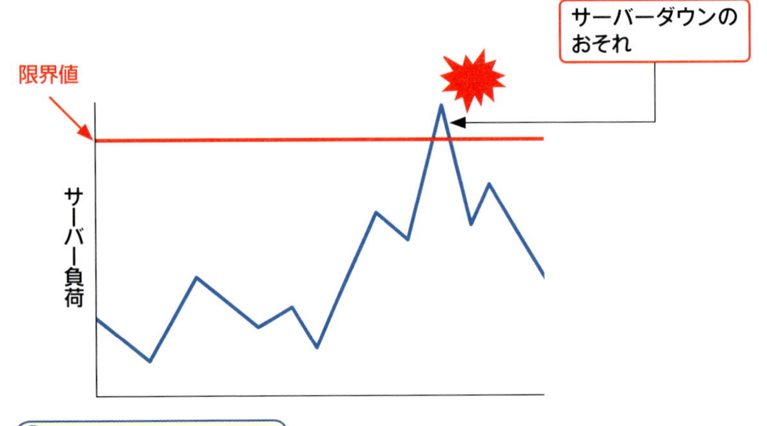

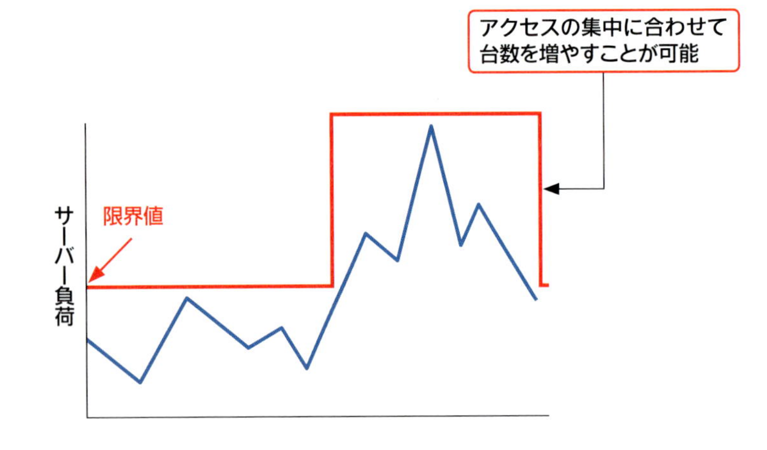

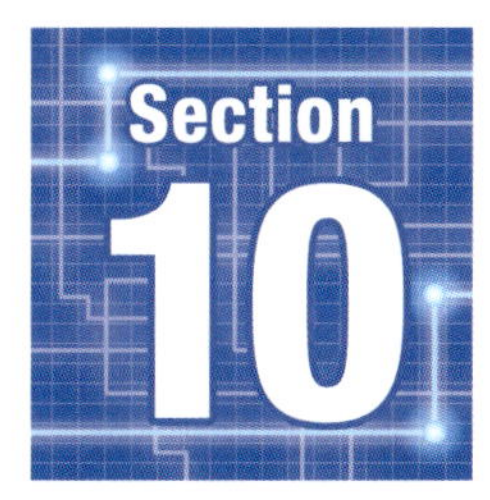

クラウドサーバーの注意点とは?

覚えておきたいキーワード
- 課金管理
- 従量課金制
- クラウドサーバーのセキュリティ

クラウドサーバーを使用する際には、課金管理やセキュリティ管理に注意する必要があります。とくにセキュリティ管理では、クラウドサーバーとの通信がインターネットを経由して行われる点など、オンプレミスにはない課題が存在します。

1 クラウドサーバーの課金管理とは?

クラウドサーバーでは、オンプレミスと勝手が異なるため注意すべき点もあります。課金管理もその１つです。

オンプレミスでは、サーバー本体を購入してしまえば基本的に追加費用は発生しません。一方、クラウドサービスは従量課金制で、どれだけのリソースをどれだけの時間使用したかで料金が計算されます。事業者によっては月額定額の料金プランなどもありますが、多くのリソースを長期間使用すると高額になる点は同様です。よって、オンプレミスと同じ感覚でクラウドサーバーを利用すると、アクセスが集中して予想以上に高額の請求をされたり、使わずに余らせているリソースにまで課金されて無駄な出費をしてしまったりすることがあります。クラウドサーバーの課金管理では、オンプレミスとは考え方を切り替えるようにしましょう。

MEMO 予算オーバーのアラート通知

予算のしきい値を事前に設定しておくと、それを超えそうなときや、超えたときにアラート通知を送信してくれるサービスもあります。

クラウドサービスの課金管理

・従量課金制の場合：料金 ＝ リソース × 時間

・定額制の場合：料金 ＝ リソースに応じた金額 × 期間

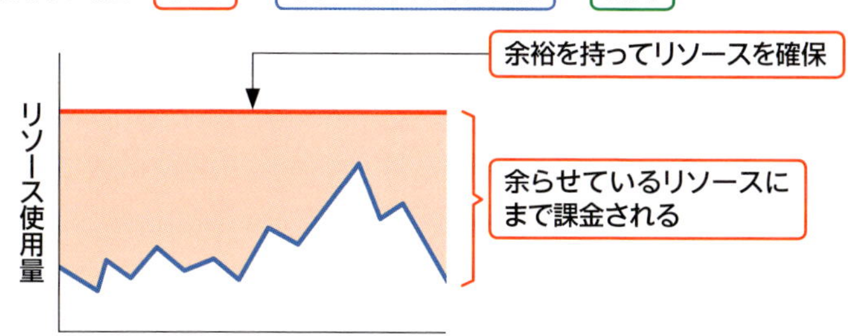

2 クラウドサーバーのセキュリティとは？

クラウドサーバーは、オンプレミスとは違い、サーバー本体がクラウドサービス事業者のデータセンターに置かれるため、セキュリティ管理についてはとくに十分な検討が必要です。

考慮すべき点はいろいろあります。システムやデータが外部の事業者の管理下に置かれるわけですから、まずはクラウドの管理が適切に行われているかを確認する必要があります。また、クラウドにあるサーバーとの通信は、インターネットを経由することになるため、VPNなどを利用して求められる水準の安全性を確保できるか調査しなければなりません。加えて、サーバーを置くデータセンターが国外の場合には、法的リスクも生じてきます。

クラウドサーバーのセキュリティにはいろいろな課題がありますが、ユーザーの不安を取り除くために事業者もさまざまな対策を講じています。クラウドを導入する場合には、システムのどこにどのようなリスクが存在するかを洗い出し、どのサービスを利用すれば安全基準をクリアできるのか検討することが大切です。

システムやデータを外部に置くことになる

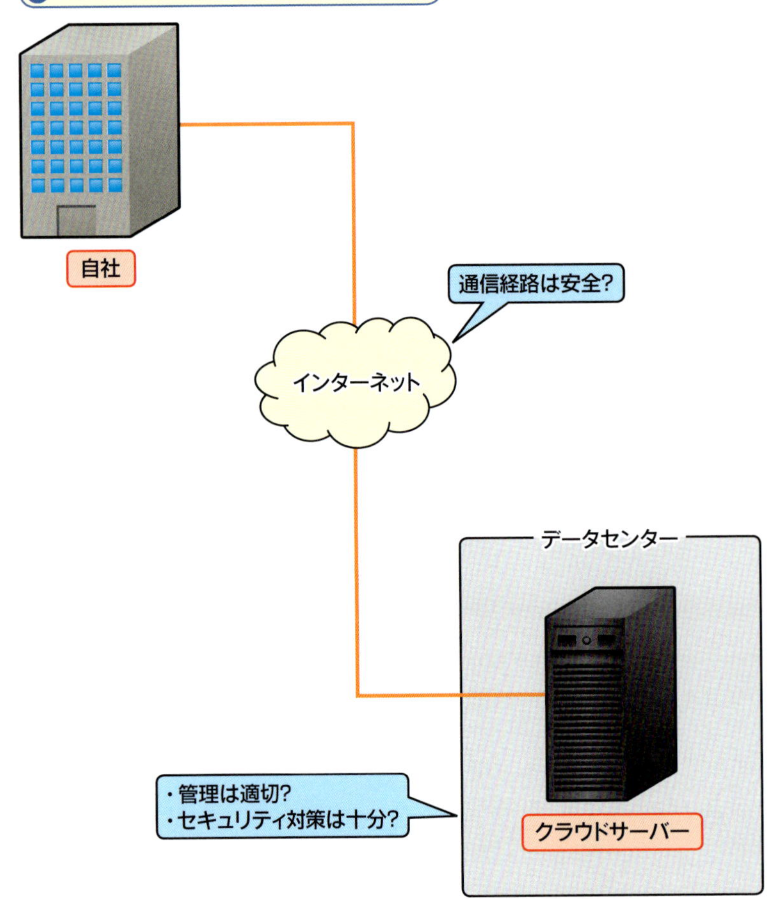

MEMO 法的リスク

国外のデータセンターを利用する法的リスクとして、外国の法律における情報の扱いが挙げられます。たとえばアメリカでは、サーバーに保存されたデータを捜査当局が閲覧できる権限を持ちます。このように外国では、情報を取り巻く法律が日本と異なる場合が多々あります。その国の法律を確認し、リスクとなりそうな項目を事前に洗い出しておく必要があります。

MEMO ISO 27001

ISO 27001は情報セキュリティマネジメントシステムに関する国際規格で、組織の情報セキュリティを適切に管理するための枠組みを定めています。クラウドサービスに対応したISO 27017と合わせて取り組むことで、クラウドサーバーを利用する場合でも、堅実なセキュリティ体制を築くことができます。

数字

アルファベット

あ行

か行

ま行

や行

ら行

著者略歴

株式会社トップスタジオ（https://www.topstudio.co.jp/）
1997年（平成9年）設立の編集制作プロダクション。IT分野を中心に書籍、雑誌などの一般出版物から各種カタログやWebコンテンツまでを幅広く手がけている。海外の出版物／ドキュメントの翻訳も行う。原稿作成から編集・DTP・デザインまでを一貫して行えるワンストップ体制を持つ。近年ではRe:VIEW仕様を基にした電子書籍制作システムを自社開発するなど、電子書籍の制作にも力を入れており、オライリー・ジャパンの電子書籍シリーズにも携わっている。また『気候科学の冒険―温暖化を測るひとびと』『超訳 種の起源』（共に技術評論社）など、IT以外の分野での企画から制作の全工程を手がけることもしている。

お問い合わせについて

本書に関するご質問については、本書に記載されている内容に関するもののみとさせていただきます。本書の内容と関係のないご質問につきましては、一切お答えできませんので、あらかじめご了承ください。また、電話でのご質問は受け付けておりませんので、FAXか書面にて下記までお送りいただくか、弊社ホームページよりお問い合わせください。

〒162-0846
東京都新宿区市谷左内町21-13
株式会社技術評論社　書籍編集部
「今すぐ使えるかんたん　サーバーのしくみ 超入門」質問係

FAX番号　03-3513-6167
URL　https://book.gihyo.jp/116

※ご質問の際に記載いただきました個人情報は、回答後速やかに破棄させていただきます。

今すぐ使えるかんたん　サーバーのしくみ 超入門

2019年5月2日　初版　第1刷発行

著　者●トップスタジオ
発行者●片岡 巌
発行所●株式会社 技術評論社
　　　　東京都新宿区市谷左内町21-13
　　　　電話　03-3513-6150　販売促進部
　　　　　　　03-3513-6160　書籍編集部
装丁●田邉 恵里香
カバーイラスト●イラスト工房（株式会社アット）
本文デザイン／イラスト●リンクアップ
編集●田中 秀春
DTP●トップスタジオ
製本／印刷●大日本印刷株式会社

定価はカバーに表示してあります。

ISBN978-4-297-10429-0 C3055
Printed in Japan